"十二五"职业教育国家规划教材
经全国职业教育教材审定委员会审定

民航运输类专业"十二五"规划教材

飞机铆接装配与机体修理

白冰如　拜明星　主编

国防工业出版社
·北京·

内 容 简 介

本书系统讲解了飞机铆接装配及机体修理知识和技能,以飞机铆装基本技能——飞机部件装配与对接——飞机机体修理为主线,共分成 11 个模块,各模块还配有相应的训练项目,以供学员在学习相关内容后进行技能训练。另外,本书为了满足提升人员素质的要求,有些模块还配有质量警示等阅读材料。本书在简要介绍了航空制造、修理企业对员工职业能力及素质要求的基础上,重点讲解了普通铆接、干涉配合铆接、特种铆接、结构密封铆接、螺栓连接、部件装配、部件对接以及机体修理等内容。本书可作为高等职业院校航空类专业教材,也可供本科院校相关专业、航空运输企业维修基地技术人员和生产一线工人参考。

图书在版编目(CIP)数据

飞机铆接装配与机体修理/白冰如,拜明星主编.—北京:国防工业出版社,2024.1 重印
 "十二五"职业教育国家规划教材 民航运输类专业"十二五"规划教材
 ISBN 978-7-118-10017-4

Ⅰ.①飞… Ⅱ.①白…②拜… Ⅲ.①飞机构件-铆接-高等职业教育-教材②飞机-维修-高等职业教育-教材 Ⅳ.①V262.4②V267

中国版本图书馆 CIP 数据核字(2015)第 019827 号

※

国防工业出版社出版发行
(北京市海淀区紫竹院南路 23 号 邮政编码 100048)
三河市天利华印刷装订有限公司印刷
新华书店经售

*

开本 787×1092 1/16 印张 21¼ 字数 483 千字
2024 年 1 月第 1 版第 6 次印刷 印数 18001—21000 册 定价 49.00 元

(本书如有印装错误,我社负责调换)

国防书店:(010)88540777 书店传真:(010)88540776
发行业务:(010)88540717 发行传真:(010)88540762

高等职业教育航空机电设备维修专业教材建设委员会

主 任 委 员 蔡昌荣(广州民航职业技术学院副院长)

副主任委员 (按姓氏笔画排序)

　　　　　　　王俊山(海航集团总裁助理)
　　　　　　　关云飞(长沙航空职业技术学院副院长)
　　　　　　　李永刚(西安航空职业技术学院副院长)
　　　　　　　杨　征(上海交通职业技术学院南校区主任)
　　　　　　　杨涵涛(三亚航空旅游职业学院执行副院长)
　　　　　　　张同怀(西安航空学院副校长)
　　　　　　　陈玉华(成都航空职业技术学院副院长)
　　　　　　　赵淑荣(中国民航大学职业技术学院院长)
　　　　　　　贾东林(沈阳航空职业技术学院副院长)
　　　　　　　唐庆如(中国民航飞行学院航空工程学院院长)
　　　　　　　唐汝元(张家界航空工业职业技术学院院长)
　　　　　　　雷建鸣(中国试飞院工学院院长)

委　　　员 (按姓氏笔画排序)

于　飞	付尧明	白冰如	刘建超	李长云
杨　杉	杨　勇	杨俊花	吴梁才	汪宏武
宋文学	张学君	陈　律	陈浩军	林列书
易磊隽	罗玉梅	罗庚合	夏　爽	郭紫贵
章　健	彭卫东			

《飞机铆接装配与机体修理》
编委会

主　编　白冰如　拜明星
副主编　石　鑫　石日昕
参　编（按姓氏笔画排列）
　　　　　王　娜　佟立杰　杨　帆
　　　　　吴　冬　焦旭东

前　言

飞机的制造过程可分为毛坯制造、零件加工、装配安装和试验四个阶段。飞机的装配过程是：将大量的飞机零件，按照一定的组合顺序，逐步装成组合件、板件、锻件和部件，最后将各大部件对接成整架飞机的机体。飞机装配一般采用铆接、螺接、胶接或焊接等连接方法，其中铆接是最经常使用的方法。

飞机的装配和安装工作在飞机制造中占有重要的地位，一般占整个飞机制造工作量的 50%~60%。因此，提高飞机装配和安装人员的技术水平和技能在飞机制造中具有非常重要的意义。

飞机机体修理在飞机修理中占有非常重要的地位，它是飞机装配过程的逆过程，因此对从事飞机机体修理的操作人员与从事飞机装配的人员有着相同的职业能力要求。

有鉴于此，本书将飞机铆接装配与机体修理两部分内容进行了有机整合。

本书分为 11 个模块，在介绍了航空制造、修理企业对员工职业能力及素质要求的基础上，重点讲解了普通铆接、干涉配合铆接、特种铆接、结构密封铆接、螺栓连接、部件装配、部件对接以及机体修理等内容。每个模块还配有相应的训练项目，以供学员在学习相关内容后进行技能训练。

本书由西安航空职业技术学院组织编写，西安航空职业技术学院白冰如、中航工业飞机股份有限公司西安分公司拜明星任主编，具体分工是：模块 1 由白冰如编写；模块 2 由杨帆编写；模块 3、模块 8 由王娜编写；模块 4、模块 5 由吴冬编写；模块 6 由石鑫编写；模块 7 由佟立杰编写；模块 9 由石日昕编写；模块 10、模块 11 由焦旭东编写。全书由白冰如、拜明星统稿。

由于编者水平有限，编写的时间较短，错误或值得商榷的地方在所难免，希望使用的老师、学生或其他相关人员不吝指正。

白冰如

目 录

模块1 绪论 1
1.1 飞机制造、修理概述 1
1.2 飞机铆装钳工岗位责任 2
1.2.1 班前两件事 2
1.2.2 班中"三保""三遵守" 2
1.2.3 班后"三好一清" 3
1.3 生产管理与工艺装备管理 3
1.3.1 文明生产与有关规章制度 3
1.3.2 工艺纪律 3
1.3.3 工装的使用与维护 4
1.3.4 设备的使用与维护 4
1.3.5 测量设备的使用和维护 5
1.3.6 仪器、仪表的使用 5
1.4 质量控制 6
1.4.1 关键件、重要件和关键工序的控制 6
1.4.2 三类以上设计更改的贯彻流程 6
1.4.3 新机研制开工八项条件 7
1.4.4 首件检验 7
1.4.5 三检制度 8
1.4.6 飞机多余物的控制 9
1.4.7 不合格产品管理 10
1.4.8 不合格产品的纠正措施 14
1.5 飞机生产、修理中的技术安全与环境保护 15
1.5.1 飞机生产技术安全知识 15
1.5.2 飞机生产环境保护 16
1.5.3 环境管理概述 20
1.6 "6S"管理 23
1.6.1 "6S"管理的定义 23
1.6.2 推进"6S"管理的作用 23
1.6.3 "6S"管理含义与内容 23
1.6.4 "6S"管理活动的主要特点 24
1.6.5 按先后次序推行"6S"活动的重要性 24

目录

1.6.6 推进"6S"管理活动的主要推行步骤 ····· 24
1.6.7 "6S"管理活动对生产管理的影响 ····· 24
1.6.8 提高"6S"管理效果的其他措施 ····· 24
1.6.9 为避免"6S"管理活动流于形式,应注意的事项 ····· 25
1.6.10 "6S"管理活动与提高效益的关系 ····· 25
1.6.11 员工在"6S"管理活动中的责任 ····· 25
1.6.12 "一流环境"的概念和内涵 ····· 25

模块2 飞机装配基础 ····· 28
2.1 飞机结构的分解 ····· 28
  2.1.1 装配件 ····· 28
  2.1.2 分离面 ····· 30
  2.1.3 装配单元 ····· 30
2.2 装配定位及固定 ····· 30
  2.2.1 装配基准 ····· 30
  2.2.2 定位方法 ····· 31
  2.2.3 装配定位后的固定 ····· 36
2.3 飞机装配准确度 ····· 38
  2.3.1 飞机装配准确度要求 ····· 38
  2.3.2 制造准确度和协调准确度 ····· 39
  2.3.3 装配尺寸链 ····· 40
  2.3.4 影响装配准确度的各种误差的分类 ····· 41
2.4 提高装配准确度的补偿方法 ····· 41
  2.4.1 工艺补偿方法 ····· 42
  2.4.2 设计补偿方法 ····· 44

模块3 铆接工具和设备 ····· 51
3.1 制孔的工具和设备 ····· 51
  3.1.1 普通风钻 ····· 51
  3.1.2 弯头风钻 ····· 55
3.2 制窝工具 ····· 56
  3.2.1 锪窝工具 ····· 56
  3.2.2 压窝工具 ····· 58
3.3 铆接工具 ····· 59
  3.3.1 铆枪 ····· 59
  3.3.2 冲头 ····· 61
  3.3.3 顶铁 ····· 62
  3.3.4 手动压铆钳 ····· 63
  3.3.5 气动手提压铆机 ····· 63
  3.3.6 自动钻铆机 ····· 65
3.4 其他工具 ····· 66

3.4.1　螺栓拧紧工具 …………………………………………………………… 66
　　3.4.2　密封工具 ………………………………………………………………… 69
　　3.4.3　定位销及定位销钳 ……………………………………………………… 70
　训练项目 3-1　铆接工具的使用 …………………………………………………… 71

模块 4　普通铆接 …………………………………………………………………… 73
　4.1　制铆钉孔 …………………………………………………………………………… 73
　　4.1.1　冲孔 ……………………………………………………………………… 73
　　4.1.2　钻孔 ……………………………………………………………………… 74
　　4.1.3　钻孔的质量控制 ………………………………………………………… 79
　4.2　制沉头铆钉窝 ……………………………………………………………………… 81
　　4.2.1　制窝方法的选择 ………………………………………………………… 81
　　4.2.2　锪窝法 …………………………………………………………………… 81
　　4.2.3　压窝法 …………………………………………………………………… 83
　　4.2.4　窝的质量控制 …………………………………………………………… 86
　4.3　铆接 ………………………………………………………………………………… 87
　　4.3.1　普通铆接工艺过程、形式及适用范围 ………………………………… 88
　　4.3.2　压铆 ……………………………………………………………………… 91
　　4.3.3　冲击铆接操作要领及技巧 ……………………………………………… 96
　　4.3.4　沉头铆钉的修整 ………………………………………………………… 102
　　4.3.5　铆接安全技术 …………………………………………………………… 102
　　4.3.6　铆接质量控制 …………………………………………………………… 103
　训练项目 4-1　三角形对缝修合铆接 ……………………………………………… 105
　训练项目 4-2　丁字形对缝修合铆接 ……………………………………………… 111
　训练项目 4-3　制铆钉沉头窝 ……………………………………………………… 117
　训练项目 4-4　薄蒙皮铆接 ………………………………………………………… 121

模块 5　干涉配合铆接 ……………………………………………………………… 129
　5.1　干涉配合铆接概述 ………………………………………………………………… 129
　5.2　干涉配合铆接的种类 ……………………………………………………………… 130
　　5.2.1　普通铆钉干涉配合铆接典型工艺过程 ………………………………… 130
　　5.2.2　无头铆钉干涉配合铆接典型工艺过程 ………………………………… 130
　　5.2.3　冠头铆钉干涉配合铆接典型工艺过程 ………………………………… 130
　5.3　干涉配合铆接的工艺过程 ………………………………………………………… 131
　　5.3.1　夹紧和确定孔位 ………………………………………………………… 131
　　5.3.2　制孔 ……………………………………………………………………… 131
　　5.3.3　锪窝 ……………………………………………………………………… 132
　5.4　施铆与铣平 ………………………………………………………………………… 132
　　5.4.1　普通铆钉干涉配合铆接 ………………………………………………… 132
　　5.4.2　无头铆钉的铆接 ………………………………………………………… 133
　　5.4.3　冠头铆钉的铆接 ………………………………………………………… 134

5.4.4　干涉铆接的要领和注意事项 ……………………………………………… 134
　　训练项目5-1　干涉配合铆接及修配口盖 ……………………………………………… 134

模块6　特种铆接 ……………………………………………………………………… 141
6.1　环槽铆钉的铆接 ……………………………………………………………… 141
　　6.1.1　技术要求 ……………………………………………………………………… 141
　　6.1.2　铆钉长度的选择 ……………………………………………………………… 142
　　6.1.3　铆接工艺过程 ………………………………………………………………… 143
　　6.1.4　环槽铆钉铆接常出现的故障及排除方法 …………………………………… 144
　　6.1.5　铆钉的分解 …………………………………………………………………… 145
　　6.1.6　质量检测 ……………………………………………………………………… 146
　　6.1.7　环槽铆钉铆接操作要领和注意事项 ………………………………………… 146
6.2　抽芯铆钉的铆接 ……………………………………………………………… 147
　　6.2.1　拉丝型抽芯铆钉的铆接 ……………………………………………………… 147
　　6.2.2　CR3000系列鼓包型抽芯铆钉的铆接 ……………………………………… 150
6.3　螺纹空心铆钉的铆接 ………………………………………………………… 153
　　6.3.1　技术要求 ……………………………………………………………………… 153
　　6.3.2　铆钉长度的选择 ……………………………………………………………… 153
　　6.3.3　铆接工艺过程 ………………………………………………………………… 153
6.4　高抗剪铆钉的铆接 …………………………………………………………… 155
　　6.4.1　螺纹抽芯高抗剪铆钉的铆接 ………………………………………………… 155
　　6.4.2　镦铆型高抗剪铆钉的铆接 …………………………………………………… 157
6.5　钛合金铆钉的铆接 …………………………………………………………… 160
　　6.5.1　技术要求 ……………………………………………………………………… 160
　　6.5.2　铆钉长度的选择 ……………………………………………………………… 160
　　6.5.3　铆接工艺方法 ………………………………………………………………… 160
6.6　工具设备的使用和维护 ……………………………………………………… 161
　　训练项目6-1　特种铆接 ……………………………………………………………… 162
　　训练项目6-2　高抗剪铆接 …………………………………………………………… 166

模块7　结构密封与密封铆接 ………………………………………………………… 171
7.1　结构密封概述 ………………………………………………………………… 171
　　7.1.1　泄漏途径 ……………………………………………………………………… 171
　　7.1.2　基本密封形式 ………………………………………………………………… 171
7.2　密封剂 ………………………………………………………………………… 173
　　7.2.1　密封剂的类型 ………………………………………………………………… 173
　　7.2.2　密封剂的工艺性 ……………………………………………………………… 173
　　7.2.3　密封剂的牌号、主要性能及用途 …………………………………………… 173
　　7.2.4　密封剂的施工条件及硫化规范 ……………………………………………… 178
　　7.2.5　密封剂混炼与使用的一般要求 ……………………………………………… 179
7.3　密封铆接的工艺过程 ………………………………………………………… 181

7.3.1 预装配 …… 181
7.3.2 钻孔和锪窝 …… 181
7.3.3 分解并去除毛刺 …… 181
7.3.4 清洗 …… 182
7.3.5 铺放密封材料 …… 183
7.3.6 最后装配 …… 184
7.3.7 放钉 …… 185
7.3.8 施铆 …… 185
7.3.9 铆接故障排除 …… 186
7.4 密封剂的涂敷方法 …… 186
7.4.1 缝外密封密封剂的涂敷 …… 186
7.4.2 表面密封密封剂的涂敷 …… 187
7.4.3 密封剂的硫化和保护 …… 187
7.5 密封试验 …… 188
7.5.1 气密舱试验 …… 188
7.5.2 整体油箱密封试验 …… 189
7.5.3 水密结构的密封试验 …… 191
7.6 密封结构渗漏的排除 …… 191
7.6.1 渗漏的原因 …… 191
7.6.2 渗漏排除方法 …… 192
7.7 密封铆接环境控制及安全措施 …… 194
7.7.1 环境控制 …… 194
7.7.2 安全措施 …… 195
7.8 密封铆接常见的缺陷及排除方法 …… 195
训练项目 7-1 密封铆接(缝内密封) …… 196
训练项目 7-2 密封铆接(缝外密封) …… 201

模块 8 螺栓连接 …… 209

8.1 螺栓连接概述 …… 209
8.1.1 螺栓连接 …… 209
8.1.2 托板螺母连接 …… 209
8.1.3 高锁螺栓连接 …… 210
8.1.4 锥型螺栓连接 …… 210
8.2 零件的定位及夹紧 …… 211
8.2.1 螺栓连接 …… 211
8.2.2 孔位的技术要求 …… 212
8.3 制孔参数和加工方法的选择 …… 212
8.3.1 孔的技术要求 …… 212
8.3.2 孔加工方法的选择 …… 213
8.4 孔的加工方法 …… 214

8.4.1 制孔前的准备工作 …… 214
8.4.2 钻孔和扩孔的技术要点 …… 214
8.4.3 手工铰孔方法及操作要点 …… 215
8.4.4 锥形孔的加工 …… 216
8.4.5 可调铰刀的使用 …… 217
8.4.6 切削用量的选择 …… 217
8.4.7 扩、铰孔过程中切削液的选择 …… 217
8.4.8 铰孔中常见的缺陷和解决措施 …… 219
8.5 锪窝和倒角 …… 220
8.5.1 锪窝 …… 220
8.5.2 倒角与倒圆 …… 221
8.6 螺栓安装 …… 222
8.6.1 技术要求 …… 222
8.6.2 安装前的准备工作 …… 223
8.6.3 安装 …… 223
8.7 螺栓连接的防松 …… 226
8.7.1 防松保险方法 …… 226
8.7.2 防松工艺操作要点 …… 230
8.8 防腐蚀和标记 …… 230
8.9 螺栓安装常见缺陷及排除方法 …… 230
8.10 分解与加大处理 …… 231
8.11 孔的冷挤压强化及孔口、角倒圆压印技术 …… 232
8.11.1 孔的冷挤压强化 …… 232
8.11.2 孔口、角倒圆及压印 …… 234
训练项目 8-1 高锁螺栓的连接及复杂口盖修配 …… 235

模块 9 飞机部件装配 …… 242

9.1 部件装配工艺 …… 242
9.1.1 装配的定义 …… 242
9.1.2 互换与协调 …… 242
9.1.3 装配协调方案 …… 243
9.1.4 工艺分解 …… 244
9.2 部件装配工艺设计 …… 244
9.2.1 部件装配工艺设计的工作内容 …… 244
9.2.2 部件装配工艺设计的主要工艺文件 …… 245
9.3 装配基准与装配定位 …… 248
9.3.1 确定装配工艺基准 …… 248
9.3.2 装配定位 …… 249
9.3.3 工艺余量与补偿 …… 251
9.4 铆接技术 …… 252

9.4.1　铆钉 ……………………………………………………………………………… 252
　　9.4.2　常用铆接方法及工具设备 ………………………………………………… 253
　　9.4.3　铆钉孔 ……………………………………………………………………… 253
　　9.4.4　铆接顺序 …………………………………………………………………… 254
　　9.4.5　铆接的一般技术要求 ……………………………………………………… 254
　　9.4.6　铆钉的分解、更换 ………………………………………………………… 255
9.5　工装设计和制造 …………………………………………………………………… 255
　　9.5.1　工装设计的原则 …………………………………………………………… 256
　　9.5.2　工装设计的依据 …………………………………………………………… 257
　　9.5.3　工装设计的基本要求 ……………………………………………………… 257
　　9.5.4　工装主要结构 ……………………………………………………………… 258
　　9.5.5　工装制造与安装 …………………………………………………………… 258
9.6　工艺审查 …………………………………………………………………………… 259
9.7　装配工艺设计示例 ………………………………………………………………… 261

模块 10　部件对接 ……………………………………………………………………… 266
10.1　部件对接概述 …………………………………………………………………… 266
10.2　部件对接方法 …………………………………………………………………… 268
　　10.2.1　水平测量对接法 ………………………………………………………… 268
　　10.2.2　在对接台和对接车内的对合法 ………………………………………… 272
　　10.2.3　定翼面与动翼面的对接 ………………………………………………… 274
训练项目 10-1　运 5 大部件对接 …………………………………………………… 275

模块 11　飞机机体修理 ………………………………………………………………… 277
11.1　飞机结构的损伤及检测 ………………………………………………………… 277
　　11.1.1　飞机结构损伤检测 ……………………………………………………… 277
　　11.1.2　飞机水平测量 …………………………………………………………… 282
11.2　飞机结构的铆接修理 …………………………………………………………… 288
　　11.2.1　飞机结构修理的一般准则 ……………………………………………… 288
　　11.2.2　铝合金蒙皮的修理 ……………………………………………………… 290
　　11.2.3　梁和长桁的修理 ………………………………………………………… 304
　　11.2.4　隔框和翼肋的修理 ……………………………………………………… 309
训练项目 11-1　护板接头更换 ……………………………………………………… 315
训练项目 11-2　蒙皮破孔修理 ……………………………………………………… 320
训练项目 11-3　M8 直升机大部件对接 …………………………………………… 325

参考文献 ………………………………………………………………………………… 327

模块 1　绪　　论

【教学目标】

(1) 熟悉飞机制造、修理的相关知识。
(2) 了解文明生产及相关规章制度。
(3) 熟悉工艺纪律的要求。
(4) 了解关键工序的控制程序、职责及要求。
(5) 了解什么是"6S"。

【教学重点】

(1) 让学生熟悉飞机的制造过程。
(2) 让学生熟悉工艺纪律的要求。
(3) 让学生掌握工装、量具、设备仪表的使用与维护。
(4) 让学生掌握首件检验的范围、依据、内容、要求等。
(5) 让学生掌握不同过程中多余物的检查要求。
(6) 让学生掌握6S的内容和作用。

【教学难点】

(1) 飞机铆装钳工岗位责任。
(2) 多余物的控制流程。
(3) 不同情况下多余物检查。
(4) 推进6S管理的作用和步骤。

1.1　飞机制造、修理概述

飞机制造过程可划分为毛坯制造、零件加工、装配安装和试验四个阶段。

飞机的装配过程是：将大量的飞机零件，按一定组合和顺序，逐步装配成组合件、板件、段件和部件，最后将各部件对接成整架飞机的机体。在装配时，要准确地确定零件装配件之间的相互位置，用一定的连接方法(铆接、螺接、胶接或焊接等)进行连接。

在装配过程中，或在装配以后，还要进行安装工作，即将各专业厂提供的发动机、各种仪表、设备和附件等安装在飞机上，用各种导管、电缆、拉杆等连接成系统。

飞机的装配和安装工作在飞机制造中占有重要的地位。在一般的机械制造中，装配和安装工作的劳动量占产品制造总劳动量的20%左右。而在飞机制造中，装配和安装工作的劳动量占飞机制造总劳动量的50%~60%。首先是因为飞机构造复杂,零件和连接件的数量大。例如,1架歼击机就有将近2万个零件,有将近20万个铆钉和螺栓连接件,1架大型飞机有大约10万个零件,200多万个铆钉和螺栓连接件。其次,因为装配和安装工作的机械化和自动化程度比较低,手工劳动量占很大比重,劳动生产率低。飞机的装配和安装不仅劳动量大,而且质量要求高、技术难度大。因此,提高飞机装配和安装的技术水平,在飞机制造中具有重要意义。

飞机装配主要研究:如何合理地划分装配单元和制定装配路线;装配时工件的定位方法;保证装配准确度理论和方法;装配中所采用的各种连接技术;各种结构的装配方法和过程;装配型架(夹具)的构造与制造技术;保证工艺装备之间协调的原理和方法;等等。

目前,飞机装配中所采用的连接方法,仍以机械连接为主,大量采用铆接,并使用一部分螺栓连接。因铆接适用范围广,质量比较稳定,便于排除故障,费用低,故仍得到广泛应用。铆接的机械化和自动化的程度也在不断提高,有的甚至达到60%以上。为提高铆接的疲劳寿命和密封性能,在飞机制造中发展了干涉配合的连接技术。

飞机装配的另一个重要特点是,在装配中使用了许多复杂的装配型架(夹具)。在一般机械制造中,由于绝大部分零件是刚度大的机械加工件,机械制造的准确度主要取决于零件制造的准确度。在装配时,零件之间定位主要靠它们之间的配合表面,一般不需要用装配夹具。而在飞机制造中,由于大部分飞机结构零件是板金件,这些零件形状复杂、尺寸大、刚度小,很容易产生变形。飞机制造的准确度在很大程度上决定于装配的准确度。在装配时,必须使用复杂的装配型架来保证装配的准确度。而制造这些装配型架,又需要使用许多所谓标准工艺装备,以保证装配型架之间以及和零件工艺装备之间的协调。因此,装配型架的设计、制造,以及保证装配型架之间协调的方法,是飞机制造中所特有的技术问题。

飞机修理,通常是指为恢复飞机良好的技术状态而进行的各项技术活动,修理按其深度和广度分为翻修、大修、中修、小修等不同等级。飞机修理所用的工艺技术,从广义上讲,是泛指从飞机及其机件的分解、检查、修复、装配直至校验调试等整个作业过程所涉及的操作技艺和方法。其范围很广,技术种类繁多,可以说飞机制造过程中有关的理论和工艺技术,在修理过程中不同程度上都可能用到。

1.2　飞机铆装钳工岗位责任

1.2.1　班前两件事

(1)穿戴好劳保用品。
(2)准备好所用的工、夹、量具。

1.2.2　班中"三保""三遵守"

1."三保"

(1)确保产品质量,做到产品加工方法、技术要求、质量标准等规定不明确不开工;设备、仪器、仪表、工装等有故障和不符合要求不开工;做到"三严四查"。

"三严"：严格执行三检制度和防锈制度；严格按图样、工艺规程、技术文件进行操作；严格遵守工艺纪律。节约原材料，降低各种消耗定额，爱护所用设备，包括仪器、工夹量具、劳动保护用品等公共财物。

"四查"：一查零件是否合格，有无机械损伤；二查组合件、部件是否有合格证；三查标准件是否齐全，有无配错；四查组合件、部件封闭移交前有无多余物。

（2）保证安全文明生产。

（3）确保完成和超额完成生产任务。

2. "三遵守"

遵守安全操作规程，做到安全生产；遵守设备、工夹量具、风带使用维护制度；遵守劳动纪律。

1.2.3　班后"三好一清"

（1）"三好"：图样资料工具清点好；设备及工作地环境卫生打扫整理好；原始记录、工作卡片、工艺合格证、装配指令正确填写好。

（2）"一清"：交接班要清。

1.3　生产管理与工艺装备管理

1.3.1　文明生产与有关规章制度

1. 文明生产要求

（1）生产现场的所有物品（设备、工装、工具、材料、消防器材、产品、零件、组件等）应按定置管理要求摆放。

（2）厂房内的通道、人行道必须保证畅通。

（3）各类加工余料及金属切屑必须分箱存放，按时回收。

（4）生产厂对生产现场要勤扫、勤清理，保持环境卫生整洁。

（5）工艺装备应按规定定期检查工装的完整性，做好无腐蚀、无损坏、无油污、润滑良好。

（6）工作完毕后必须及时清点工具，保证账实相符，防止产品发生多余物。

（7）生产时必须严格按工艺纪律操作，不允许野蛮生产。

2. 主要生产管理规章制度

（1）《生产现场管理》；

（2）《生产过程控制》；

（3）《测量设备使用、搬运与储存》；

（4）《军工产品质量管理条例》；

（5）《八项质量管理原则》；

（6）《文明生产》。

1.3.2　工艺纪律

工艺纪律指飞机产品研制、生产过程中应严格遵守工艺技术制度、工艺技术规范、工艺技术文件所规定的工作程序和要求。

1. 工艺纪律的一般要求

（1）为了建立和维护公司正常的科研、生产秩序，必须对工艺纪律的执行进行定期检查和不定期检查，并将其作为总工艺师系统的一项日常工作。

（2）负责主管工艺、质量保证、生产管理工作的部门和各类工作人员（包括操作工人）都应履行职责，遵守各项工艺技术制度和技术文件的规定，积极配合工艺纪律检查，认真做好工艺纪律检查和考核，并及时纠正不规范行为。

2. 对飞机装配操作工人的具体要求

（1）在进行飞机装配时必须严格按图样、工艺规程、装配指令、生产说明书、技术文件进行操作。

（2）遵守首件三检制度，按图样划线后提交检验检查，经检验检查合格方可制孔，以防止孔位超差。

（3）制孔后要按规定去毛刺并清除夹层内的材料屑。

（4）铆接时要垫玻璃纸。

（5）修合蒙皮余量时，要划线准确，勤试装，防止间隙超差。

（6）前道工序完毕后要及时交检，并在"工艺合格证"或"装配指令"上盖章，方可进行下道工序。

（7）工作时，严禁将工具直接放在产品上，防止零件（蒙皮）划伤。

（8）严禁在砂轮上打磨零件或非金属材料。

1.3.3 工装的使用与维护

1. 工装的使用

（1）工装使用前验证工装的有效性。

（2）工装使用者应持工艺规程到工具室借用，库内保管的工装应在借用卡片上签字。

（3）安置在库外生产线上的专用工装应有专人负责，责任者的姓名应用标牌形式挂在工装上，并在工具室备案。

（4）工装在使用中要正确使用，不准违章操作，如用金属锤敲击、锉修、强烈颠簸、随意拆卸、改装、分解挪作它用、抛投、拖和撬等。

（5）固定在生产线上的大型工装在每生产完一架份产品后，应对工装进行一次维护；对于从工具库借出来的小型工装，在送还工具库前使用者要进行一次维护。

2. 工装的维护内容

（1）对工装进行一次彻底的清扫。

（2）清点可卸件和松动件。

（3）擦去滑动面上的油污，重新涂上干净的润滑油。

1.3.4 设备的使用与维护

1. 设备的使用

（1）凡使用设备的操作者使用前要认真检查设备是否完好。

（2）进行加工前要进行试车看设备运转是否正常。

(3) 在专用设备上不得加工其他不应加工的物件。

(4) 严格按设备操作程序进行,不得随意拆卸、敲击、改装、分解设备上的零件。

(5) 当设备发生故障时,立即停止工作,找有关维修人员进行检查排故。

2. 设备的维护

(1) 经常擦拭设备,每次使用完后必须认真清除设备上的金属屑、油污和杂物。

(2) 擦拭后的设备应加干净的润滑油。

(3) 有的部位应用防尘用品遮盖。

(4) 要经常保持设备始终处于完好的状态。

3. 风动工具的选用及使用维护

飞机装配使用的主要工具是风动工具,例如风钻、万向风钻、铆枪、风扳机、打磨风钻、风动锯等风动工具。

常用风动工具的选用及使用维护参见气动工具制造企业的《风动工具的选用及使用维护手册》。

1.3.5　测量设备的使用和维护

1. 测量设备的使用

(1) 测量设备的使用者必须按有关技术文件正确选用测量设备,且熟悉测量设备的构造、性能、操纵方法及注意事项,严格按操作说明书操作,并掌握测量设备的校对方法。

(2) 当不具备文件规定的测量设备时,所选择的代用测量设备其测量特性、准确度应不低于选用测量设备。

(3) 使用者在使用测量设备前必须检查测量设备的质量标志,并确认其在有效期内,方可使用。对于(限用证)的测量设备,必须注意查看限用范围后再使用,切忌超范围使用。

(4) 不得用测量设备测量正在运转的、有磁性的、温度较高的零件,不得将测量设备作其他工具使用。

2. 测量设备的维护

(1) 测量设备必须按期送校,确保其处于合格状态。

(2) 使用者本人保管的测量设备,应妥善保管,用后擦拭干净入盒保存。严禁与工具、刃具混放。

(3) 封存的测量设备定期做好清洗、润滑、油封、除尘、通电除湿、清点等维护工作。

(4) 测量设备禁止接触腐蚀性物质。

1.3.6　仪器、仪表的使用

仪器和仪表是检测和试验产品有关数据的主要设备,在使用过程中要严格遵守测量设备的质量控制。

(1) 凡使用各检测仪器和仪表者,必须经过专业培训考试合格并持有技术培训合格证,方能上岗独立操作。

(2) 所要使用仪器和仪表必须是经过校准合格并在使用期内。

(3) 使用仪器和仪表必须在说明书规定或试验要求的环境(温度、湿度、振动、清洁度和其他影响精密测试的可控因素)下安装、存放、搬运、校准和使用。

(4) 检测设备的仪器和仪表使用单位,都必须配备专人保管,并负责其日常保养。

(5) 凡使用精密贵重设备仪器和仪表者,在每次使用后,操作人员必须及时认真填写"仪器设备使用登记簿",以便备查。

(6) 仪器和仪表设备在使用过程中出现故障时应及时通知维修人员进行维修,其他人员不准随意拆卸,在故障未排除前,不得继续使用。

1.4 质量控制

1.4.1 关键件、重要件和关键工序的控制

1. 关键工序

关键特性形成的工序。即产品生产过程中,对产品质量起决定性作用,需要严密控制工序。一般包括关键、重要特性构成的工序,如加工难度大、质量不稳定、原材料昂贵、出废品经济损失较大的工序和关键外购器材入厂验收工序等。

2. 工作程序(图1-1)

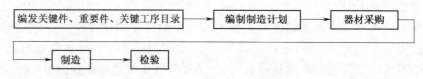

图1-1 工作程序图

3. 职责及要求

(1) 各生产单位负责编制关键工序"三定表"。即"定工序(产品型号、产品图号、工序号)、定人员(操作人)、定设备(加工设备)"。

(2) 从事关键工序生产操作、检验、测试人员按文件"工人岗位培训与资格鉴定"的规定进行培训,具有培训合格证方可上岗。

(3) 对制造关键件、重要件的专用设备,有特殊要求时,应编制重点维护计划,并按计划严格实施。

(4) 关键件、重要件的所有关键、重要特性的检验项目(破坏性检验项目除外)一律100%地进行检验,所有试验项目必须符合规定的要求,检验和(或)试验项目均应有实测数据和原始记录。

(5) 制造、测量以及装配和调试产品所用的设备的精度必须满足要求,并监督、检查关键件、重要件的专用设备使用情况。

(6) 在关键件、重要件的合格证上,做出与产品图样一致的"关键件""重要件"标识以及批次号和零件号。

(7) 关键件、重要件的超差按"不合格品管理"的规定办理。

1.4.2 三类以上设计更改的贯彻流程

(1) 各厂、科室收到设计更改后必须用"三类以上设计更改通知单登记表"建立台账。

(2) 各生产厂收到设计更改后,更改内容涉及本单位工作时,必须填写"贯彻三类以上设计更改流程表",流程表中无关栏目写明"N/A"(Not Applicable)。

(3) 工艺室负责文件更改,办理工装申请、返修、报废手续,填写流程表。

(4) 流程表的填写顺序:主管工艺员──→工具室人员──→调度室人员──→检验室人员──→厂质量助理──→技术厂长签字──→总厂质量师审查汇总──→检验处人员。

1.4.3 新机研制开工八项条件

(1) 参加研制的操作工人、检验人员进行了有关技术与业务培训,并取得考核合格证。

(2) 研制用的产品图样、技术条件等设计资料齐全、现行有效。

(3) 研制用的生产说明书、装配指令、零件制造指令(或工艺规程)等技术文件齐全,现行有效,并安排有首件检验、关键特性、重要特性、称重、多余物检查的工序。

(4) 研制用的设备、工艺装备、工量具、仪器仪表齐全,有合格证明,并在有效期内,装配用的工具必须有清晰的编号。

(5) 采用的"新工艺、新技术、新材料、新成品"必须经过鉴定,并有允许使用、装机的鉴定结论。

(6) 研制用的标准件、半成品、成品配套齐全,标识完整清晰,有合格证明,不合格产品有明确的可以装机的结论。

(7) 生产现场的环境条件符合规定。

(8) 按称重文件的要求做好了零件、组合件、部件和整机的称重工作。

1.4.4 首件检验

首件检验是对一特定零件或装配件的首次生产项目所进行完整的、有形的和功能性的检验过程,以考核、验证所规定的生产工装和工艺方法是否能够生产出并将持续地生产出符合设计要求的产品。

1. 首件检验的范围

(1) 首次投产的零件、装配件。

(2) 当图样、规范、供应上或制造过程更改导致产品尺寸、外形及理化参数更改后首次投产的零件、装配件。

(3) AO(装配指令)、FO(零件制造指令)或工艺路线卡片重要更改(如涉及工艺方法、工装设备、检测方法或数控加工程序的更改)后首次投产的零件、装配件。

(4) 产品生产场所变化后,首次投产的零件、装配件。

(5) 按合同、订单或用户要求需进行首件检验的零件、装配件。

(6) 首件检验不合格时需要重新进行首件检验的零件、装配件。

2. 首件检验的内容

(1) 验证 AO/FO 或工艺路线卡片是否包括了有关图样规范和技术文件的要求。

(2) 检查实际使用的工装是否与 AO/FO 或工艺路线卡片中所列出的工装一致,验证工装是否完全满足了使用要求,并在定检合格的有效期内。

(3) 验证零件、装配件是否符合图样、规范和技术文件的要求,包括关键重要特性的要求。

（4）验证 AO/FO 或工艺路线卡片中工艺、工装制造的合理性，是否能够生产出合格产品。

3. 首件检验的依据

（1）现行有效的图样、规范和 AO/FO 或工艺路线卡片。

（2）对于无尺寸图所涉及的平面零件，可用 1∶1 的无尺寸明胶图进行检查。对于模拟量传递的零件，除符合工装、样板外还必须通过试装配或计量结果进行验证。

（3）当用户代表有要求时，可用明胶图或 PCM 图（Photo Contact Master，无尺寸图）进行验证。

4. 首件检验

（1）首件检验不合格时，军机、民机按《不合格品的管理》处理，国际转包生产项目按《国际合作生产项目不合格品管理》进行处理。

（2）首件产品的标识按《产品标识和可追溯性》《国际合作生产项目完工产品标识》和《国内产品标识》的规定进行。首件产品经检验合格后，应在首件产品及其"厂内合格证"上加盖印记。印记按《印章管理规定》文件执行。

（3）首件加工没有使用规定的工装或工装不能完全满足使用要求而采用了辅助的加工办法，这时虽然产品检验合格，但仍需要重新进行首件检验。

（4）当首件产品的首件检验未通过时，且无法由批次生产中抽出一个合格的产品进行首件检验时，应将"ICR"（首件鉴定更改申请表）拷贝件随同首件产品一起移交至装配厂，并由装配厂检验室归档保存该"ICR"直到装配件交付为止。

（5）当首件产品的首件检验未通过时，且能从批次生产中抽出一个合格的产品进行首件检验时，应对该抽出的合格产品进行首件检验，并作为首件产品，原未通过的首件作为批次产品交付。其"ICR"拷贝件不需移交至装配厂。

（6）装配件组件的首件检验可按照装配单元、装配指令目录等分阶段完成。

（7）当零件已投入批生产，因设计更改而更改内容未进行时，允许在批次零件中抽出一件进行首件检验。

（8）第一件产品在进行首件检验时，当首件产品办理了拒收手续时，应做如下处理：

① 如果首件产品重复办理拒收单时，不再作完整的首件检验报告而以批次交付，直到最后出现首件检验合格状态时，再填写一份完整的首件检验报告，最终检验时应办理"ICR"并转移到下一批次进行首件检验。

② 对于国内军机、民机项目，如果首件产品办理了"检验员通知单"时，首件检验认为合格。如果首件产品办理的是拒收单时，则按①进行。

（9）检验室办理"ICR"，并将编号填入 AO/FO 或工艺路线卡片首页"要求做首件检验"印记的空格栏内，同时将"ICR"送交分厂工艺室及调度室，由工艺室将其纳入下次需重新进行首件检验的目录清单中，并由工艺室将该"ICR"的拷贝件反馈给上道工序的分厂工艺室重新进行首件检验。

1.4.5　三检制度

三检制度——自检、互检、检验工检查。

在产品制造中必须执行首件三检制度,对工序首件三检的产品要做出标识,按图样/程序记录所有特性、公差范围、实测值,当需要物理性能试验时,还应记录试验结果。

1.4.6 飞机多余物的控制

1. 多余物

多余物系指产品中存在的由外部进入或者内部产生的与产品规定技术状态无关的一切物质。

2. 工作程序

工作程序图如图1-2所示。

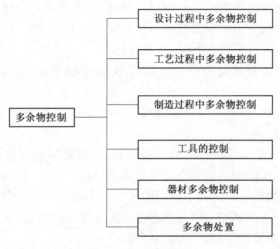

图1-2 工作程序图

3. 职责

操作工人严格按制造计划中规定的多余物检查工序检查,并彻底清除多余物,工序结束后在制造计划上签字。

4. 制造过程中多余物控制

(1) 生产现场多余物控制严格执行《生产现场管理》文件,做好生产现场各方面的管理。

(2) 工作台面要整洁,及时除去碎屑、余料等弃物,并设置多余物回收箱。

(3) 进入装配、部装、总装、试飞现场的工作人员必须按规定着装,不得携带任何与工作无关的物品。

(4) 总装、地面试验现场应建立隔离区,无关人员不准进入该隔离区。

(5) 在总装、试飞试验场地,非工作需要或未经主管人员批准一律不许登机,非现场工作人员登机必须予以登记。

(6) 试验间、装配间等易产生多余物的场所设立门卫、登记制度。

5. 加工过程多余物控制要求

(1) 对焊接过程应适当保护,防止残留飞溅物;焊后应彻底清除焊剂及氧化皮。

(2) 液体及气体管路加工后应清理内部可能残留的多余物;清理后及时密封。

(3) 在连接生产操作中,对易受多余物损害的部件、组合件应安装工艺防护盖或罩。

(4)在组合件、整机喷漆或涂胶工序应采取保护措施,防止深孔、管道等部位残留多余物。

6. 零部件装配过程中多余物检查要求

(1)每班工作结束后,操作工人应及时清除各种诸如余量、金属屑等杂物,不得使用风管,以防止多余物搬家,并检查所携带的工具、配套件、标准件等是否齐全。

(2)装配结构封闭之前,检验人员必须在现场监督,并按制造计划要求检查封闭区域,确认无多余物存在后,才能允许封闭。

7. 飞机总装、试车过程中多余物检查要求

(1)操作工人应按有关生产说明书要求,在完成装机工作离开飞机之前清理遗留在飞机上的多余物,检查自己携带的工具、夹具、仪器、仪表等是否遗留。

(2)在装配过程中,开封的导管应在一个工作班内安装完毕,如:未形成封闭回路,应安装工艺堵盖或重新包扎,再次安装时,应重新检查。

(3)因工作需要(如排故),对需要重新拆卸、分解或加以防串的零件和组合件必须重新提请检验。

(4)飞机试车之前应检查和清除进气道、发动机短舱和整流罩处的多余物;清扫飞机周围地面,保持无杂物。

(5)系统安装时一般不允许打开非本系统的、已包扎好的导管及封闭油箱。如因工作需要必须打开时,工作结束后必须重新检查其清洁度。

(6)所有未安装的导管都应处于封闭的状态。不能立即安装的导管和油箱或者已经安装未封闭的导管端头,油箱口、孔、电缆插头、插座等,应安装工艺堵盖后重新包扎(严禁用包装纸、抹布、胶布等物堵塞),防止多余物带入。

(7)加注液压油、滑油应采用专用的加油车,加油车的油滤和油箱应定期清洗防止污染。燃油系统和滑油系统的油滤,在本架飞机试飞前应严格按照工艺规程的规定进行清洗、检查。

8. 工具的控制

(1)生产现场生产工人的配套工具和借用工具应具有统一的编号。

(2)每个月工具室检查并记录装配、试验工人的工具情况,发现问题应立即向主管领导汇报并及时处理。

(3)上机排故、完成保留项目、贯彻设计更改等必须携带具有统一编号工具。

9. 多余物的处置

对检查中发现有多余物的产品,应按不合格产品规定处置。

1.4.7 不合格产品管理

1. 基本概念

(1)不合格:未满足要求。

(2)返修:为使不合格产品满足预期用途而对其所采取的措施。

(3)返工:为使不合格产品符合要求而对其所采取的措施。

(4)报废:为避免不合格产品原有的预期用途不符合要求而对其采取的措施。

注:返工与返修不同,返修可影响或改变不合格产品的某些部分。

2. 不合格产品的鉴别

检验工按图纸和技术条件或规定的要求检验产品,做出合格或不合格的判断,合格验收,不合格则拒收。

3. 不合格产品的标识

1) 待处置不合格产品的标识

(1) 检验工对器材或零件判定为不合格后,立即填写拒收挂签挂在不合格产品上。

(2) 组合件、部件、整机可用不干胶纸带由检验工将拒收挂签粘贴在不合格部位附近;检验工负责监督工人停止不合格部位的工序操作,待处置后,按程序继续施工。

2) 处置结论为返工/返修的不合格产品标识

(1) 发拒收单的零件处置结论为返工/返修的在工序周转过程中,由责任单位制作金属标牌,挂在不合格产品上,标牌保持到零件交付时,由检验工摘下,贴上 MRR(Material Rejection Report,不合格物料处理)彩标。

注:金属标牌由 20mm×60mm×1mm 的铝板或不锈钢板制成,铝标牌用于铝合金零件,不锈钢标牌用于钢零件。标记用字头打在标牌上。

金属标牌内容:

① 产品图号;

② 拒收单号+件号;

③ 路线卡片号(或制造指令号)。

(2) 零件交付时,检验工负责在不合格零件上贴 MRR 彩标,并在合格证上填写拒收单编号及拒收单上指定的批(架)次。零件装配单位保管工发料时必须核实贴有彩标的零件,对有指定批(架)次要求的按指定批(架)次发。

(3) 零件装配检验工负责在零件装配前揭下彩标,贴在装配指令(AO)或工艺合格证相应工序上,并认真填写拒收零件装机记录。

3) 废品的标识

(1) 废品标记"⊗"。

(2) 在废品上用红漆画出废品标记,并在附近贴上废品标签。

(3) 对于特小件,用包装纸将废品包装,并在包装纸表面用红漆画出废品标记。对于成品、漆料、胶料等在其醒目处逐件贴上废品标签。

4. 不合格产品的隔离

(1) 待处置品和废品标识后,立即将其隔离并建账。

(2) 检验室、检验站、器材供应部门必须对不合格产品隔离区加锁,指定专人管理,隔离区应有"不合格产品隔离区"标牌,以下人员可进入隔离区:

① 质保人员;

② 不合格产品审理人员;

③ 负责编制返修指令的工艺员。

5. 原因分析

1) 责任者及责任单位的确定

(1) 器材入厂(或材料复验)验收中发现的不合格产品,责任者为采购部门的负责人或采购员。

（2）本单位制造过程中发现的不合格产品，由单位负责人确认责任者。

（3）外单位交出的产品不合格，且责任单位不明确时，由发现单位CAB负责人召集相关单位的技术、质保人员共同分析确定责任单位。若多个单位都有责任时，由质保部型号副总质量师或其授权的代表确定责任单位。

（4）由于工装不合格导致产品报废，未经首件检验合格者，责任单位是工装制造单位；经过首件检验合格，但不符合装配要求时，责任单位是工装制造单位；工装经定型后又出现问题，责任单位是工装使用单位。

2）分析原因、制定纠正措施

为防止不合格产品的重复发生，责任单位的CAB负责人必须调查分析原因，制定纠正措施，并将原因、措施、有效性（或架次）填写在拒收单的相关栏内，检验室对原因分析和纠正措施的制定进行审查，并督促责任单位实施纠正措施。

6. 不合格产品的分析与处置

1）对不合格产品进行分析

器材入厂验收发现的不合格产品按《器材进货检验》程序进行记录和分析。零件加工、装配时发现的不合格产品，检验工要立即填写故障检查记录表，报告检验室主任或技术员，并共同分析不合格产品的性质（必要时请工艺和质量代表参加），判定返工后能否符合图纸或技术条件要求，是重度超差还是轻度超差。是重度超差的发拒收单，是轻度超差的发检验员通知单，并将编号填写在故障检查记录表处置结论栏内，对返工后符合图纸和技术条件要求的直接在故障检查记录表上处置（返工），对判定报废和退回供方的也在故障检查记录表上直接处置。

2）对不合格产品的处置

（1）检验室主任或技术员处置的范围和方法。

检验室主任或技术员处置经返工后符合图纸或技术条件要求的不合格产品。

① 器材入厂验收发现的不合格产品，由发现单位检验室发质量问题通知单，并在质量问题通知单上填写接收单位检验名称，由器材检验室主任或技术员处置。若返工过程中出现报废或发拒收单，由器材责任单位填写责任者并分析原因、制定纠正措施。

② 零件加工过程中发现的不合格产品，经分析本单位下工序加工能补救时，质量问题通知单由检验室主任或技术员处置，返工后由下工序检验工进行封闭。

③ 如果涉及到工艺交付状态不符或工艺协调等问题时，质量问题通知单由工艺代表处置，装配单位工艺员会签。

④ 无损检测发现的不合格产品，由无损检验室发质量问题通知单，随同产品返回提检单位调度室。检验室主任或技术员会同工艺员共同分析缺陷，确认返工能达到图纸和技术条件要求的，由检验室主任或技术员处置，返工重新检验后，再次提交无损检测，若缺陷仍未消除，无损检测人员发试验报告，随产品返回提检单位，由检验室直接判定报废或发拒收单处置。

⑤ 飞机装配过程中发现零件有质量问题时，由发现单位检验室发出质量问题通知单，责任单位检验室确认故障后，由责任单位组织返工，检验工按处置说明重新验收，并在质量问题通知单上进行封闭。

⑥ 装配单位发现成品有质量问题时，由发现单位检验室发出质量问题通知单。成品

在校验目录之内的,质量问题通知单发给特设处,由特设处处置。成品不在校验目录之内的,质量问题通知单发给成品处处置。

⑦ 部装、总装、试飞检验室和用户代表对部件或整机总检中发现的质量问题,由检验工填写故障检查记录表,由检验室主任或技术员处置。

(2) 不合格产品审理委员会质量代表处置的范围。

不合格产品审理委员会质量代表负责对生产过程中轻度不合格产品用检验员通知单进行处置。

(3) 不合格产品审理委员会工程代表处置范围。

① 器材入厂验收发现的不符合图纸和技术条件要求,且返工后不能消除的以及各种试验或定期抽查试验的不合格产品。

② 产品不符合图纸属于重度不合格的。

③ 表面处置用的槽液和热处置工艺条件超标期间生产的产品。

④ 特种工艺控制项目及零备件定货不符合交付状态要求的。

⑤ 凡 30CrMnSiNi2 材料须经加厚镀铬的产品。

⑥ 成品在周转过程中出现的划伤、碰伤等外观缺陷,在不影响性能和要求时由特设工程代表处置。

7. 不合格产品处置结论的实施

1) 原样使用

检验工按原样使用的处置结论验收产品。

2) 返工

处置结论为返工的不合格产品,由工人按处置说明进行返工,检验人员重新进行检验。

3) 返修

对于处置结论为返修和需特制件的不合格产品,工艺员必须根据处置说明编制返修指令,工人按指令返修后,检验人员重新验收产品。返修指令随工艺合格证、制造指令(FO)和装配指令(AO)一起存档。

4) 退回供货方

处置结论为退回供方的不合格产品,由器材供应部门实施退货或索赔。

5) 报废

处置结论为报废的不合格产品,检验室必须立即办理报废手续。

8. 不合格产品记录

(1) 所有涉及不合格产品的质量记录都应记录完整、准确、清晰,不允许随意更改。

(2) 所有检验员通知单和拒收单的编号都应记录在路线卡片、工艺合格证或装配指令(AO)、制造指令(FO)的相应栏目内。

(3) 所有不合格产品记录应归档备查。

9. 通知用户

(1) 在产品验收中发现的质量问题,且已涉及到交付用户的产品时,由设计部门转发技术通报。

(2) 对于需记入"飞机履历本"的,由检验室负责将内容记入"飞机履历本",由售后服务处负责实施。

1.4.8 不合格产品的纠正措施

1. 基本概念

纠正措施:是为消除已发现的不合格或其他不期望情况的原因所采取的措施。是一系列积极更改或变更体系的行动。它是一种程序改进的文件化的方法,根据具体项目的目标的不同,纠正措施可能是短期或长期的。任何希望改进某一具体状况或程序的人都可以要求采取纠正措施。为了使纠正措施有效变更,必须产生预期结果和长时间保持一致性和稳定性,并可测量。

纠正措施可通过多个渠道获得信息。最通常的来源是产品拒收报告和内、外部评审中发现的问题报告。另外,也有部分来自体系内部的工作人员。在大多数情况下,要求采取纠正措施的请求都是针对那些必须立即解决的问题。

为了使制定的纠正措施具有价值,纠正措施必须被当作比答复客户更为重要的事情。为了获得最大限度的收益,它必须是公司不断改进计划的一部分。纠正措施目标必须能够很好地、有效地明确问题的根本原因。其解决方案必须是能够提高所有相关程序的可信度及有效性的书面的系统上的纠正。有时候这些纠正方案会产生很大的动作,但是,大多数方案所引起的变化是很小的,只是进行小的体系调整。正是这些具有反复性的、不断的系统纠正给纠正措施过程带来长久的好处。纠正措施应着眼于那些经过详细分析和认真实施的连续改进,这将带给公司长期的可观的回报。通过改进过程的有效性,可以改变体系,使其更具有价值,并且通过不断地补充程序中不完善的控制及要求,或在过程中消除无价值增量的步骤,可加强一个过程。

2. 纠正措施的制定

为了解决问题以及寻找有效的解决方案,应尽可能在工作小组合作的条件下,在集体会议中,每个人都各有所长,以各自的经验及所处的位置不同,看问题就有不同的角度。这样的多样性更能保证所有的环节、状态、因素都能被考虑到。因此,解决问题的方案也就更容易确定。为了纠正措施的有效,一个解决方案必须包括每个工作内容完成的时间节点,以及每个工作中的负责人。有时在开始阶段似乎找不到明确的解决方法,可能会将问题的原因列出若干条,但只要通过对问题原因采取排除法,就一定能够找到真正的原因,从而制定最具成效的纠正措施。

为确保所制定的纠正措施具有可操作性,首先必须明确问题,然后立即组织人员进行根本原因分析,其次制定根本原因的纠正措施,最后实施纠正措施,杜绝类似问题的发生。

纠正措施的制定是基于根本原因的分析,其分析可从以下几个方面着手进行。

1) 环境状况

空气温、湿度,空气清洁度是否满足要求。

2) 使用的工装、设备

(1) 工装是否满足规范要求。

(2) 工装、设备的精度是否满足产品公差的 1/3 要求。

(3) 工装、设备是否按期检查。

(4) 设备的加工能力是否满足产品的质量要求(热处理、蒙皮拉伸)。

3) 操作人员的培训状况

(1) 是否了解本工序的工作要求及目标。

(2) 是否具备操作的技能。

(3) 是否正确使用工艺装备(工装、工具、量具及设备)。

4) 文件、程序及方法的符合性

(1) 操作人员是否能够得到正确的操作指令。

(2) 操纵过程是否过于复杂或特殊。

(3) 产品在装配中是否考虑零件与零件、零件与工装的协调性。

(4) 装配公差是否能够被零件公差包容。

(5) 工艺方法、手段是否最优,工艺参数是否满足生产要求。

5) 材料选取的符合性

提供的材料是否满足合同要求。当问题产生的原因是多个环节造成的,我们可通过逐步解决法来进行纠正。首先应对出现的问题进行统计,确定问题发生的工序、时间、不合格尺寸要素的部位等,通过统计明确各因素所占的比例,列出巴雷托图从视觉的角度展现问题,使员工和管理层等人员均看得懂。巴雷托图是用来确定信息优先顺序的最常见的形式之一。它帮助管理层及根本原因纠正措施(RCCA)工作组着眼解决紧要的问题。其他控制图还有 P 图(不合格品率控制图)、C 图(缺陷数控制图)、因果图(也称鱼刺图)等。

"5 个为什么"也可以很容易地帮助我们寻找到根本原因,从而制定纠正措施。

3. 纠正措施实施步骤

(1) 根本原因分析;

(2) 制定纠正措施;

(3) 纠正措施实施;

(4) 纠正措施验证;

(5) 纠正措施闭环;

(6) 在其他生产单元进行分析,以防止同类性质的问题再次发生。

1.5 飞机生产、修理中的技术安全与环境保护

1.5.1 飞机生产技术安全知识

1. 通用安全管理知识

(1) 安全生产是发展生产的基本保障。安全生产、人人有责。各类人员必须坚持"安全第一、预防为主"的方针,认真贯彻落实国家安全生产的政策、法规、标准和上级有关安全工作的指示,实行全员、全面和全过程的安全控制。

(2) 各级行政一把手是本单位安全生产的第一负责人,对安全生产工作负全面的领导责任。分管安全生产的副职对安全生产工作负具体的领导责任,分管其他工作的副职在其分管工作中涉及安全生产内容的,都应承担相应的领导责任。

(3) 安全生产实行目标管理。

(4) 安全生产责任制。
(5) 安全生产教育制度。
(6) 安全生产检查和隐患整改。
(7) 安全技术措施计划。
(8) 安全生产"三同时"。
(9) 班组安全管理。
(10) 危险点控制管理。
(11) 安全信息管理。
(12) 企业安全文化建设。安全文化建设是保护人类身心安全的所有物质文化和精神文化的总和。安全文化的实践活动是安全系统工程。
(13) 职工伤亡事故的管理。
(14) 计算机辅助安全管理。

2. 通用安全技术知识

(1) 机械设备的安全技术。
(2) 电气安全技术。
(3) 压力容器安全技术。
(4) 放火、防爆安全技术。
(5) 起重机械安全技术。
(6) 厂内运输安全技术。
(7) 焊接安全技术。
(8) 热加工安全技术。
(9) 工业卫生。
(10) 人机工程学。
(11) 系统安全工程。
(12) 事故预防知识。
(13) 危险点的管理。
(14) 防尘、防毒安全技术。
(15) 个人防护用品使用管理知识。
(16) 常见的伤害救护知识。
(17) 隐患管理技术。
(18) 实现安全生产的主要技术方法与手段：
① 采用根除或限制危险因素的技术工艺；
② 设计采用安全防护保险装置；
③ 采取本质安全技术；
④ 执行职业安全卫生标准；
⑤ 执行职业安全卫生"三同时"规定。

1.5.2 飞机生产环境保护

1. 环境污染治理及控制技术

1) 水污染治理及控制技术

水污染的概念。水污染指的是排入水体的污染物超过该物质在水体中的正常含量和水体的自净能力,破坏了水的使用功能。

2) 污染源及主要污染类型

水环境可受到多方面的污染,最普遍、最重要的是排放的各类废水。废水排放引起的水体污染有以下几种基本类型。

(1) 需氧型污染:主要污染物为有机物。

(2) 毒物型污染:主要污染物为废水中的有机毒物(如酚、毒药等)、无机毒物(汞、铬、砷、氰等)以及放射性物质。其中重金属的毒性危害具有长期积累性,尤应注意。

(3) 富营养型污染:主要污染物为含氮、磷等营养物多的废水。

(4) 感官型污染:废水中的许多污染物能使人感到很不愉快,颜色、嗅味、泡沫、浑浊就属此类。

(5) 其他:浮油、酸碱、病原体、热水等能引起各具特色的水体污染,造成不同的污染危害。

3) 污染物与污染指标

根据对环境造成的污染危害的不同,废水中的污染物可大致区分为以下几个类别。同时,为了便于环境管理和污染防治,规定了许多废水水质指标。

(1) 固体污染物。在水质分析中,又把固体污染物分成两部分:溶解固体(DS)和悬浮固体或悬浮物(SS),两者合称总固体(TS)。

(2) 需氧污染物。需氧物种类繁多,通常用综合水质指标间接表示其含量。最常用的指标是化学需氧量(COD)和生化需氧量(BOD)。

(3) 毒性污染物。

(4) 生物污染物。

(5) 此外,还有感官污染物、营养性污染物、酸碱污染物、油类污染物、热污染物等。

4) 控制废水污染的基本途径

控制废水污染的基本途径是降低水的污染强度,这可从两方面入手:减少污染因子的产生量;减少污染因子的排放量。

5) 废水水质控制和污泥处理常用方法

废水水质控制方法可概括为三大类:分离处理;转化处理;稀释处理。

(1) 分离处理。根据污染物的不同状态,又分为离子态污染物、分子态污染物、胶体态污染物、乳化油态污染物、悬浮态污染物、分散油态污染物等,其处理方法各有不同。

① 离子态污染物:离子交换法、离子吸附法、离子浮选法、电解沉积法。

② 分子态污染物:吹脱法、汽提法、萃取法、吸附法、浮选法、结晶法。此外,还有蒸发法、冷却法、冷冻法、反渗析法等。

③ 胶体态污染物:分离胶体态污染物的主要方法是凝聚法和絮凝法。

④ 乳化油态污染物:乳化油可根据乳化程度的不同,采用直接气泡浮上法或破乳后再气浮的方法除去。

⑤ 悬浮态污染物:重力分离法、离心力分离法、阻力截留法、粒状介质过滤法、磁力分离法。

⑥ 分散油态污染物:重力浮上法(或称自然浮上法)。
(2) 转化处理。转化处理有三种类型,即化学转化、生物化学转化和消毒转化。
① 化学转化方法:PH调节法、氧化还原法、电化学法、化学沉淀法。此外,还有水质稳定法、自然衰变法等。
② 生物化学转化方法:好氧生物转化法、厌氧生物转化法。
③ 消毒转化方法:药剂消毒法、能源消毒法。
(3) 稀释处理:水体稀释法、废水稀释法。废水的性质十分复杂,往往要将几种单元处理联合成一个有机的整体,并合理配置其主次关系和先后次序,才能最经济、有效地完成处理任务,这种整体便组成废水处理系统。

2. 大气污染及控制

1) 大气污染及大气污染物

大气污染是指由于人类活动或自然过程引起某些物质进入大气中,达到一定浓度和停留时间,从而损害了人体的舒适、健康和福利或危害了环境。其中,人类活动是主要的成因。

大气污染物指那些由于人类活动或自然过程而排入大气的并对人或环境产生有害影响的那些物质。按存在状态可分为两大类:气溶胶状态污染物和气体状态污染物。

气溶胶状态污染物系指固体粒子、液体粒子或它们在气体介质中的悬浮体。可分为粉尘、飞灰、黑烟、雾等。另外,根据大气中的粉尘(或烟尘)颗粒的大小,还可分为飘尘、降尘和总悬浮颗粒(TSP)。

气体状态污染物是以分子状态存在的污染物,简称气态污染物。大部分为无机气体,常见的有含硫化合物、含氮化合物、碳氧化物及卤素化合物等。目前,受到普遍重视的主要有硫氧化物(SO_x)、氮氧化物(NO_x)、碳氧化物(CO、CO_2)以及硫酸烟雾等。

2) 大气污染控制概况

大气中主要污染物的来源可概括为三大方面:燃料燃烧、工业生产过程、交通运输。我国的大气污染主要来源于煤燃料燃烧所排放的烟尘、二氧化硫、氮氧化物和一氧化碳。

几种大气污染物的控制方法简述如下:

(1) 烟尘。对烟尘污染的控制主要有改造窑炉、改进燃煤、安装除尘装置及调整能源结构等途径。

(2) 二氧化硫。控制二氧化硫的主要途径有燃料脱硫、烟气脱硫和高烟囱扩散稀释等。

(3) 氮氧化物。氮氧化物控制主要指对汽车、锅炉和工业生产排出的氮氧化物的控制。

(4) 机动车排气。一般是安装净化设备。

3) 常用除尘脱硫技术设备

(1) 除尘设备。除尘器可分为四大类:机械式除尘器、电除尘器、湿式除尘器和袋式除尘器。

机械式除尘器通常指利用质量力(重力、惯性力和离心力等)的作用使颗粒物与气流分离的装置,包括重力沉降室、惯性除尘器和旋风除尘器等。

电除尘器是含尘气流在通过高压电场进行电离的过程中,使尘粒带电,并在电场的作用下沉积在集尘电极上,从而从气体中分离出来的一种除尘设备。目前,在收集细粉尘的场合,电除尘器已是主要装置。

湿式除尘器是使含尘气体与液体(一般是水)密切接触,利用水滴和尘粒的惯性碰撞及其他作用捕集尘粒或使粒径增大的装置。

袋式除尘器属于过滤式除尘器,是使含尘气流通过过滤材料将粉尘分离捕集的装置。

(2) 脱硫技术。二氧化硫属于气态污染物,其净化、去除主要有吸收法、吸附法及催化转化法。

吸收法指利用气体吸收使气体混合物中一种或多种组分溶解于选定的液体吸收剂中,或者与吸收剂中的组分发生选择性化学反应,从而将其从气流中分离出来的操作过程。

吸附法是利用多孔性固体处理污染气流,使其中所含的一种或几种组分聚集在固体表面,而与其他组分分开的方法。

催化转化法是一种比较复杂的处理方法,其工作原理是利用催化剂能够加快或减缓某种化学反应的速度,自己又不参与最终产物的特性,来改革工艺,使生产过程少生成或不生成污染物。

3. 固体废弃物污染及控制

1) 固体废弃物的概念

固体废弃物是指在社会的生产、流通、消费等一系列活动中产生的一般不再具有原使用价值而被丢弃的以固态和泥状存在的物质。我国一般将固体废弃物分为四类:城市生活垃圾、一般工业固体废弃物、有害固体废弃物和其他。

2) 固体废弃物污染

固体废弃物对环境的污染危害主要表现在以下几个方面:侵占土地;污染土壤;污染水体,减少水面面积;污染大气;影响环境卫生。

3) 固体废弃物污染控制

固体废弃物污染控制需从两方面入手:一是防治固体废弃物污染,二是综合利用废弃物资源。其主要控制措施如下:改革生产工艺;发展物质循环利用工艺;进行综合利用;进行无害化处理与处置。

4) 固体废弃物处理

固体废弃物处理是指将固体废弃物转变成适于运输、利用、储存或最终处置的过程。主要方法有:物理处理、化学处理、生物处理、热处理、固化处理。

5) 固体废弃物处置

固体废弃物处置是指最终处置或安全处置,是固体废弃物污染控制的末端环节,解决固体废弃物的最终归宿问题。其对象是经过处理和利用后所残存的固体废弃物的残渣。这些残渣已很难再利用,而且往往富集了大量有害、有毒成分,危害很大。

固体废弃物处置包括海洋处置与陆地处置两大类。海洋处置包括海洋投弃和海上焚烧;陆地处置包括土地耕作、工程库或贮留地储存、土地填埋、深井灌注等。

在对固体废弃物的最终处置过程中,要注意不要对海洋和土地形成新的污染。

4. 噪声污染及控制

1) 噪声及噪声污染

任何一个空间都不同程度地存在着各种各样的声音,其中,我们把危害人们健康,干扰工作、学习和睡眠的声音,统称噪声。

噪声污染的危害是慢性的、间接的,它损伤人们的听觉,诱发多种疾病,但直接致命、致病者不多。噪声源分布面宽,几乎到处都有。对于城市居民,几乎无人可以幸免。

2) 噪声污染控制

噪声的传播,包括三个环节:声源、传播途径和接收者。因此,噪声控制便从这三个环节考虑,或控制其中之一,或兼而治之,多数是采取综合措施。

1.5.3 环境管理概述

1. 环境管理的概念

一般人们认为环境管理可概括为:运用经济、法律、技术、行政、教育等手段,限制人类损害环境质量的活动,引导人们遵循生态规律和经济规律,通过全面规划使经济发展与环境相协调,达到既要发展经济满足人们的基本需要,又不超出环境的容许极限。其核心问题是遵循环境规律与经济规律,正确处理发展与环境的关系。

在"人类—环境"的系统中,人是主要的一方,所以,环境管理的实质是影响人的行为,以求维护环境质量。

环境管理有几个显著的特点:综合性、区域性、广泛性和自适应性。

环境管理的主要任务,是通过全面规划、合理布局、控制发展人口,围绕环境保护的需要制定政策、法规、标准,对环境进行综合评价、综合防治,解决好经济发展与环境保护的关系,控制与防治新老污染,保护和合理利用资源,恢复和保持生态平衡,以调节、控制、保护和改善环境质量,为人民提供清洁、优美,符合生态健全发展的环境。

2. 环境管理的主要手段

要使环境管理工作得以顺利进行,环境保护部门必须施用强有力的管理手段,主要有:行政手段、经济手段、法律手段、技术手段、环境教育。

3. 环境保护法律、法规及标准

1) 环境保护法律、法规

我国已发布的法律、法规主要有:

①《中华人民共和国环境保护法》,2014年修订通过;

②《中华人民共和国水污染防治法》,2008年修订通过;

③《中华人民共和国大气污染防治法》,2000年修订通过;

④《中华人民共和国固体废物污染环境防治法》,2013年修订通过;

⑤《中华人民共和国环境噪声污染防治法》,1996年通过;

⑥《环境保护行政主管部门突发环境事件信息报告办法(试行)》,2006年发布;

⑦《建设项目环境保护管理条例》,1998年发布。

此外,各地和各行业也针对各自的具体情况,制定出相应的环境保护法规、条例。另外,我国缔结或参加的环境保护国际条约,也必须遵守。

2) 环境标准

环境标准是为保护环境质量、控制污染、保护人体健康和社会财富而制定的各种环境保护限制性技术规定。可分为环境质量标准、污染物排放标准等,各排污单位必须达标排放。常用标准有:《污水综合排放标准》(GB 8978—1996);《大气污染物综合排放标准》(GB 16297—1996);《环境空气质量标准》(GB 3095—1996);《城市区域环境噪声标准》(GB 3096—93);《工业企业厂界噪声标准》(GB 12348—90);《锅炉大气污染物排放标准》(GB 13271—2001)。

4. 环境统计概述

要搞好环境管理工作,就要认识环境,对环境现象进行系统的调查研究,从而使环境统计成为环境调查的重要工具。

环境统计是用数字反映并计量人类活动引起的环境变化和环境变化对人类的影响,通过对大量环境现象的调查研究,透过现象去认识环境发展变化的规律和原因,以便及时采取对策,使经济和环境协调发展。

环境统计主要内容包括土地环境统计、自然资源统计、能源环境统计、环境污染统计及环境保护机构自身建设统计。

5. 环境管理制度

我国已出台了一系列的环境管理制度,其中主要的有:

1) 环境影响评价制度

环境影响评价制度是指在建设项目动工兴建之前,对该项目的选址、设计和建成投产使用后可能对周围环境产生的不良影响进行调查、预测和评价,提出防治措施,按照法定程序进行报批的法律制度。环境影响评价制度适用于所有对环境有影响的建设项目。

2) "三同时"制度

"三同时"制度是指新建、扩建、改建的建设项目,其防治环境污染和生态破坏的设施,必须与主体工程同时设计、同时施工、同时投产使用的制度,简称"三同时"制度。

3) 排污收费制度

指向环境中排放污染物或超过规定的标准排放污染物者,依照国家规定以及污染物排放标准,交纳一定数额的费用,用于污染防治的制度。

4) 环境保护目标责任制

以签订责任书的形式,具体规定省长、市长、县(区)长、厂长、乡(镇)长在任期内要达到的环境目标,建立考核与奖惩办法,根据目标完成情况进行奖惩,并作为政绩考核的内容之一。

5) 限期治理制度

指对造成严重污染的企事业单位和在特殊保护的区域内超标排污的单位,由政府决定,环保部门监督其在限期内完成治理的法律制度。

6) 其他

此外,还有排污登记与排污许可证制度、污染集中控制制度等。

6. ISO 14000 环境管理体系简介

ISO 14000 环境管理体系是随着环境保护的发展,于 20 世纪 90 年代发展起来的一系列环境保护标准。ISO 14000 系列标准提供统一的环境管理规范,推动各行业及至全社会环境行为的改善,其中体现的是产品生命周期的观念,即通过对产品的全过程控制,在产品设计、原材料选用、生产过程、废物排放等全程都要考虑环境保护的要求,从而极大地减少人类活动所造成的环境污染,节约资源,改善环境质量,促进社会可持续发展。

现在,是否推行 ISO 14000 环境管理体系,已成为国际贸易中重要的通行证,它也将成为环境管理的新方向。

7. 环境监测

环境监测是环境管理的重要组成部分,它有助于人们掌握及时、准确的环境信息,并以此做出相应的应对措施。

对环境监测的基本技术简介如下:

1) 采样

污染源的采样取决于调查的目的和分析工作的要求,涉及采样时间、地点和频率。

对工业废水,可按其要分析、监测的污染物的类别确立采样地点。污染物就危害性质可分为两大类:第一类污染物能在环境或动植物体内积蓄,对人类健康产生长远的不良影响,含此类污染物的污水一律在车间或车间处理设备排放口处取样分析;第二类污染物的长远影响小于第一类,规定的取样地点为排污单位的排出口。

采样的时间和频率则取决于排污的情况和分析的要求。若废水的水质和水量变化比较稳定,频次可以减少。一般情况下,废水采样应选择在开工率、运行时间、设备等没有异常时。

采集到的水样,由于物理的、化学的或生物的作用会发生各种变化,为将其对分析结果的影响降低到最低,必须采取必要的措施,并尽可能快地进行分析。

2) 实验分析

针对不同的污染物,国家标准中有不同的分析方法。这里简介其中常用的几种:

(1) 六价铬。常用分析方法有二苯碳酰二肼分光光度法。

其实验原理为:在酸性溶液中,六价铬与二苯碳酰二肼反应,生成紫红色化合物,其最大吸收波长为540nm,摩尔吸光系数为 4×10^4。

适用于地面水和工业废水中六价铬的测定。

(2) 总铬。常用方法有高锰酸钾氧化—二苯碳酰二肼分光光度法。

其实验原理为:在酸性溶液中,水样中的三价铬被氧化成六价铬,六价铬与二苯碳酰二肼反应生成紫红色的化合物,于波长 540nm 处进行分光光度测定。过量的高锰酸钾用亚硝酸钠分解,而过量的亚硝酸钠又被尿素分解。

(3) 镉。镉的毒性很大,多用原子吸收法测定。其工作原理是将样品或消解处理好的试样直接吸入火焰,火焰中形成的原子蒸气对光源发射的特征电磁辐射产生吸收,将测得的样品吸光度和标准溶液的吸芒度进行比较,确定样品中被测元素的含量。本方法适用于浓度在 0.05~1mg/L 的镉的测定,也可用于测定铅、铜、锌等物质。

(4) COD。对于工业废水中的 COD,我国规定用重铬酸钾法。其工作原理为:在强酸性溶液中,一定量的重铬酸钾氧化水样中还原性物质,过量的重铬酸钾以试亚铁灵作指示剂,用硫酸亚铁铵溶液回滴,根据用量算出水中还原性物质消耗氧的量。

(5) 矿物油。常用方法是重量法。其原理是用硫酸酸化水样,用石油醚萃取矿物油,蒸除石油醚后,称其质量。

(6) 悬浮物。悬浮物,即总不可过滤残渣,指不能通过过滤器的固体物质。其实验原理是用滤膜过滤水样,经103℃~105℃烘干后得到悬浮物的含量。

(7) 氰化物。一般指总氰化物的分析,主要有硝酸银滴定法。其原理是经蒸馏得到的碱性馏出液,用硝酸银标准溶液滴定,氰离子与硝酸银作用形成可溶性的银氰络合离子$(Ag(CN)_2)^-$,过量的银离子与试银灵指示液反应,溶液由黄色变为橙红色,即为终点。

1.6 "6S"管理

1.6.1 "6S"管理的定义

"6S"管理是指在工作场所中,按定置管理要求,对作业环境、设备、工装、工具、材料、工件、人员等要素进行相应的整理、整顿、清扫、清洁、素养、安全管理活动。

1.6.2 推进"6S"管理的作用

(1) 有利于提高企业形象,增强企业信誉。
(2) 有利于提高企业员工的素质,增强员工的归属感。
(3) 有利于改善和提高企业管理水平。
(4) 有利于提高产品质量和劳动生产率。
(5) 有利于安全生产。
(6) 有利于降低产品成本。

1.6.3 "6S"管理含义与内容

"整理"(Seiri)的主要内容:只要是与工作无关的物品,如私人用品、报废的原辅材料、工装、设备、仪器、零件、过期文件等都是整理的对象。对一些目前不用,但将来要用的生产要素,如一个月后才能用上的物品,清理出现场,存放在"临时停放区"。对需要在现场修理的工件,产品必须进行标识管理,免得误用。

"整顿"(Seiton)的主要内容:对留用的生产要素加以定置、定位。简言之,就是物品周转标准化。可使用整齐、洁净的工作器具储存,用最佳方法摆放,并用标记加以标识,做到定位、定品、定量。

"清扫"(Seiso)的主要内容:将工作现场的环境、设备、仪器、材料、工装的灰尘、油污、碎屑等赃物清扫干净,排除设备、管道、油漆脱离、锈蚀的现象,使整个环境随时保持良好的状态。

"清洁"(Seiketsu)的主要内容:将整理、整顿、清扫的实施做法进行到底,且维持其成果,并对其实施做法予以标准化、制度化。并纳入每个员工的岗位责任之中,成为对个人绩效考核的内容之一。工作现场实施定置管理并有定置管理图,对各种规章制度和管理制度的执行情况有定期的检查和考核。

"素养"(Shitsuke)的主要内容:良好的礼貌、仪表、组织纪律,员工着装整洁,佩挂胸牌且端正,工作责任心强,效率高,能够遵守公司的规章制度,员工相互支持,共同努力,在确保工作质量的前提下,提前完成任务。

"安全"(Security)的主要内容:安全生产制度健全,并配有专职机构和人员,安全标记规范,重点部位安全设施齐全,并保持良好的可用状态,工作现场无安全隐患,操作人员严格执行安全操作规范,无违章作业现象,各种劳动保护条件完备,并按规定使用。

1.6.4 "6S"管理活动的主要特点

(1) 广泛性。"6S"管理活动对于加强和提高任何一个企业生产现场的环境管理、质量管理、设备管理、安全管理等都是十分有效的。适用于各生产厂、所、处、科室单位。

(2) 潜隐性。"6S"管理活动与我国的文明生产相近似,均以提高环境水平为主要目的,一般都认为它是提高环境水平的手段,只要认真抓,生产现场面貌很快就能改观,而实际上它的潜隐作用,远远超过了环境管理范畴。目前,有许多企业在经济效益低的情况下就是从"6S"管理活动入手而实现转机的。

(3) 持久性。推行"6S"管理活动,只要认真去抓,就容易收到成效。但一放松,就会出现"滑坡"和"回潮"等情况。这就要求企业必须有强烈的"6S"管理意识,要层层抓,反复抓,一抓到底,抓住不放,始终如一,最终抓出成效并成为全体员工的自觉行为。

(4) 直观性。企业生产现场的好坏直接关系到企业素质的高低。企业素质的优劣,都要在企业生产现场逐个"曝光",无论是厂容、厂貌,还是企业生产现场的文明整洁程度,无一不与企业的产品质量和信誉紧密相连,而且人们的第一印象就是从这里开始,这是企业管理水平和企业形象的外在表现的"窗口"。

(5) 全员性。"6S"管理活动的各项内容都要人去执行落实,"6S"管理活动要求每个员工都是参与者并具有明确的责任。

1.6.5 按先后次序推行"6S"活动的重要性

按先后次序步骤推进"6S"是非常重要的。反之,很可能"推行"不当,造成许多阻力,事倍功半,甚至半途而废。在按步骤推进"6S"管理活动时,一定要视企业的情况,视推行中所遇到的问题进行调整,这样才能事半功倍,取得良好的效果。

1.6.6 推进"6S"管理活动的主要推行步骤

(1) 成立推行组织。
(2) 拟定"6S"管理工作实施方案。
(3) 做好培训教育与宣传工作。
(4) 按实施方案组织实施。
(5) 持续改进、纳入管理轨道。

1.6.7 "6S"管理活动对生产管理的影响

生产管理系统包含诸如订单管理、采购管理、仓库管理、生产计划、进度控制等子系统,而"6S"管理活动是一项规范生产作业现场、提升人的品质的基础工程。"6S"管理活动的实施,客观上会对生产管理系统带来良好的影响。

1.6.8 提高"6S"管理效果的其他措施

"6S"管理活动本身是一项艰苦的工作,应该投入较多的精力。当然,在"6S"管理活动推行中,视情况配合一些诸如"目视管理强化月""节能降耗活动月"等,会使"6S"管理活动的推行取得更加满意的有形及无形的效果。

1.6.9 为避免"6S"管理活动流于形式,应注意的事项

"6S"管理活动一时做好容易,长期做好不容易。"6S"管理活动需要不断地创新、强化,如导入"目视管理强化月"等。此外,在"6S"管理活动有很好的基础后,推行 TPM(全面生产管理)不失为一个较好的选择。

1.6.10 "6S"管理活动与提高效益的关系

简单地说,凡事认真,革除马虎之心,加之大量"目视管理"的导入,自然会减少出错的可能性。良好的整顿,减少大量"寻找"的浪费,自然生产效率就能提高。此外,由于消除多余的物品,减少浪费,自然也就提高了效益。

1.6.11 员工在"6S"管理活动中的责任

(1) 自己的工作环境需不断地整理、整顿;
(2) 物品、材料及资料不可乱放;
(3) 不用的东西要立即处理,不可使其占用作业空间;
(4) 通道必须经常维持清洁和畅通;
(5) 物品、工具及文件要按定制管理规定放置;
(6) 灭火品、配电箱、电动机、冷气机等周围要时刻保持清洁;
(7) 保管的工具、设备及所负责的责任区要整洁;
(8) 纸屑、布屑、材料屑等要集中于规定场所;
(9) 定期清扫、保持清洁等。

1.6.12 "一流环境"的概念和内涵

"一流环境"是指工作(办公、科研、生产、经营)环境、生活环境、组织文化氛围等达到当地最好水平,即第一流环境。其内涵包括三个方面内容:
(1) 通过推行"6S"管理和厂容、厂貌的治理,创造一个花园式的工厂;
(2) 通过开展创建精神文明小区活动,建个优美、舒适、文明的生活小区;
(3) 通过推进形象文化建设,营造一个和谐、融洽的人文环境。

作业:

(1) 简述对飞机装配操作工人的具体要求包括哪些方面。
(2) 工装在使用过程中需要注意什么问题?
(3) 首件检验的范围包括哪些方面?
(4) 简述飞机铆接钳工岗位责任包括哪些方面。
(5) 对不合格产品的纠正措施的实施步骤包括哪几个方面?
(6) 推进"6S"管理的作用表现在哪些方面?

阅读材料

1. 工艺员违章操作,撞飞机损失重大

[故障概况]

某日,某飞机在下滑时右内襟翼下掉约5°的角度。使飞机操纵困难,影响飞行安全。经地面检查右内襟翼收放作动筒盖上的固定螺栓上的螺帽脱掉,使螺栓脱出50mm,轴承也带出。

[原因分析]

操作者工作粗心大意,螺栓安装后,未打开口销,检验漏检。

[纠正措施及经验教训]

1) 纠正措施

事故发生后,总装厂及时召开了质量分析会。会上将事故发生的经过及原因进行了分析,一致认为工艺员在无上岗证的情况下不应直接上机操作,违反工艺纪律。另外,还要求今后各系统无论是检查还是排除故障完毕后,都要将系统恢复到位。通电时,必须具备通电试验的条件后,方可进行操作。同时更换了报废零件。

2) 经验教训

(1) 上机操作一定要坚持"持证上岗"制度,对无证人员,严禁上机操作。

(2) 飞机上各系统检查或排故后都应恢复到位,并做醒目标识,否则不得通电操作。将螺栓按图纸重新装好并打上开口锁,该故障消除。一个小小的开口销造成襟翼掉角度,严重影响飞机安全。我们必须要高度重视产品质量,千万不可马虎大意,今后必须工人干完活后自己先检查,然后组长检查,再叫专职检验检查,只有这样才会杜绝此类故障重复发生。

2. 飞机带弹进总装,安全生产无保障

[故障概况]

某月,某架轰炸机由部队返厂进行大修。试飞站调度室和试飞站机务大队在均未通知军械中队做好接收检查的情况下,将飞机由试飞站拉进总装厂房进行分解大修。总装厂工人在分解飞机时,发现上炮塔有炮弹400发,下炮塔有炮弹500发,尾炮塔有炮弹800发,前固定装置有炮弹100发,飞机上总共装有炮弹1800发。虽然炮弹是放在弹箱内而未上膛,但对人身、飞机、厂房及其设施构成严重威胁。

[原因分析]

该架飞机由部队返厂进行大修,由于大修合同尚未签订,生产计划暂未下达,试飞站不接收飞机,部队未向试飞站进行移交接收工作。五个月后,大修合同签订,飞机到试飞站。

之后,试飞站进行接收检查,由于试飞站按照大修厂的口头要求,只对飞机进行了放油和油封发动机的工作,在其他例行检查工作均未进行,炮弹也未卸下的情况下将飞机拉进厂房。

按惯例,飞机进行大修前,总装厂要先进行通电检查,而后分解飞机,由于飞机停放时

间较长,不具备通电检查条件,总装厂只做飞机分解工作,故未造成严重后果。

[纠正措施及经验教训]

1) 纠正措施

(1) 立即卸下飞机所有炮弹送弹药库。

(2) 要求凡进厂大修的飞机一定要在返厂前将炮弹全部卸下。

(3) 修改工艺文件,过去返厂大修的飞机进总装厂后,首先进行通电检查,然后再做分解工作,因此事发生后,修改工艺文件,返厂大修飞机到总装厂后不做通电检查,而直接进行分解工作。

2) 经验教训

(1) 飞机返厂前公司和部队要签好修理合同,下达生产计划,便于安排生产。

(2) 生产指挥部门在指挥生产时,一定要牢固树立质量、安全意识,按程序办事,不能超越程序而口头指挥生产。

(3) 试飞站、总装厂在接收飞机时,一定要严格执行文件规定,军机一定要检查飞机带弹情况,杜绝类似问题的再次发生。

模块 2　飞机装配基础

【教学目标】

(1) 掌握飞机的结构分解。
(2) 掌握飞机铆接装配基准的确定。
(3) 掌握飞机装配的定位方法。
(4) 熟悉飞机装配定位后的固定形式及要求。

【教学重点】

(1) 让学生掌握飞机装配的定位方法。
(2) 让学生熟悉飞机装配定位后的固定形式及要求。
(3) 让学生了解装配准确度、制造准确度及协调准确度。
(4) 让学生掌握装配尺寸链。

【教学难点】

(1) 装配定位及固定。
(2) 飞机铆接装配的装配基准。
(3) 飞机装配准确度。
(4) 提供装配准确度的补偿方法。

飞机的制造过程可划分为毛坯制造、零件加工、装配安装和试验四个阶段,其中装配安装工作在飞机制造中占有重要的地位,约占飞机制造总劳动量的 50%~60%(一般机械制造中,装配和安装工作劳动量占产品制造总劳动量的 20% 左右)。飞机装配过程就是:将大量的飞机零件,按图纸、技术条件和一定的组合顺序,逐步装配成组合件、板件、段件和部件,最后将各部件对接成飞机的机体。飞机装配所采用的连接方法仍以机械连接(铆接、螺接、胶接和焊接)为主,大量采用铆接。

2.1　飞机结构的分解

根据飞机的结构和使用上的需要,将飞机分为许多部件及可卸件。图 2-1 为某型飞机部件分解图。可卸件的设计主要是便于维护、检查及装填用,如各种检查、装填舱口等。

2.1.1　装配件

装配件是由两个以上的零件装配成可拆或不可拆的飞机的组成部分。根据飞机结构特点和设计、工艺等方面的要求,装配件可分为组合件、部件。装配件类型见表 2-1。

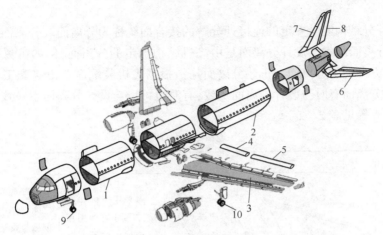

图 2-1 某型飞机部件分解图

1—前机身;2—后机身;3—机翼;4—襟翼;5—副翼;6—水平尾翼;
7—垂直安定面;8—方向舵;9—前起落架;10—主起落架。

表 2-1 装配件类型

装配件类型		图 例
组合件	平面组合件	
	壁板组合件	
	立体组合件	
部件	机身类部件	
	翼面类部件	

29

2.1.2 分离面

飞机各部分结构能沿一定的连接处分解的接合面统称为分离面。分离面分为设计分离面和工艺分离面两种。设计分离面是由飞机结构确定的分离面,例如机翼与机身的分离面,垂尾与方向舵的分离面。工艺分离面是指根据飞机装配需要由装配工艺员确定的分离面,工艺分离面有时与设计分离面一致,有时也可以与设计分离面不一致。分离面类型示意图、特点等见表2-2。

表2-2 分离面类型

分离面类型	示意图	特点	举例
设计分离面		多采用可拆卸连接,以便于在使用和维护过程中迅速拆卸和重新安装	升降舵和水平安定面之间、使用时需要更换的前缘与翼箱之间、翼尖与机翼之间、舱门与机身之间的分离面等
工艺分离面		多采用不可拆卸连接	如机身上、下壁板与侧壁版之间,机翼大梁与壁板之间的分离面均为工艺分离面

工艺分离面的合理划分,有显著的技术经济效果:
(1) 增加了平行装配工作面,可缩短装配周期;
(2) 减少了复杂的部件装配型架数量;
(3) 由于改善了装配工作的开敞性,因而提高装配质量。

2.1.3 装配单元

飞机结构分离面选定后,所确定的各个装配件,称为装配单元。
装配单元的划分,主要考虑:
(1) 构造上的可能性与特殊要求;
(2) 有良好的开敞性与工作条件;
(3) 各装配单元应具有一定的刚度;
(4) 易于保证装配单元之间的相互协调;
(5) 减少部件总装工作量,以达到各装配阶段工作量的平衡,并简化型架结构。

2.2 装配定位及固定

2.2.1 装配基准

飞机各个部件外形的准确度,关系到飞机的飞行性能,而选择不同的装配基准会出现不同的外形准确度。在飞机的铆接装配中使用了以下几种装配基准。

1. 以蒙皮外形为基准

首先将蒙皮在型架(夹具)的外形卡板上定好位,再将骨架零件(或组件)贴靠到蒙皮上,并施加一定的压力使蒙皮紧贴于外形卡板上,之后将两半骨架连接起来。这种方法的误差是由外向内积累的,最终靠骨架的连接而消除。这种方法的外形准确度高,一般适用于高速飞机(图2-2)。

2. 以蒙皮内形为基准

首先将蒙皮压紧在型架(夹具)的内托板(以蒙皮内形为托板的外形)上,再将骨架零件(一般为补偿件)装到蒙皮上,最后将骨架零件与骨架(或骨架零件)相连接(图2-3)。

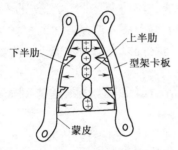
图2-2 以蒙皮外形为基准的装配方法

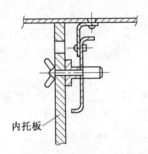
图2-3 以蒙皮内形为基准的装配方法

这种方法与上一种相比较而言,基本相似,只是其外形比前者多了一道误差(蒙皮厚度公差)。国外广泛采用它来装配大型飞机的机身等部件。

3. 以飞机骨架外形为基准

首先将骨架在型架上定位好并进行铆接,使其具有一定的刚度,然后将蒙皮装上,并对蒙皮施加外力,使蒙皮紧紧贴在骨架上,再将蒙皮与骨架铆接,其误差是从内向外积累的,故外形准确度差。一般多用于低速飞机(图2-4)。

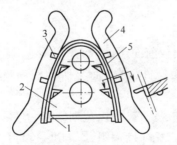
图2-4 以骨架为基准的装配方法
1—梁;2—翼肋;3—工艺垫片;4—卡板;5—卡桁。

2.2.2 定位方法

1. 划线定位法

根据产品图样上给的尺寸,用通用量具进行度量和划线确定零件的安放位置(图2-5)。

这种方法因划线的误差较大(约1mm),而使其定位准确度较低。一般用于刚性较好的零件,且位置准确度要求不高的部位。如图 2-5 中翼肋的加强角材件号 4 及件号 5 可以采用划线定位。而上、下椽条件号 1 及件号 2,其位置准确度直接影响飞机的气动力外形,故不能用划线法定位,即仅尺寸 l_1 及 l_2 可用划线法确定。

1) 划线定位程序

(1) 首先要看懂图样,确定航向和图样表示的是右件还是左件,以免将零件装错或装反。

(2) 确定划线基准,根据产品图样给的尺寸基准进行划线,在飞机装配图中肋和框的位置是以轴线为基准的,机身和发动机舱是以构造水平线和对称中心线为基准的,有的尺寸是间接尺寸,需要通过换算来确定。

(3) 用划线工具进行划线,为了避免误差积累造成的不协调,对于尺寸链的各个环都要按某一固定的基准为依据进行测量。如图 2-6 中大梁上用来连接各肋的角材,都应以某一端为基准确定各个角材的位置。图 2-6 中 6 个角材都以右端为基准进行测量,长度分别为 l_1、l_2、l_3、l_4、l_5、l_6。

(4) 检验划线工作质量,在划线完结后要按产品图样仔细地对照,检查划线有无差错、划线误差是否符合规定。

(5) 按图样上铆钉的边距和节距划线,适当地钻制初孔,进行暂时固定。

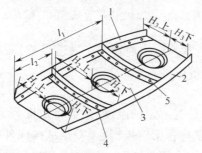

图 2-5 划线定位示意图

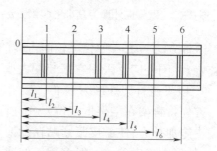

图 2-6 大梁各角材都以"0"肋为基准来划线

2) 划线定位注意事项

(1) 注意零件是铆接在腹板前面还是后面。

(2) 认准零件是右件还是左件,哪个面与所划线对准,哪个面铆接,两端是否上下颠倒。

(3) 划线用笔按技术文件规定选用,以免划伤和腐蚀零件。

(4) 划线笔应削得细尖,以免线迹太粗,影响准确度。

(5) 划线笔运动平面垂直于工作表面,尾部向前进方向倾斜(图 2-7)。

(6) 暂时固定用具,应在与工件的接触面上黏以软质防磨材料,以防将产品表面划伤、碰伤和磕伤等。

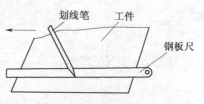

图 2-7 用划线笔划线

2. 晒线定位法

在腹板等平面零件上按明胶模线图板 1:1 地晒出了安装在其上的其他零件的形状和位置线,这些零件各按其本身的位置线定位。这种方法省略了划线工序和工装定位,且比划线定位准确度高。常用于低速飞机的肋、隔框等装配和与外形无关的零件定位(图2-8)。

1) 定位程序

(1) 将晒线零件与装配图样对照,检查是否相符。

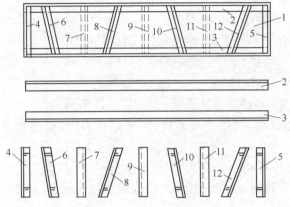

图2-8 晒线定位法

(2) 按装配指令规定的次序将零件对号比试,检查零件是否协调,对准位置线,在零件及晒线零件上一起钻制定位孔,用固定销固定。

以图2-8所示为例,先固定上、下椽条件号2和件号3,其次固定立柱件号4、件号5、件号9,再固定加强角材件号8、件号10、件号7、件号11、件号6、件号12。

(3) 检验零件定位是否正确。

2) 注意事项

(1) 认准零件是右件还是左件,哪个面是基准,不要装错。

(2) 安装时将零件基准面对准基准线的中心,其他的外形线可能由于误差积累可稍有出入。

(3) 操作时注意保护零件表面,避免划伤、碰伤和磕伤。

(4) 定位孔应选在适当的铆钉位置,在划好边距、节距线后钻制,孔径应符合技术文件规定。

(5) 用于固定的工具和固定销与产品接触面应黏软质防磨材料。

3. 装配孔定位法

装配时用预先在零件上制出的孔来确定位置。装配孔通常是按样板预先在两面要装配的零件上钻制出来的,其孔径按技术文件规定制取,每个零件上装配孔的数量不应少于2个,对于尺寸大、刚性差的零件应适量增加。这种定位方法适用于平板零件和单曲面零件(图2-9)。

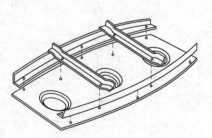

图2-9 按装配孔装配定位

1) 定位程序

(1) 对照装配图样检查零件是否合格,装配孔是否协调。

(2) 按装配指令的顺序依次将零件的装配孔对准,用定位销或定位螺钉进行固定。

(3) 检查零件固定是否正确。

2) 注意事项

(1) 注意零件是右件还是左件,不要装反。

(2) 注意零件是装在前面还是装在背后。

(3) 注意零件上、下两端不要装颠倒。

(4) 操作中注意保护零件表面,避免划伤、碰伤和磕伤。

(5) 固定用具与产品接触面应黏软质防磨材料。

4. 装配夹具(型架)定位法

零件或组件的位置按装配夹具(型架)上的定位件来确定(图2-10)。

定位件是装配夹具(型架)的主要元件,形式多种多样,以适合各种不同形式的零件或组件的需要。

1) 常见的几种定位形式

(1) 以外形卡板定位蒙皮外形(图2-2)或定位骨架外形(图2-11)。

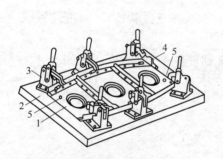

图2-10 用装配夹具定位示意图

1—肋腹板;2—夹具底板;3—定位件;
4—缘条;5—定位孔销钉。

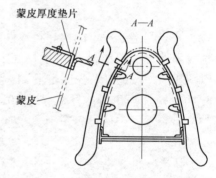

图2-11 以外形卡板定位骨架外形

(2) 以内托板定位蒙皮内形(图2-3)。

(3) 以包络板定位蒙皮外形(图2-12)。

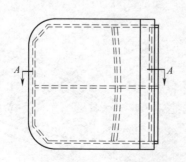

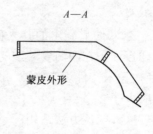

图2-12 以包络板定位蒙皮外形示意图

(某型机舱门装配夹具之包络板)

(4) 以定位孔定位:在夹具上给出定位器,同时在零件上通过样板钻出定位孔,通过所钻出的孔来确定零件在夹具上的位置,一般常用于定位与外形无关的腹板,但对于外形准确度要求不高的飞机也可用来定位与外形有关的隔框及翼肋等零件。如图 2-10 中的翼肋腹板的定位以及图 2-13 所示某型飞机机身板件装配夹具各框的定位。

(5) 以耳子或叉子定位器定位叉子或耳子形式的接头(图 2-14)。

(6) 以定位板定位,常见的如在卡板上伸出定位板定位隔框或翼肋的轴线位置(包络式夹具则经常用卡板来确定主要构件的位置),或者在卡板或托板上安装挡板来确定长桁或角材等的位置(图 2-15)。

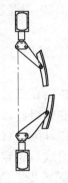

图 2-13 定位孔定位示意图
(某型飞机机身板件装配夹具)

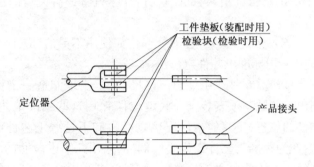

图 2-14 以耳子或叉子定位器定位的叉子或耳子

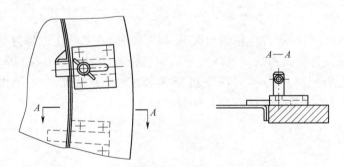

图 2-15 以定位板定位翼肋及长桁示意图

装配夹具(型架)是保证飞机气动力外形和零、组件在相对位置准确所不可缺少的装备,它除了起定位作用外,还有控制零件形状和减少铆接变形的作用。对于薄壁结构的一些尺寸大、刚性差的零件之定位,往往采用超六点的"过定位"方法。

装配夹具(型架)定位比上述几种定位方法准确度要高,而零、组件位置的准确度则取决于夹具(型架)本身的准确度。

2) 定位程序

(1) 按装配指令要求将各定位元件放置于工作位置,并将压紧件退到非工作位置。

(2) 按装配指令规定的顺序将零件或组合件装到定位件上。

(3) 定位及压紧被安装零、组件,叉耳接头要注意两侧间隙是否相等,工艺垫片是否已经垫好。一般零件用基准面定位,使基准面与定位器紧密靠合,然后用压紧件压紧。

(4) 划线或按导孔钻固定孔,用定位销作临时固定。

3)注意事项

(1)使用夹具(型架)前需看懂工装图样,了解各定位器、压紧件的功用。

(2)注意夹具(型架)所标志的航向、构造水平线、对称中心线、弦线、各种轴线、切割线等,以便检查定位的正确性。

(3)注意左右对称零件不要装反。

(4)零件定位压紧后,必须与定位件紧密贴合。

(5)有工艺垫片者要注意在骨架与卡板间加上工艺垫片。

(6)夹具(型架)的定位件、压紧件等如有尖角部位要采取防护措施,以免磕伤、碰伤零件。

(7)夹具(型架)各配合部位如使用不灵活,应注油润滑,不能用铁锤用力敲打。

5. 用标准工艺件定位法

按产品零件或组件的主要尺寸1:1地制造一个标准工艺件(甚至在工艺件上可以制出一些缺口或安装上一些定位件),用这些标准工艺件来代替零件或组件以确定其他构件的位置,待其他构件连接之后再卸下这些工艺件而换上相应的零件或组件,完成装配,此为标准工艺件定位法。例如,采用几个中段肋的工艺件,在前梁或后梁定好位之后来确定后梁或前梁的位置;又如某型机的货舱门,各梁的位置是靠工艺蒙皮上的定位角材来确定的,骨架装好之后再装上外蒙皮而在夹具内钻孔、铆接,图2-16为工艺肋及工艺蒙皮的示意图。

6. 工件定位法

按基准零件或先装的零件定位后再装其他零件,如:按长桁上已铆好的角片来确定各框的纵向位置;或按各框长桁缺口的弯边来确定长桁的位置。还有按已制好的蒙皮上的开口来铆装口框和配制口盖等。在飞机铆接装配中,此法常作为辅助的定位方法。图2-17为靠襟翼的梁及肋来确定角片位置示意图。

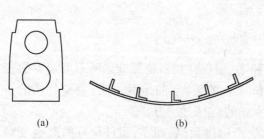

图2-16 工艺肋及工艺蒙皮示意图
(a)工艺肋;(b)带有梁定位器的工艺蒙皮。

图2-17 工件定位法示意图

2.2.3 装配定位后的固定

1. 固定的含义及目的

参加铆接装配的零组件,按选用的定位方法定好位后,都要在铆缝上隔一定数量的铆钉或隔一定距离,用铆钉或穿心夹等进行连接,称为固定。

固定的目的,在于使参加装配的零组件在铆接装配过程中始终符合定位要求,防止互相串位及因串位可能引起的变形。

对于为提高疲劳强度或要进行缝内涂密封胶铆接而要进行二次装配的部件来说,其预装配中更应注意搞好固定,以保证钻孔、分解、除毛刺和涂胶后,能顺利地进行正式装配,不串位,不变形,符合定位要求。在成批生产中,装配件在型架(夹具)上通过固定铆接后,可从型架中取下,在架外铆接,提高型架利用率;有些零、组件在架内铆接不开敞部位,固定铆接后,到架外进行补铆。

2. 固定的形式

(1) 打固定铆钉。一种是在铆缝上打与图样一致的铆钉;另一种是在铆缝上打比图样小一号的铆钉,待铆接件铆接结束后分解掉固定钉,再打与图样一致的铆钉(图2-18)。

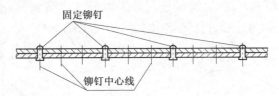

图2-18 在铆缝上打固定铆钉固定铆接件

(2) 上固定螺栓,也叫工艺螺栓。一般用在铆接件铆缝部件的层数多,又比较厚时,用工艺螺栓固定(图2-19)。

(3) 用穿心夹(或弹簧销)固定。一般用于刚性小的超薄壁结构,总厚度在2mm以内的连接件上(图2-20)。

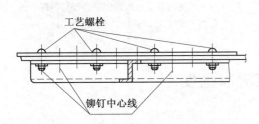

图2-19 在铆缝上用固定螺栓固定铆接件

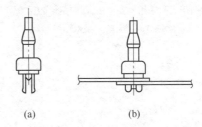

图2-20 在铆缝上用穿心夹固定铆接件
(a)穿心夹;(b)穿心夹固定铆接件。

3. 固定操作要点

(1) 安放固定螺栓进行固定时,应避免划伤零件表面,特别是蒙皮表面。可使用非金属材料做的垫圈保护产品表面。

(2) 固定顺序,与铆接顺序方法一样,可用中心法或边缘法进行固定,以避免连接件产生鼓起和波纹等变形。

(3) 固定的距离,即固定点的数量由产品的形状和外廓尺寸大小而定。对于曲面形状、刚性较弱件和外形准确度要求较高的部位,所用固定铆钉或穿心夹的数量要多。

① 平面形状件:刚性好时固定距离一般取200~300mm;刚性差时取100~200mm。

② 单曲面件:刚性较好时,固定距离取100~200mm;曲率半径较小(如机翼、尾翼前缘)而刚性较差时,固定距离取50~100mm。

③ 双曲面件:曲率变化大的部件,要每隔一个孔就固定一点,即进行密集性固定。

37

④ 在型架(夹具)内进行固定铆接的要求。零件按型架(夹具)定位并修配好后,进行固定铆接,使零件固定牢靠。装配件具有一定的刚度,装配件从型架(夹具)中取出后,零件之间不会串位,也不会产生较大的变形,方达到固定铆接的要求。经验证明,架内完成的固定铆接应占总铆接量的25%~40%。

⑤ 在型架(夹具)内预装配的固定要求。首先进行初步固定,即用中心法或边缘法顺序要求,在铆缝上放置穿心夹或固定螺栓。然后在初步固定的固定点之间,按连接件的形状、尺寸大小和刚性再增加固定点。对于超薄壁结构件和密封铆接件,在用中心法或边缘法进行初步固定时,一般都采用密集性固定,即每隔一个孔就固定一点。除防止变形外,还便于插钉。二次装配时,一定要按原固定孔固定。

⑥ 对于曲率较大的半开口结构,固定时要采取反变形措施,即沿铆接变形的相反方向,预先人为地改变工件的外形进行固定(图2-21和图2-22)。

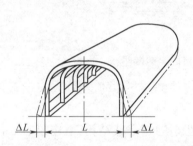

图2-21 半开口结构件固定时的特点
注:固定时采用反变形法,即向变形的反方向支撑产生 ΔL。ΔL 的大小根据经验确定。

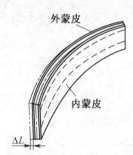

图2-22 曲率较大的结构件固定内蒙皮时的特点
注:这种结构的内蒙皮一般都用抽心铆钉铆接。固定内蒙皮时用反变形法,使其产生 ΔL。

2.3　飞机装配准确度

2.3.1　飞机装配准确度要求

飞机装配好以后应达到对其规定的各项性能指标,其中包括飞机的空气动力性能(飞机零件的尺寸、刚度)、飞机的各种操纵性能、飞机结构的强度和耐久性能等各项指标。飞机装配的准确度除了对飞机的各种性能有直接的影响,还会影响产品的互换性能。为保证飞机产品的质量,对飞机装配的准确度提出以下几个主要方面的要求。

1. 飞机空气动力外形的准确度

飞机空气动力外形的准确度包括飞机外形准确度和外形表面粗糙度。

1) 飞机外形准确度

飞机外形准确度是指飞机装配后的实际外形偏离设计给定的理论外形的程度。一般来说:飞机的最大飞行速度越高,对飞机外形的准确度要求越高;翼面类部件(机翼和尾翼)比机身部件的外形准确度要求高;各部件的最大剖面以前部分又比最大剖面以后部分的外形准确度要求高。图2-23是超声速歼击机各部件对外形的准确度要求。机身前段外形准确度要求为±1.2mm,机身后段外形准确度要求为±1.8mm,机翼前外形准确度要求为±0.8mm，机翼后外形准确度要求为±1.0mm，尾翼前外形准确度要求为±0.8mm，尾翼后外形准确度要求为±1.0mm。

此外，飞机外形的波纹度对飞机的空气动力性能有重要影响，因此在飞机设计中还专门规定了外形波纹度要求。外形波纹度要求规定在一定波长上所允许的波幅值（即波峰与波谷的高度差）。外形波纹度误差是两相邻波峰与波谷的高度差 H 和波长 L 的比值，即

$$\Delta \lambda = H/L \tag{2.1}$$

2）外形表面粗糙度

飞机外形表面的局部凸起和凹陷对飞机的空气动力性能也有影响，因此对飞机外形表面上的铆钉头、螺钉头、蒙皮对缝的阶差等局部凸凹不平度均有一定要求。垂直于气流方向的蒙皮对缝处的阶差，尤其是逆气流方向凸起的阶差，比顺气流方向的阶差要求更严。

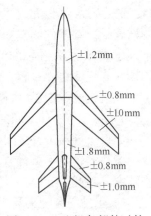

图2-23 飞机各部件对外形的准确度要求

2. 各部件之间对接的准确度

为保证飞机的飞行性能，在飞机设计时，对各部件之间的相对位置准确度规定了一定的技术要求如下：

（1）机身各段的同轴度要求。

（2）机翼和尾翼相对于机身的安装角 α、上反角（下反角）β 和后掠角的准确度要求。允许的误差一般是将角度尺寸换算成线性尺寸，通过飞机的水平测量进行检查。

（3）对于飞机的各操纵面，包括副翼、升降舵和方向舵等，为了保证操纵灵活，除对多支点转轴的直线度提出准确度要求外，还规定了固定翼面和舵面外形之间需保证一定的间隙和外形阶差要求。

（4）各部件之间对接的准确度取决于各部件对接接头之间和对接接头与外形之间的协调准确度。为了保证各部件的互换性以及部件对接时不致因接头之间尺寸不协调用强迫连接而在结构中产生过大的残余应力，对各部件对接接头的配合尺寸和对接螺栓孔的协调准确度提出了比较严格的要求。

3. 部件内各零件和组合件的位置准确度

部件内部各零件和组合件的位置准确度一般容易保证，如：大梁轴线位置允差和不平度允差一般为±0.5~±1.0mm；翼肋和隔框轴线位置允差一般为±1.0~±2.0mm；长桁轴线位置允差一般为±2.0mm。

2.3.2 制造准确度和协调准确度

1. 制造准确度

飞机零件、组合件或部件的制造准确度是指它们的实际形状和尺寸与飞机图纸上所定的公称尺寸相符合的程度，符合程度越高，则制造准确度越高，即制造误差越小。

2. 协调准确度

协调准确度是指两个相配合的零件、组合件或部件之间配合部分的实际形状和尺寸相符合程度，这种相符合程度越高，则协调准确度越高，即协调误差越小。

在飞机制造中首要的是保证协调准确度，为保证零件、组合件和部件之间的协调准确

度,通过模线、样板和立体标准工艺装备(如标准量规和标准样件等)建立起相互联系的制造路线。在零件制造和装配中,零件和装配件最后形状和尺寸的形成过程是从飞机图纸通过模线、样板和标准工艺装备制造出模具、装配夹具然后制造零件和进行装配等一系列形状和尺寸传递过程。

在飞机装配中,对协调准确度的要求包括两个方面。

1) 工件与工件之间的协调准确度

如果工件与工件之间配合表面的协调误差大,在配合表面之间必然存在间隙或过盈,或螺栓孔的轴线不重合,在连接时形成强迫连接,连接后在结构中产生残余应力,影响结构强度。因此,工件与工件之间配合表面的形状和尺寸应有一定的协调准确度要求。

2) 工件与装配夹具之间的协调准确度

为保证飞机装配的准确度,重要的组合件、板件、段件和部件一般是在装配夹具(型架)中进行装配。进入装配的各零件和组合件在装配夹具中是以定位件的定位面(或孔)定位的。如果工件和定位件的定位面(或孔)的协调误差大,在装配时通过定位夹紧件的夹紧力使工件与定位件的定位面贴合,在工件内同样要产生内应力。当装配完并松开夹紧件后,结构中的内应力重新分布而形成残余应力。为控制和减少结构中的残余应力和结构变形,需要对工件和装配夹具之间的协调准确度提出一定的要求。

要达到工件与工件以及工件与装配夹具之间的协调准确度,首先要保证有关工艺装备之间的协调准确度。

2.3.3 装配尺寸链

尺寸链就是在零件或装配件上各零件表面及其轴线之间的一组尺寸(或角度)按一定次序首尾相接形成的封闭的链。描述装配件中各零件尺寸相互关系的尺寸链称为装配尺寸链,如图 2-24 所示。

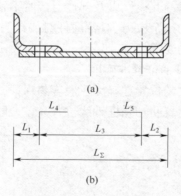

图 2-24 翼肋按装配孔装配时装配尺寸的形成图
(a) 翼肋;(b) 装配尺寸链。

在尺寸面中,将零件加工或装配完毕以后形成的尺寸称为封闭环,如图 2-24 中的 L_Σ。除封闭环以外所有的尺寸称为组成环。

在尺寸链中一部分组成环的尺寸增大时,封闭环的尺寸随之增大,这些组成环称为增环;而另一部分组成环的尺寸增大时,封闭环的尺寸随之减少,这些组成环称为减环。

如果尺寸链中所有的尺寸是相互平行的,这种尺寸链称为线性尺寸链。图 2-24 中所示即为线性尺寸链。如果全部和一部分尺寸相互不平行,但都在一个平面或平行面内,形成封闭的多边形,这种尺寸链则称为平面尺寸链。

2.3.4 影响装配准确度的各种误差的分类

影响装配准确度的各种误差可以分成两大类:一类是与定位方法无关的各种误差;一类是与定位方法有关的各种误差。

1. 与定位方法无关的各种误差

(1) 由于连接引起的变形误差。铆接时,由于钻孔力、铆接力以及铆钉沿全长膨胀不均匀等各种因素,均会使结构产生变形,并在结构产生残余应力;焊接时,由于零件各处受热不均匀以及焊缝在冷却时局部收缩引起的焊接变形误差。

(2) 由于车间温度变化引起的变形误差。飞机部件的尺寸大,飞机零件、装配件与工艺装备的材料不同,热膨胀系数不同,车间的温度随季节和时间变化而异,必然使工艺装备和工件产生变形误差。

2. 与定位方法有关的各种误差

(1) 进入装配的零件、组合件的误差。其中包括装配时各定位面的尺寸误差。

(2) 装配夹具的误差。其中包括装配夹具的制造误差和使用时产生的变形误差。

(3) 工件和装配夹具之间的协调误差。其中包括:零件、组合件之间协调误差;零件、组合件与装配夹具定位面和定位孔之间的协调误差;各装配夹具之间的协调误差。由于这些协调误差的存在,必然引起强迫装配,使工件产生弹性变形,在装配以后产生变形误差。

2.4 提高装配准确度的补偿方法

为使飞机装配能够顺利进行,希望进入装配的零件和组合件具有互换性。所谓互换性是指零件和装配件的几何形状、尺寸及物理机械性能在一定的误差范围以内,在装配时不需要经过修配、补充加工或调整,在装配以后能够完全满足规定的技术要求。具有互换性的零件和装配件对装配工作是十分有利的,在装配过程中,不需要对进入装配的零件和装配件进行试装和修配,能减少手工修配工作量,缩短装配周期,便于组织均衡的、有节奏的生产。实际上,在飞机成批生产中,许多钣金零件、机械加工件、装配件都是可以互换的,即在装配时不需要修配和补充加工。

但对一些复杂结构中准确要求度很高的某些重要尺寸,为了保证装配后能达到所要求的准确度,过分提高零件和装配件的制造准确度,在经济上不合理,在技术上也做不到。因此,在飞机装配中,对某些准确度要求很高的配合尺寸,则采用各种补偿的方法,以便能达到最后所要求的准确度。

所谓补偿方法就是零件或装配件某些准确度要求高的尺寸,在装配时或装配后,通过修配、补充加工或调整,部分消除零件制造和装配误差,最后达到所要求的准确度。

采用补偿方法时,飞机装配的工作量将有所增加,但从整个制造过程来看,将取得更好的经济效果。

飞机装配中采用的补偿方法可以分为两类：一类是从工艺方面采取的补偿措施，称为工艺补偿；另一类是从结构设计方面采取的补偿措施，称为设计补偿。

2.4.1 工艺补偿方法

工艺补偿是从工艺方面采取的补偿措施，如装配时进行相互修配，或装配后进行最后精加工。

1. 装配时相互修配

在飞机制造中，有些准确度要求高的配合尺寸，在零件加工时，用一般的加工方法难以达到要求时，或者在零件加工时虽能达到要求，但在装配过程中由于有装配误差，在装配后难以达到给定的要求时，可以在装配时采用相互修配的方法来达到。由于修配工作一般是手工操作，在相互修配时，有时要反复试装和修配，工作量比较大。而且，相互修配的零件或部件不具有互换性。因此，在成批生产中应尽量少用修配的方法。

例1　飞机外蒙皮之间的对缝间隙有时要求比较严格，甚至有时要求对缝间隙小于1mm。因机身和机翼蒙皮的尺寸一般比较大，有的长达 5~6m。如果单靠零件制造的准确度来保证这些蒙皮对缝间隙要求，在技术上是难做到的。

解决方法：在蒙皮制造时，在蒙皮的边缘处留有一定的加工余量，在装配时对蒙皮的边缘进行修配，最后达到蒙皮对缝间隙的要求。在修配时，通过试装，按蒙皮对缝间隙要求确定修配余量大小，然后去掉加工余量。为使整个蒙皮对缝能达到要求的间隙，有时需要多次反复试装和锉修。

扩展应用：起落架护板、舱盖和舱门的边缘、长桁端头等，为了保证配合或间隙要求，有时也采用相互修配的方法。为了保证组合件或部件之间相对位置准确度要求，在试制或小批生产时，有时也采用相互修配的方法。

2. 装配后精加工

在飞机装配过程中，对准确度要求比较高的重要尺寸（一般为封闭环尺寸），因零件加工和装配过程中误差积累的结果，在装配以后达不到所要求的准确度。若采用相互修配的方法，不仅手工劳动量很大，而且达不到某些要求。为了减少手工修配工作量并使产品达到相互要求且采用装配后进行精加工的工艺补偿方法。装配后精加工所用的设备属于专用设备，精加工设备的造价占用生产面积大，精加工工序增加了装配周期。因此，应设法改善飞机结构的工艺性，尽量避免采用装配后精加工的工艺补偿方法。

例2　歼击机的前机身与机翼和前起落架用叉耳式接头进行连接，各部件上这些叉耳式接头螺栓孔的位置尺寸准确度和配合精度要求都比较高，并且要求部件之间具有相互性。

解决方法：在零件加工和装配过程中，各叉耳式接头上的螺栓孔均留有一定的加工余量，在部件装配好以后再对接头螺栓孔进行最后加工，以消除零件加工和装配过程中产生的积累误差。

装配后精加工一般是在专用的精加工设备上进行。图 2-25 所示就是上面提到的前机身上的各接头最后精加工用的设备。当前机身装配好以后，在前机身精加工台上进行定位，然后通过扩孔头上的扩孔刀和铰刀，按导向支架上的导向衬套导向，对各接头上的螺栓孔进行最后精加工。

模块2 飞机装配基础

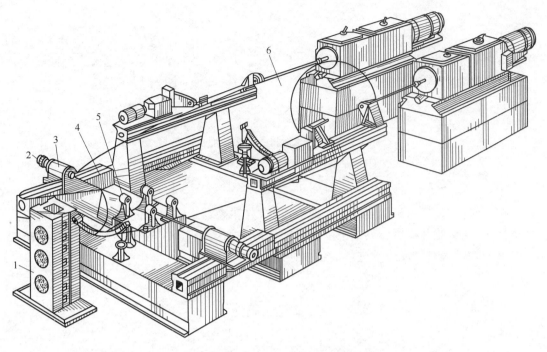

图2-25 前机身对接接头精加工台
1—定位器支架；2—扩孔头电机；3—扩孔头；4—扩孔刀加长杆；
5—带导向衬套的导向支架；6—前机身外轮廓。

对于部件之间为凸缘式的连接接头，如果凸缘对接式接头的刚度较大，对于接头平面直接的贴合度要求比较高，为保证结合面的准确度和部件的相互性，需要对部件上的凸缘对接面进行最后加工。如果各对接螺栓和螺栓孔之间的公称间隙比较小（如在0.2mm以内），还需要对各螺栓孔进行最后精加工。

图2-26所示为中翼凸缘对接式接头精加工台，图2-27所示为在精加工台上对凸缘对接式接头的对接面、螺栓头贴合面、螺栓槽和螺栓孔进行精加工等详图。

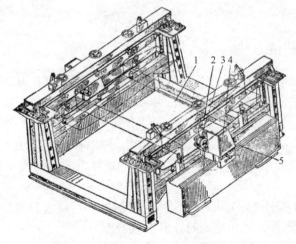

图2-26 中翼凸缘对接接头精加工台
1—中翼外轮廓；2—定位板；3—铣切头；4—铣切头移动座；5—导向底座。

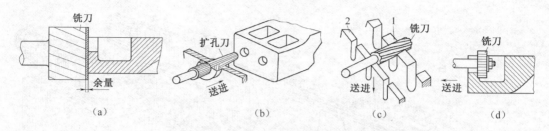

图 2-27 凸缘对接式接头精加工详图
(a)铣端面;(b)扩孔和铰孔;(c)铣螺栓槽;(d)铣螺栓头贴合面。
1—凸缘对接式接头;2—靠模板。

扩展应用:为了保证机翼的起落架护板、副翼和襟翼之间对缝间隙和互换要求,起落架护板舱、副翼舱和襟翼舱处的蒙皮边缘预先留有加工余量,在机翼装配好以后,在精加工台上按靠模板对蒙皮边缘进行最后加工,如图 2-28 所示。

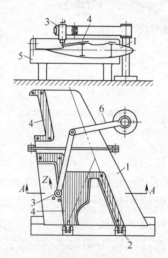

图 2-28 机翼的起落架护板舱、副翼舱和襟翼舱处的蒙皮边缘最后加工用精加工台
1—机翼;2—接头定位器;3—铣切头;4—靠模板;5—定位卡板;6—回臂。

2.4.2 设计补偿方法

设计补偿是从飞机结构设计方面采取的补偿措施,以保证产品的准确度。如在飞机结构中采用垫片补偿、间隙补偿、连接补偿件以及可调补偿件等。

1. 垫片补偿

垫片补偿是飞机制造中经常使用的补偿方法,用以补偿零件加工和装配过程中由于误差累积偶然产生的外形超差,或用以消除零件配合表面之间由于协调误差所产生的间隙。

例 3 以骨架为基准进行装配时,在骨架装配好以后,通过检验检查出骨架上某些局部外形超差,或骨架零件之间相交处的外形出现阶差。

解决方法:为了消除局部外形超差或阶差,在飞机设计中允许在骨架和蒙皮之间按实际需要加一定厚度的垫片。当然,为了控制结构的质量和结构的强度,对每个部件都规定有允许加垫的数量、面积和厚度。

扩展应用:对于在零件制造和装配过程中难以保证零件配合表面之间很好贴合的情况下,为了不致产生强迫连接,在结构设计中,有时有意在配合表面之间留有公称间隙。在装配时,根据实际存在的间隙大小加一定厚度的垫片,以补偿协调误差。允许加垫的部位和厚度在飞机图纸上予以规定。垫片材料有铝合金、不锈钢,或图纸上规定的其他材料。为了便于根据实际需要选择一定厚度的垫片,可采用可剥的多层胶合垫片。

2. 间隙补偿

间隙补偿也是在飞机制造中常用的补偿方法。间隙补偿常用于叉耳对接配合面,或用于对接螺栓和螺栓孔。保证飞机各部件之间对接的协调准确度和互换性,是飞机制造中的关键技术问题。为了便于保证对接的协调准确度和互换性,对叉耳对接的配合面,对凸缘式对接接头的对接螺栓和螺栓孔之间往往是采用有公称间隙的配合。这样可以减少装配后加工的内容,甚至可以不用精加工。

3. 连接补偿件

为了减少零件之间的协调问题和强迫连接,并便于保证装配准确度要求,飞机结构设计时,往往在重要零件或组合件之间的连接处增加过度性的连接角材或连接角片,这些连接角材或角片可起到补偿协调误差的作用。

在机翼上,翼肋中段两端若通过弯边直接与前、后梁相连接,当装配时在翼肋弯边和前、后梁腹板之间必然会出现间隙或紧度而形成强迫装配。因此,机翼的翼肋中段与前、后梁一般是通过连接角材相连接,连接角材一方面有加强前、后梁腹板的作用,另一方面又有补偿协调误差的作用,避免翼肋中段和前、后梁之间出现不协调和强迫装配的问题。当然,在装配过程中,连接角材应先装在梁组合件上,而不能先装在翼肋中段上,否则,连接角材起不到补偿作用。

当部件以蒙皮外形为基准进行装配时,结构的骨架和蒙皮分别在装配夹具中定位,在骨架和蒙皮之间则通过连接角材连接。在这种情况下,连接角片具有补偿零件制造和装配误差的作用,保证部件装配后具有较高的外形准确度。

4. 可调补偿件

以上所述各种工艺补偿和设计补偿方法,是在装配过程中用来补偿各种误差,在装配好以后一般不能再进行调整。而可调补偿件的特点是,在飞机装配好以后或在使用过程中,仍然可以方便地进行调整。可调补偿件一般主要用于在飞机使用过程中需要调整的部位,并在飞机设计时规定只允许在使用过程中进行调整。允许在制造过程中调整的可调补偿件,一般则在飞机图纸上明确限定在制造过程中允许调整的范围,给使用过程中保留一定的调整余量。

某些部件之间的相对位置准确度要求很高,在部件装配时很难达到这些要求,而且在飞机使用过程中,由于结构产生了永久变形,使这些重要的部件相对位置超差。而在这种情况下,在飞机结构设计时需要采用可调补偿件,以便对部件间的相对位置进行调整达到技术条件所规定的要求。这些重要部件的相对位置包括发动机相对于机身的位置、机翼或水平尾翼的安装角、机关炮和照相枪相对于机身位置等。

可调补偿件根据需要可采用各种结构形式,如螺纹补偿件、球面补偿件、齿板补偿件、偏心衬套以及综合采用各种补偿形式的补偿件等。

图2-29所示为发动机与机身连接,在主接头上装有球面衬套,以补偿机身接头和发动机接头间的不同轴度,并用辅助接头上的可调螺杆调整发动机相对于机身的位置。

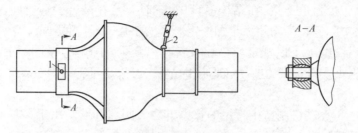

图2-29 发动机与机身连接的示意图
1—主接头;2—辅助接头。

图2-30是发动机通过发动机架与机身相连接。通过偏心球面衬套4及可调螺旋杆7调整发动机相对于机身的位置。

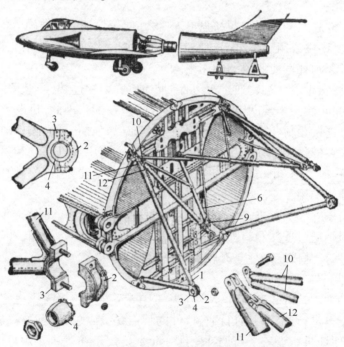

图2-30 发动机通过发动机架与机身相连接
1、6、9、10、11、12—发动机架及其附件;2—接头盖;3—主接头;
4—偏心球面衬套;5—叉形接头;7—可调螺旋杆;8—锁紧螺帽。

图2-31所示为水平安定面与下垂直安定面的连接,前接头是带有长圆孔的齿形板的可调补偿件,用以调整水平安定面的安装角。

图2-32所示为带锥面配合的两种可调补偿件。图2-32(a)是在锥座下面按实际需要加一定厚度的垫片,以调整两部件接头间的距离,对接螺栓和螺栓孔间有公称间隙,故螺栓只承受拉力,剪力则由锥面传递。图2-32(b)的结构形式与图2-32(a)相似,只是锥座通过下面的螺纹连接可按需要调整锥座的高度。

图2-33所示为一种结构更为复杂的可调补偿件,曾用于发动机与机身的连接。这

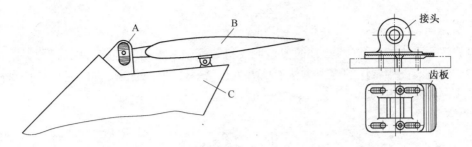

图 2-31 水平安定面与下垂直安定面的安装示意图
A—齿型垫；B—水平尾翼；C—下垂直安定面。

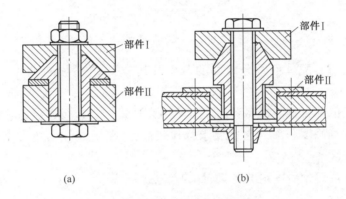

图 2-32 带锥面配合的可调补偿件
(a) 用垫片调整；(b) 用螺纹调整。

种可调补偿件是利用带内螺纹的接头和带球头的螺杆间的螺纹连接调整轴线尺寸，调整好以后用锁紧螺帽固定，并利用球面配合补偿轴线间的角度误差。

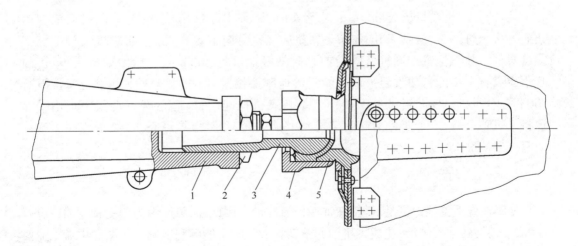

图 2-33 发动机与机身连接用的可调补偿件
1—带内螺纹的接头；2—锁紧螺帽；3—带球头的螺杆；4—固定螺帽；5—球形座。

作业：

（1）解释飞机的装配过程，并简要说明飞机装配中常采用的连接方法有哪几种。

（2）飞机装配中常用的定位方法有哪些？图2-34所示的装配件的名称是什么？采用的是哪一种定位方法？

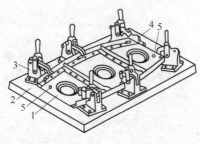

图2-34　装配件

（3）阐述飞机装配过程中分离面的概念及其分类，并分别对两类分离面做出概念解释。

（4）歼击机的前机身与机翼和前起落架用叉耳式接头进行连接，这些叉耳式接头螺栓孔的位置尺寸准确度和配合精度要求都比较高，且要求部件之间具有互换性，应如何保证？

（5）阐述装配定位后固定的含义、目的及其操作要点。

 阅读材料

1. 下位锁无油失灵，失前蹄机身受损

[故障概况]

某日，某飞机在机场着陆，放下起落架时，两个主起落架放下指示灯亮，而前起落架放下指示灯不亮，警铃发出响声。空勤从观察窗向下观察看到，前起落架放下标记线已对准了放下位置。飞机着陆后前起落架触地滑行400m左右后发现机头下沉，前起落架没有上锁已自动收起。前起舱门触地摩擦拉脱，前机身4框下部触地摩擦滑行100m左右飞机停住。当机务人员用气垫将飞机托起后，前起落架自动放下。用千斤顶将飞机顶起后，人工能将前起落架推到上锁位置，此时指示灯亮，连续试验两次确认前起落架能够上锁。

[原因分析]

分解检查下位锁，发现锁键轴注油腔没有注油。因此，故障原因为锁键轴注油腔没有注油，使锁键转动不灵活，造成飞机前起落架在放下时不能顺利上锁。部队和中航工业西安飞机工业（集团）有限责任公司联合调查组签署事故调查报告，明确指出：造成飞机着陆滑行时前起落架自动收起事故的原因是飞机在出厂前，前起落架下位锁键轴注油腔中没有注油。

[纠正措施及经验教训]

1)纠正措施

这次事故造成飞机停飞50天。工厂生产修理零件165项、组合件5项。并派多人去现场排除故障,给公司造成重大经济损失。为防止类似事故发生,工厂采取了如下改进措施。

(1)发出服务函件,要求各用户对飞机前起下位锁键轴注油情况进行一次普查,并对没有注油的下位锁键注油腔给予补注油。

(2)修改了使用维护说明书,将原规定"200飞行小时注油一次"的规定修改为"200飞行小时注油",同时加注日历时间,一个月进行一次注油检查。

2)经验教训

飞机着陆滑行事件告诉我们,质量问题无小事,遗漏简单工序也会酿成大祸。航空产品质量来不得半点虚假,图纸、技术条件和工艺文件规定的工序必须完成,否则就要出问题。前起落架下位锁没有注油,反映一些单位工艺纪律松弛,管理不严,不按程序文件办事,检验错检、漏检,没有把住关。每个职工都应从中吸取教训。

2. 装配工马虎大意,小布条混进油箱

[故障概况]

某日,在对飞机进行飞行前检查时,在右机翼油箱放油口处发现了一片小布条多余物。得此情况后,总装厂迅速组织有关人员赴现场查看,机务人员打开放油开关,取出一块50mm×15mm的布条标签。

[原因分析]

布条标签是总装厂库房在保管油箱撑框零件时,为区分批(架)次而做的临时标记,总装厂装配工在装机时忘记取下此布条,从而导致将多余物装上了飞机。

[纠正措施及经验教训]

1)纠正措施

对飞机进行分解检查,清理多余物。

2)经验教训

在库房保管过程中为分清零件机型、批(架)次而贴标签本来是好事,但装机前要注意清理,保管工在零件出库时要将此标签取下,装配工在装配时应严格控制,绝不能带着多余物装机。检验人员对关键部位要认真检查,防患于未然。

3. 废胶圈混入油路,起落架收放失控

[故障概况]

某日,对大修过的飞机进行飞行前检查,在进行正常收放起落架试验后,进行应急收放起落架,此时起落架能收上,但放不下来,主起落架卡滞在舱门口附近放不到位。在断开双向节流器前后接头,发现节流孔内有一段直径3mm、长约15mm的密封胶圈,外面还露着一段。向外拔时拔断,有一截还留在节流孔内,这段胶圈堵塞了油路,造成放起落架时不回油,起落架开锁后放不下来。取出此多余物后,用汽油冲洗和冷气吹导管,更换新产品,再进行试验时一切正常。如果在空中放起落架时发生油路堵塞,后果将不堪设想。

[原因分析]

液压系统内有一段胶圈,工作时,随液压油冲至节流器处,将节流器油路堵塞。

[纠正措施及经验教训]

1)纠正措施

(1)在交付部队新产品之前,组织人员进行专项检查。

(2)将控制情况记录、填表。

(3)在比较醒目的地方悬挂"防止多余物上飞机"的牌子,以提示人们,防止此类事情发生。

2)经验教训

多余物对飞机安全造成危害的事例举不胜举,每次发生后都大张旗鼓进行教育,但屡禁不绝,关键在于要将防止多余物的各项要求落到实处,制定严格的奖惩措施,时时刻刻警示工作人员注意防止多余物。

模块 3　铆接工具和设备

【教学目标】

(1) 掌握制孔、锪窝、铆接等工具的种类及其使用方法。
(2) 会使用制孔、锪窝、铆接等工具。
(3) 会对制孔、锪窝、铆接等工具进行简单维护。

【教学重点】

(1) 让学生掌握制孔工具的使用与维护。
(2) 让学生掌握锪窝工具的使用与维护。
(3) 让学生掌握铆接工具的使用与维护。

【教学难点】

(1) 自动钻铆机的使用与维护。
(2) 密封工具的使用。

铆接工艺过程中要使用的工具设备很多,常用的有制孔工具、制窝工具、铆接工具和为其中的气动工具提供气源的空气压缩机等。本章主要介绍常用工具的结构、技术性能和使用维护规定等方面的知识。

3.1　制孔的工具和设备

常用的制孔工具是风钻,风钻又分普通风钻、弯头风钻、万向风钻等。普通风钻是最常用的制孔工具,其通用性较好,功率高,但体积较大,主要用于开敞性好的工作部位钻孔。弯头风钻主要用于结构狭窄部位及上下或左右有障碍的非敞开部位的钻孔。

3.1.1　普通风钻

1. 普通风钻的结构组成与工作原理

风钻主要由手柄部分、动力部分(即发动机)、减速部分及钻夹头等组成,如图 3-1 所示。当勾压按钮后,阀杆末端与密封垫之间出现环形通道,压缩空气经进气接头、环形通道进入发动机后部腔内,再经后盖上的孔分主、次两路进入发动机。次路气体由转子端面进入槽内,将叶片从转子槽内吹出,使之贴住汽缸壁。主路气体进入汽缸,作用在叶片上(图 3-1 中 A 切面中的压力"P")。由于作用在叶片上的压力不平衡,产生旋转力矩使转子沿一定方向旋转。叶片在转动时所产生的离心力作用下,更紧贴汽缸内壁。废气则沿手柄的另一条气路经消声器排入大气,转子旋转时,转子前端的套齿(即图3-1中的主动轮)带动两个行星齿轮沿固定在壳体上的内齿轮旋转。两个行星齿轮固定在一个齿轮架上,当它们沿内齿轮转动时,就会带动齿轮架、钻夹头一起旋转。

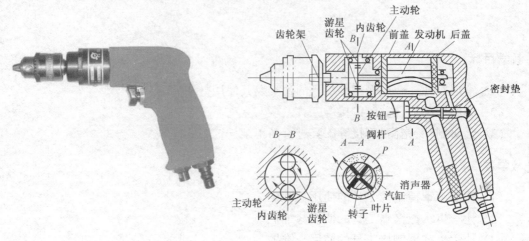

图3-1 风钻

2. 普通风钻的使用与维护

1) 使用方法

普通风钻的使用方法如下:

(1) 开工前先从进气嘴处注入少量润滑油,保证气钻的工作性能和工作寿命。

(2) 用风钻钥匙打开钻头卡,安装好切削工具,并用风钻钥匙夹紧,不准捶击钻卡头来夹紧切削工具。

(3) 右手持握手柄,食指按下按钮启动风钻。可利用按钮调节转速,保持风钻平稳工作。

(4) 风钻不应长时间空钻,以避免机件急剧磨损。

2) 维护要求

普通风钻的维护要求如下:

(1) 风钻在使用中,操作者不得随意拆卸安装。

(2) 保证供给足够的工作气压($4\times10^5 \sim 6\times10^5$ Pa),气压过低,风钻的工作效率将明显降低。

(3) 输气管路要安装油水分离器,以防止水和油污进入风钻。

(4) 对连续使用的风钻:每日工作前,从风钻进气口加少量润滑油一次;使用后,应用布擦拭干净,并放在比较干燥的地方保存,以免生锈。长期不使用时应按规定情况油封入库保管。

(5) 装、卸钻头时要用钻钥匙,不准用铁锤或冲子击打钻夹头,以免将风钻主轴损伤或变形,影响风钻的精度。

(6) 减速器部分每次清洗后,要加润滑脂进行润滑,同时可滴入少许机械与其混合,保证齿轮机构旋转更加灵活;不能只加机械油进行润滑,以免机械油很快自行流失或漏气。

(7) 不能随意碰撞和摔打消声器,更不能拆掉消声器。当消声器被杂物堵塞后,可取下用汽油清洗干净。清洗后,可用压缩空气吹干净,使其畅通无阻。

(8) 在正常使用情况下,应三个月或半年送工具维修部门检查维修。

3) 普通风钻的分解与装配

当风钻出现故障,需要进行检查修理或清洗润滑时,就要对风钻进行分解、装配,现以 Z6 型风钻为例,说明其分解、装配的方法和步骤。

第一步,将壳体与手柄分开,从壳体内取出动力部分。

第二步,旋下保护罩(左螺纹);用叉形楔铁卸下 K_6 钻夹头,如图 3-2 所示。

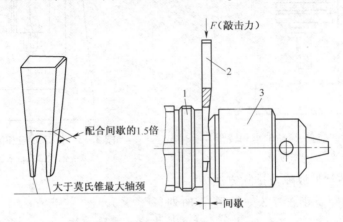

图 3-2 用叉形楔铁拆卸钻夹头
1—保护罩;2—叉形楔铁;3—K_6 钻夹头。

第三步,用扳手卡住风钻壳体前部六方形部位,旋下减速机构(右螺纹),随后可拉出行星齿轮转臂组件并分解之,如图 3-3 所示。

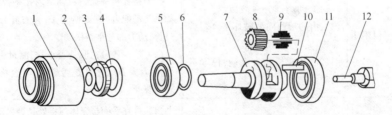

图 3-3 行星齿轮减速机构
1—内齿轮;2—垫圈;3—毛毡垫;4—亚垫;5—滚动轴承;6—卡环;7—齿轮架;
8—行星齿轮;9—滚针;10—轴销;11—滚动轴承;12—主动轮。

第四步,旋下螺钉,把动力部分放在专用工具或通用台虎钳口上,卡住汽缸外径台阶,用冲子冲下转子后轴颈,后盖和滚动轴承分离,如图 3-4 所示。

第五步,取下汽缸和叶片,卡住前盖,用铝锤或铜锤敲击转子前轴颈,将前盖、滚动轴承和转子卸开,如图 3-5 所示。

风钻装配时,按与拆卸相反的顺序进行。组装时动力部分应轻轻送入壳体空腔内,严禁强行敲入,否则,会破坏转子与汽缸间原有要求的间隙,从而使转子卡死,不能转动。

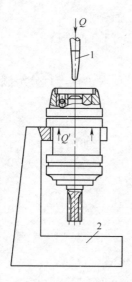

图 3-4　拆卸前盖、滚动轴承和转子
1—冲子；2—台阶座。

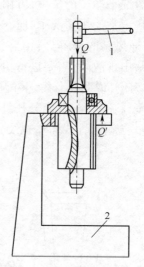

图 3-5　拆卸后盖和滚动轴承
1—铜锤；2—台阶座。

3. 普通风钻常见故障及排除方法

风钻常见故障及排除方法如表 3-1 所列。

表 3-1　风钻常见故障及排除方法

故障现象	故障原因	排除方法
接通气源后,风钻不工作,无声息	(1) 进、排气路被堵塞。 (2) 后盖位置装错,气路不通。 (3) 前、后盖安装位置颠倒	(1) 检查进、排气路,清除脏物。 (2) 重新安装后盖,保证进气口畅通。 (3) 重新拆装动力部分
通气后不转,但有排气声	(1) 动力部分有故障,转子在汽缸内的端面间隙破坏了,前、后盖松动,叶片不滑动等。 (2) 减速机构有毛病,根本不转动	(1) 检查转子轴颈与轴承内孔是否呈过盈配合,如果是动配合,应更换转子；检查叶片是否过厚或过长,动力部分是否松动。 (2) 检查各齿轮形是否正常,测量中心距是否超差,滚珠及其他零件是否破碎,不合格者应更换并重新装配
动力部分工作正常,但无转速输出	内齿轮固定不牢,与行星齿轮一起转动,钻夹头不动	(1) 检查手柄与壳体连接处是否松动,松者拧紧。 (2) 若拧紧手柄后,无效,可在内齿轮端面加薄垫片,使之能压紧内齿轮。 (3) 靠外径过盈固定内齿轮时,如果外径过小,要更换
风钻排气呈噗噗声,或忽高忽低,工作不正常,钻夹头转速很慢	(1) 动力部分不正常。 (2) 减速机构转动不灵活	(1) 检查动力部分各部位配合是否正确。 (2) 齿形超差,同轴度不好,中心距不合格,轻者可进行研磨,重者要更换
各部位工作正常,但输出扭矩很小	(1) 气压不正常,或气路有故障,进气量不够。 (2) 动力部分内漏气严重。 (3) 排气面积不够	(1) 检查气压和各部位进气面积。 (2) 检查叶片是否过短,转子端面间隙是否过大。 (3) 加大排气面积

(续)

故障现象	故障原因	排除方法
风钻的前部位发热,甚至烫手,排气声忽高忽低	减速机构及传动部位不正常,因摩擦生热所致	查找传动部位有关零件(齿形、中心距等)是否合格,或有杂物
开始工作正常,短时间后,功率下降	(1) 动力部分有故障。 (2) 气路有杂物堵塞,影响进气量	(1) 此种情况多因转子轴颈过小所致,更换轴颈合适的转子后,故障即可排除。 (2) 清除杂物
正常使用一两年后,功率逐步下降	主要是叶片与汽缸内壁正常磨损,造成漏气所致	更换磨损零件

3.1.2 弯头风钻

弯头风钻又称角向风钻。与普通风钻相比,弯头风钻的通风性较差,钻夹头只能夹持一种直径的钻头,但其结构小巧紧凑,使用灵便。

1. 弯头风钻的结构组成

弯头风钻与普通风钻的主体结构部分基本相同,不同之处是弯头风钻将普通风钻的钻夹头换成了带弹性夹头的弯头结构。所以下面主要介绍一下弯头结构。

弯头是弯头风钻的特殊结构,它的几何大小,以适应各种狭窄部位钻孔之需。根据钻孔部位的要求不同,弯头角度也不相同,主要有 30°、45°、90°或万向等,如图 3-6 所示。

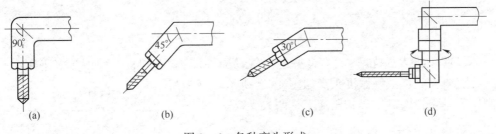

图 3-6 各种弯头形式
(a) 90°弯头;(b) 45°弯头;(c) 30°弯头;(d) 万向弯头。

弯头的典型结构如图 3-7 所示。它主要由弹性夹头、压盖、滚针、钢球、锥齿轴、弯体和连接套等组成,其中弹性夹头与锥齿轴又是弯头的主要构件。

夹持钻头时,要求用两个六角专用扳手操作。分别把两扳手放在弹性夹头和齿轮轴的六角形部位,放在齿轮轴六角形部位的扳手握紧不动,先逆时针扳动弹性夹头六角处的扳手,弹性夹头从齿轮轴中伸出,带沟槽的锥体松开,将钻头插入弹性夹头孔内;再顺时针扳动扳手。弹性夹头进入齿轮轴锥体中,两锥体相互配合,使带沟槽的锥体收缩,直到夹紧钻头为止。

2. 弯头风钻的使用和维护

1) 使用方法

弯头风钻的使用方法如下:

(1) 开工前先从进气嘴处注入少量润滑油,保证气钻的工作性能和工作寿命。

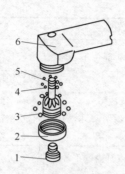

图 3-7 弯头结构分解图
1—弹性夹头；2—压盖；3—滚针；4—钢球；5—锥齿轴；6—弯体。

（2）用风钻扳手在钻卡上装切削钻头。
（3）手握机身，同时按下开关，启动风钻，开关可调节转速，保持风钻平稳工作。
（4）风钻不应长时间空钻，以避免机件急剧磨损。

2）维护要求

弯头风钻的维护要求如下：
（1）风钻在使用中操作者不得随意拆卸安装。
（2）在正常使用情况下应三个月或半年送工具维修部门。
（3）长期不使用时，应按规定情况油封入库保管。

3.2 制窝工具

为了使飞机表面光滑，具有良好的空气动力性能，蒙皮和骨架的铆接多采用沉头铆钉，为此，要在蒙皮上制作沉头窝如图 3-8 所示。沉头窝的制作工具包括锪窝工具和压窝工具两大类。

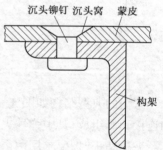

图 3-8 沉头窝

3.2.1 锪窝工具

1. 锪窝钻

锪窝钻分为铆钉锪窝钻、螺钉锪窝钻、复合锪窝钻和端面锪窝钻。

1）铆钉锪窝钻

铆钉锪窝钻又分为铆钉窝锪窝钻、骨架锪窝用锪窝钻、反切锪窝钻三种。

铆钉窝锪窝钻将其带 1∶20 锥度的尾杆装在锪窝限制器中。在风钻上使用时则夹持尾杆的圆柱段。导柱有两种形式：柱形导柱用于一般部位；球形短导可用于斜面锪窝。单一式锪窝钻结构形式如图 3-9 所示。骨架锪窝用锪窝钻的结构形式与铆钉锪窝钻相同。

反切锪窝钻主要用于铆钉孔的反切锪窝。其结构形式如图 3-10 所示。

2）螺钉锪窝钻

螺钉锪窝钻分为螺钉窝锪窝钻和螺钉窝柱柄锪窝钻。

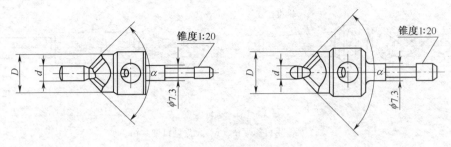

图3-9 单一式锪窝钻的结构形式

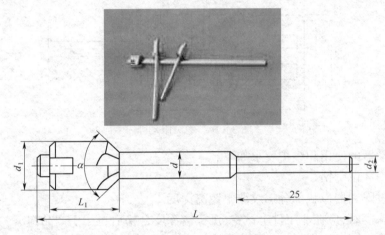

图3-10 反切锪窝钻

螺钉窝锪窝钻装在锪窝限制器上或风钻上使用,其结构形式如图3-11所示。螺钉窝柱柄锪窝钻适用于在风钻上使用,其结构形式如图3-12所示。

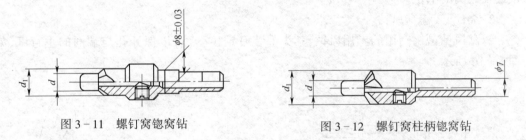

图3-11 螺钉窝锪窝钻   图3-12 螺钉窝柱柄锪窝钻

3)复合锪窝钻

复合锪窝钻能一次完成钻孔和锪窝两道工序,生产效率高。孔与窝的同心度好,其结构形式如图3-13所示。

复合锪窝钻可以装在锪窝限动器上或直接夹在风钻上使用,也可装在自动钻铆机上使用。

2. 锪窝限动器及锪窝钻加长杆

1)锪窝限动器

锪窝限动器的结构形式如图3-14所示。锪窝限动器与锪窝钻配合使用,主要用来控制锪窝的深度。锪窝深度的调节是通过限动器的齿状部分的螺纹来进行的。

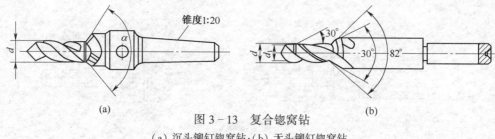

图 3-13 复合锪窝钻

（a）沉头铆钉锪窝钻；（b）无头铆钉锪窝钻。

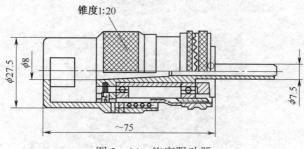

图 3-14 锪窝限动器

锪窝限动器的使用和维护要求如下：
(1) 先安装锪窝钻。
(2) 通过限动器齿状部分螺纹调整锪窝深度。
(3) 调深度时，应在非工件上试锪，沉头窝深度合格后再用于产品锪窝。
(4) 工作中不得随意拆卸、捶击，保证锪窝套的正常使用。

2）锪窝钻加长杆

锪窝钻加长杆的结构形式如图 3-15 所示。主要用于增加锪窝钻尾杆的长度，便于接近难锪窝的部位。

3. Z6H-2 锪窝风钻

锪窝风钻是锪窝用的专用风钻，其头部装有定位套，可以保证孔与端面的垂直度，如图 3-16 所示。

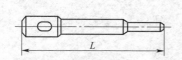

图 3-15 锪窝钻加长杆的结构形式

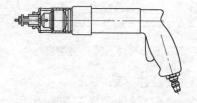

图 3-16 Z6H-2 锪窝风钻

3.2.2 压窝工具

1. 压窝器

在铆接工作中，常常用压窝器对薄蒙皮进行冲窝。压窝器由阴模和阳模组成。这种压窝器可以进行手工锤击制窝，也可以将其装于手动压窝钳、手提式风动压窝机或手提式风动压铆机上使用。

2. 手工锤击压窝工具（简称手打工具）

图3-17为手打工具的一种，顶铁形式的底座夹于虎钳上，用手锤敲击冲头使钉窝成形。此种形式的压窝工具，对零件边缘部位的开敞性要求不高。

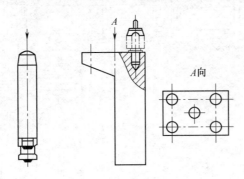

图3-17 手打工具

3. 手动压窝钳

这种压窝钳的形状如图3-18所示。适用于零件部位的压窝。

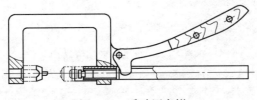

图3-18 手动压窝钳

3.3 铆接工具

在铆接过程中，铆接工具的作用是产生一定的捶击力或静压力，使铆钉产生一定的变形形成镦头，从而完成铆接。不同的铆接方法，有相应不同的铆接工具。在这里主要介绍普通铆接所用的铆接工具。

3.3.1 铆枪

铆枪是铆接工作中的主要工具，其种类很多，下面以常用的M4、M5型铆枪为例进行说明。

1. 铆枪的结构组成

铆枪的结构如图3-19所示铆枪工作时，利用铆枪中的活塞多次打击型杆，并通过型杆捶击铆钉，使其形成镦头。

2. 铆枪的使用和维护

1）使用方法

铆枪的使用方法如下：

（1）开工前先从进气嘴处注入少量润滑油，保证铆枪的工作性能和工作寿命。

（2）应保持规定的进气压力。进气压力过小，会降低铆锤的功率，不仅铆接效率低，

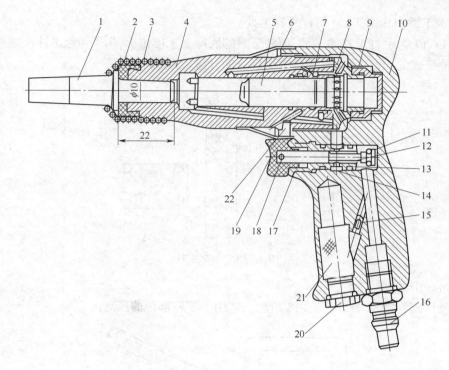

图 3-19　M4、M5 型铆枪结构

1—冲头；2—缓冲胶垫；3—防护弹簧；4—汽缸；5—活塞；6—导气圈；7—活动阀；8—导气块；9—导气块盖；10—手柄；11—密封垫；12—阀杆；13—阀套；14—O 形密封圈；15—油嘴；16—风接嘴；17—锁紧垫片；18—弹性圆柱销；19—按钮；20—油堵；21—润滑油腔；22—锁紧销。

铆钉镦头也可能因锤击次数过多而裂纹。

（3）应"先顶紧，后开枪"。即冲头顶紧铆钉后才按压按钮。否则，活塞产生往返运动，会消耗一部分能量，活塞撞击壳体，使铆枪损坏。

（4）利用防护弹簧将冲头与枪身连接牢靠，避免冲头飞出，损伤人或产品。

（5）右手持握手柄，食指按下按钮，启动铆枪，可利用按钮调节压缩空气大小，保证铆枪平稳工作。铆接刚开始，由于铆钉杆较长，铆钉杆与铆孔之间的间隙较大，受锤击时铆钉杆容易弯曲。因此，应轻压按钮，使铆枪功率小一些，待铆钉杆填满铆孔后，再重压按钮，增大铆钉功率，以迅速形成镦头。镦头接近完成时，再逐渐放松按钮，防止镦头打得过低。"轻—重—轻"是锤击铆钉时按压按钮的规律。

（6）冲头尾部按不同铆枪型号配制，不应串用，避免损伤机件，降低效率。

（7）使用中不应随意打空枪，避免损坏机件。

2）维护要求

铆枪的维护要求如下：

（1）铆枪使用中操作者不得随意拆卸安装。

（2）在正常使用情况下，应三个月或半年送工具维修部门检查维修。

（3）长期不使用时，应按规定情况油封，入库保管。

3）铆枪的拆卸与装配

当铆枪出现故障，需要进行检查修理或清洗润滑时，就要对铆枪进行拆卸与装配，现以 M4、M5 型铆枪为例,说明其拆卸、装配的方法和步骤。

铆枪的拆卸步骤如下:

(1) 从导气圈的缺口处取出锁紧销,并用尖嘴钳取下导气圈。

(2) 将汽缸从手柄上拧下,并取出导气块盖、导气块、活动阀和活塞。

(3) 把紧贴在阀套六角头侧面的锁紧垫片折边恢复平整,从手柄上拧下阀套,并把阀套上的其他零件一起带出。冲出弹性圆柱销,取下按钮、阀杆、锁紧垫片和 O 形密封圈等。

(4) 拧下油堵和风接嘴(进气接头)。注意:油嘴和手柄是过盈配合,不能取出。

铆枪的装配按拆卸的逆过程进行。装配后注意以下问题:一是不要让 O 形密封圈通过尖边和有毛刺的部分;二是在弯曲锁紧垫片的半圆弧折边时,一定使其紧贴阀套的六角头侧面,但不能使折边断裂;三是在安装锁紧销时,一定要把汽缸和手柄拧紧,使其后部导气块盖的端面紧紧压在手柄孔的端面上。

3. 铆枪常见故障及排除方法

铆枪常见故障及排除方法如表 3-2 所列。

表 3-2 铆枪常见故障及排除方法

故障现象	故障原因	排除方法
功率降低	(1) 工作气压低。 (2) 活动阀与导气块的配合间隙因磨损而增大	(1) 保证规定气压。 (2) 更换零件,保证配合间隙在 0.015~0.03mm
活塞或活动阀卡死	(1) 污物把活塞或活动阀卡死。 (2) 因空打使活塞与汽缸相配合的部位产生毛边。 (3) 汽缸上的 9、10 孔通被污物堵死	(1) 清洗。 (2) 修磨毛边。 (3) 清洗
耗气量增大	(1) 活动阀与汽缸和导气块的间隙因磨损而增大。 (2) 冲头尾柄与汽缸的配合间隙增大	(1) 更换活动阀或导气块。 (2) 更换冲头
润滑不正常	油嘴小孔被堵	清洗
按钮开关失灵	(1) O 形密封圈损坏。 (2) 阀杆磨损	(1) 更换 O 形密封圈。 (2) 更换阀杆

3.3.2 冲头

冲头又名型杆,它的作用是保持铆钉头(或镦头)的形状和传递锤击时的载荷。常用冲头的形式如图 3-20 所示。

为了保持铆钉头(或镦头)形状正确,冲头的形状必须随铆钉头(镦头)的形状而定。铆钉头(或镦头)为半圆头或大扁圆头时,冲头应带有圆坑形的窝子,如图 3-21(a) 所示。铆钉头(或镦头)为平头时,冲头的工作面为平面,如图 3-21(b) 所示。对于平头形的镦头,冲头工作面还可以带有圆柱形的窝子,如图 3-21(c) 所示。窝子的作用是限制镦头的直径和高度。

铆接时,若冲头直接与铆钉杆尾部接触,它的工作面可稍粗糙一点,防止铆接过程中冲头在镦头上滑动。当冲头与铆钉头、构件表面接触时,它的工作面要稍光滑一些。铆接

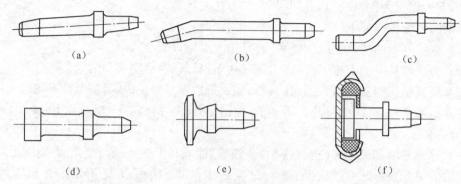

图 3-20 冲头的形状

(a) 直冲头；(b)、(c) 弯冲头；(d) 正铆平冲头；(e) 埋头铆钉冲头；(f) 带钢片平冲头。

半圆头、大扁圆头或平锥头铆钉时，冲头窝子的尺寸要比铆钉头的尺寸稍大。窝子过小会压伤铆钉；窝了太深、太大又将损伤构件表面。

铆接埋头铆钉时，为了防止损伤蒙皮表面，可以采用带钢片或橡皮圈的冲头（图 3-22）。带橡皮圈的冲头，橡皮圈突出冲头工作面约 0.5mm，防止冲头边缘棱角刻伤蒙皮。

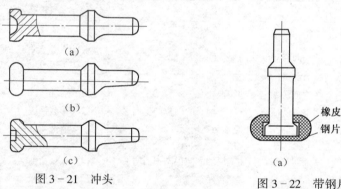

图 3-21 冲头

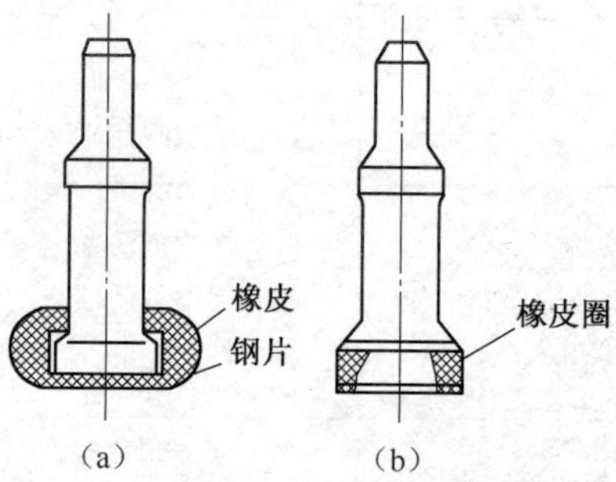

图 3-22 带钢片和橡皮圈的冲头

(a) 带钢片的型杆；(b) 带橡皮圈的型杆。

使铆钉杆变形的锤击力是通过冲头传递的，冲头承受锤击时：如果它的材料较软，易于变形，消耗铆枪的功率就多；如果冲头的质量越重，消耗铆枪的功率也越大。为了减少冲头对铆枪功率的消耗，冲头应由刚性和韧性较好的材料制成。通常是淬火的高碳钢或镍铬钢等材料来制作，冲头的质量一般为 0.1～0.3kg。

用于铆枪的冲头安装在铆枪的前端，因此要注意冲头尾部的直径和长度。如果直径过小，就会增大铆枪汽缸和冲头之间的间隙，使铆枪的漏气量增加，降低铆枪的功率。通常冲头尾部与铆枪汽缸间的间隙为 0.05～0.1mm。如果冲头尾部的长度过长，会缩短活塞的行程，降低铆枪的功率；如果冲头尾部的长度过短，容易使活塞撞伤壳体。因此，通常冲头与铆枪是配套的，工作中不得随便更改其质量和尺寸。如果为了工作的需要，加长加重冲头时，则要相应地增大铆枪的功率，以补偿冲头对能量的消耗。

3.3.3 顶铁

在铆接过程中，顶铁的作用是支撑在铆钉的一端，使铆钉杆在锤击力的作用下受到较大的压力而产生变形。

顶铁在锤击力的作用下,势必产生移动,消耗铆枪的功率,减少铆枪作用于铆钉杆的锤击力。如果顶铁质量太小,顶铁在锤击力的作用下,移动的速度就快,消耗的功率就多。如果顶铁的质量过大,操作者易于疲劳,不易掌握。因此,顶铁的质量是有一定限制的。

图 3-23 所示是几种普通顶铁。形状简单的用于易接近铆钉的地方;形状比较复杂的,用于不易接近铆钉的地方。不论使用哪种顶铁,其质量应集中在铆钉轴线附近,否则,顶铁不能充分发挥作用。

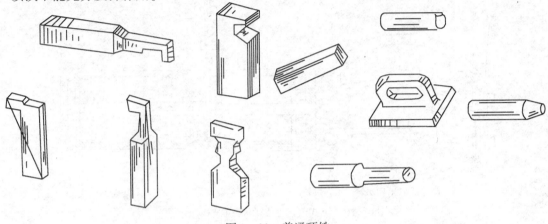

图 3-23 普通顶铁

3.3.4 手动压铆钳

图 3-24 所示是一种简单的手动压铆钳。压铆时,铆钉是在固定座和活动座之间,合拢手柄,活动座向上移动,使铆钉杆受压而变形,形成镦头。手动压铆钳,构造简单,但使用费力,通常用来压铆直径为 2~3mm 的硬铝铆钉。

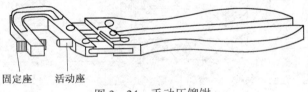

图 3-24 手动压铆钳

3.3.5 气动手提压铆机

气动手提压铆机可分为拉式和推式两种。它们的钳口主要有标准型、直角型、弯角型和深钳口型,如图 3-25 所示。

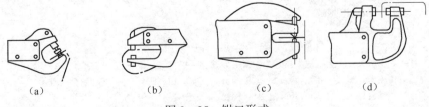

图 3-25 钳口形式

(a) 弯角型;(b) 深钳口型;(c) 标准型;(d) 直角型。

1. 结构组成

1）拉式气动手提压铆机

拉式气动手提压铆机的构造如图 3-26 所示。它主要由活塞、气门、活动臂、固定臂、活动座、固定座、滚轮等组成。

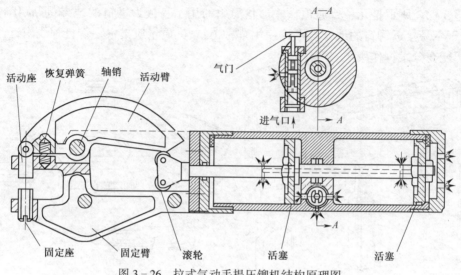

图 3-26 拉式气动手提压铆机结构原理图

2）推式气动手提压铆机

推式气动手提压铆机的结构如图 3-27 所示。

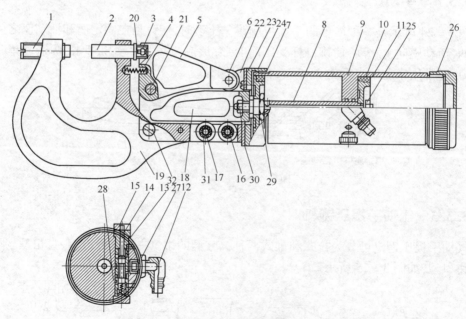

图 3-27 推式气动手提压铆机结构原理图

1—下压铆头；2—上压铆头；3—销轴；4—弹簧；5—摇臂；6—滚轮；7—前活塞；8—活塞杆；
9—汽缸；10—密封圈；11—后活塞；12—风接嘴；13—阀套；14—阀杆；15—按钮；16—滚轮；17—滚针；
18—锥块；19—弓架；20—开口销；21—轴；22—支臂；23—螺钉；24—汽缸前盖；25—螺母；
26—汽缸后盖；27—螺母；28—螺堵；29、30—螺母；31—小轴；32—螺钉。

2. 气动手提压铆机的使用和维护

下面以推式气动手提压铆机为例,介绍其使用方法和维护要求。

(1) 压铆前必须根据铆钉长度来调整下压铆头相对上压铆头(处于返回行程)的距离。上、下压铆头之间的距离必须大于铆钉长度,但不宜过长。

(2) 活塞上的密封圈安装在汽缸中的压缩量以 0.2 ~ 0.5mm 为宜,密封圈的安装槽内应涂 2 号低温润脂油。

(3) 销轴只是在活塞回位时用以将上压铆头拉回原位,并不担负传递压铆力的任务。摇臂与上压铆头后端面接触的圆弧面才是传递压铆力的部位。

3. 常见故障与排除方法

以推式气动手提压铆机为例,常见故障及产生原因和排除方法如表 3-3 所列。

表 3-3　常见故障与排除方法

故障现象	故障原因	排除方法
压铆力不够	(1) 工作气压低于 4.9×10^5 Pa。 (2) 活塞上的密封圈不密封或者压缩太大。 (3) 锥块和摇臂的安装位置不正常。 (4) 换向开关的阀杆因磨损而漏气	(1) 调整供气路的气压 (2) 重新选配密封圈,使其压缩量为 0.2~0.5mm。 (3) 重新调整和装配 (4) 更换零件
锥块下部滚轮碎裂	锥块的安装位置歪斜或滚轮边缘在热处理时有裂纹	安装时保证正常位置,更换零件
摇臂上支承滚轮用的两个耳片断裂	安装位置歪斜或者在热处理时已产生微裂	安装调整、保证正常位置、更换零件

3.3.6 自动钻铆机

自动钻铆机是一种高效的自动化设备,它通过预先编制好的程序,全部由计算机控制。它能连续完成夹紧、钻孔、锪窝、喷涂密封剂、放钉、铆接、铣平等工序。制孔精度在 0.005mm 以内,窝的深度公差也可控制在 0.025mm 以内。铆钉镦头高度保持一致,不受人为因素影响,因此能确保铆接质量。

美国是最早发展自动钻铆技术的国家,早在 20 世纪 50 年代初就已经在飞机铆接装配生产线上应用了自动钻铆机。现在世界各航空制造业发达的国家都已经广泛采用该项技术。例如:F-15、B-747 大量采用无头铆钉的钛合金铆钉,全部采用自动钻铆机铆接,只是在无法上机铆接的区域采用传统手铆。

目前,自动钻铆机的形式和种类很多。床身有弓臂式的,有龙门式的。有的床身固定,工件移动;有的工件不动,床身移动。图 3-28 为一弓臂式自动钻铆机结构示意图,其各部分的组成如下:

(1) 床身:为一弓臂式钢板焊接结构。
(2) 下动力头:由下压铆缸、下压紧缸及测厚、选钉系统组成。
(3) 铆钉输送装置:由储钉管和电磁振动料斗组成。
(4) 上动力头:由壳体(溜板)换位油缸、钻铣动力头、上压铆缸、上压紧机构、溜板锁紧及定位机构组成。
(5) 气阀箱:由气阀及气压元件组成。
(6) 液压阀箱:由液压阀及各种液压管路组成。

(7) 油泵站:由电机、油泵、油箱组成。
(8) 电气柜(控制箱):由各种电气元件组成。
(9) 托架:由机械框架,纵、横向导轨,驱动装置组成。
(10) 操纵台(箱、盒):由各种控制开关及电气元件组成。

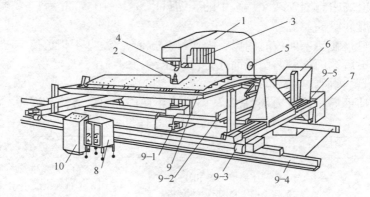

图 3-28 某型自动钻铆机

1—床身;2—下动力头;3—铆钉输送装置;4—上动力头;5—气阀箱;
6—液压阀箱;7—油泵站;8—电气柜(控制箱);9—托架(9-1—纵向气动机;
9-2—横向曲线导轨;9-3—横向气动机;9-4—纵向导轨;9-5—横向导轨);10—操纵台(箱、盒)。

3.4 其他工具

3.4.1 螺栓拧紧工具

1. 手动拧紧工具

1) 解锥类

常用的解锥类工具如表 3-4 所列。

表 3-4 解锥类工具

名称	简图	名称	简图
防磁解锥		开口解锥	
镶柄解锥		棘轮解锥	

2) 扳手

常见的扳手如表 3-5 所列。

2. 定力扳手及其校正器具

1) 定力扳手

(1) 指示式测力扳手的结构如图 3-29 所示。

表 3-5　常见的扳手

名称	简图	名称	简图
双头开口扳手		开口梅花扳手	
曲柄梅花扳手		棘轮扳手	

（2）单臂定力扳手的结构如图 3-30 所示。

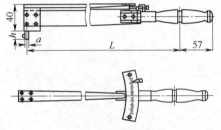

图 3-29　指示式测力扳手

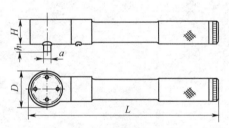

图 3-30　单臂定力扳手

（3）带游丝表盒式定力扳手如图 3-31 所示。

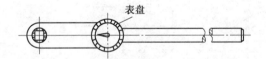

图 3-31　带游丝表盒式定力扳手

2）校正器具

（1）59~1750N·cm 单臂杠杆式校验夹具如图 3-32 所示。

（2）980~245000N·cm 折回杠杆式校验夹具如图 3-33 所示。

（3）扭力仪如图 3-34 所示。

3. 风动拧紧工具

1）风螺刀

风螺刀分静扭式和冲击式两大类。静扭式风螺刀的结构形式如图 3-35 所示。

静扭式风螺刀工作时作用到操作者手臂上的反扭矩等于拧紧力矩，其旋转方向及所需要的扭矩值是可以选择的。当发动机启动后，向前推动风螺刀，这时螺刀头才开始旋转。

冲击式风螺刀的结构形式如图 3-36 所示。

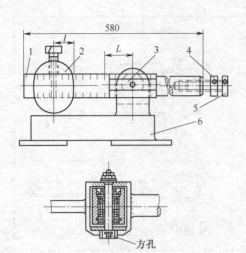

图 3-32 单臂杠杆式校验夹具
1—杠杆；2—可换配重；3—轴；
4—调整配重；5—调整螺钉；6—支架。

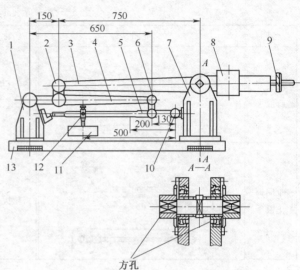

图 3-33 折回杠杆式校验夹具
1—小支架；2—大耳座；3—上杠杆；4—中杠杆；5—指示杆；
6—小耳座；7—大支座；8—大配重；9—微调配重；
10—固定耳座；11—配重；12—滑架；13—底座。

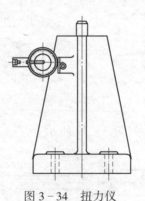

图 3-34 扭力仪

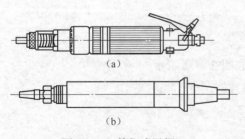

图 3-35 静扭式风螺刀
(a) 2LD6；(b) 2LD4Y。

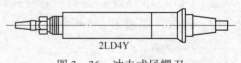

图 3-36 冲击式风螺刀

冲击式风螺刀的扭矩大，但作用到操作者手臂上的反扭矩很小。扭矩一般不易控制和调节。风螺刀的旋转方向是可以选择的。

使用风螺刀的注意事项如下：

（1）静扭式 2LD6、2LD6-2 风螺刀在拧紧有定力要求的螺钉时，应先用测力器校对限

68

力机构,将限力弹簧调整到所需力矩值。在装卸小于 6mm 的螺钉时,可换成钢丝直径为 2.5mm 的限力弹簧。

(2) 使用换向开关时,先按下换向开关钮,并旋动锁片将按钮锁住,可得到反转。若拨回锁片,则按钮便借助弹簧力自动复位。

2) 风扳机

风扳机有静扭式和冲击式两大类,静扭式风扳机如图 3-37 所示。

静扭式风扳机可调节扭矩。在风扳机前推时,套筒扳手才会转动。静扭式风扳机的其他型号均为 2B8 的改型。

冲击式风扳机如图 3-38 所示。

冲击式风扳机中的 2B14D 型可选择旋转方向,并有三种转速,从而得到三种积累扭矩。

2B8Y-2 型装有与 2B8 相同的转向开关,可得到四种转速下的四种积累扭矩。

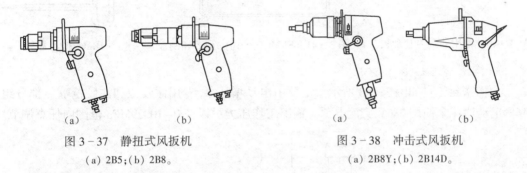

图 3-37 静扭式风扳机
(a) 2B5;(b) 2B8。

图 3-38 冲击式风扳机
(a) 2B8Y;(b) 2B14D。

使用风扳机的注意事项如下:静扭式的限力机构应根据力矩值的大小进行调整。2B8Y-2、2B14D 的调气阀应根据所要拧的螺栓直径换挡。

3.4.2 密封工具

1. 注胶枪

密封注胶枪如图 3-39 所示。将灌满密封胶的胶筒装入注胶枪内,进入枪体的压缩空气推动柱塞前移,使胶筒内的胶从注胶头挤出。250 型注胶枪的手柄可以从枪体上取下,以便在不开敞部位使用。

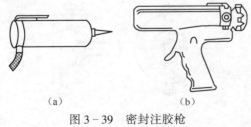

图 3-39 密封注胶枪
(a) 国产注胶枪;(b) 250 型注胶枪。

2. 刮刀、刮板及穿针

(1) 用于修平或刮匀密封胶的常用刮刀和刮板如图 3-40 所示。

(2) SEMCO 公司用的刮刀和刮板如图 3-41 所示。

（3）通过铆钉孔刺穿铆缝中的密封带用的穿针如图3-42所示。

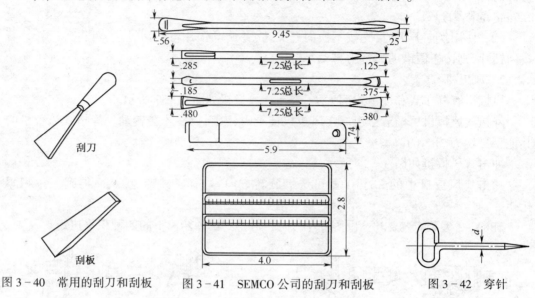

图3-40　常用的刮刀和刮板　　图3-41　SEMCO公司的刮刀和刮板　　图3-42　穿针

3. 沟槽密封工具

沟槽密封工具如图3-43所示。主要由电动增压泵、专用注胶枪和注胶枪嘴三部分组成。电动增压泵使用380V交流电源。输出工作压力可以在0~10.29MPa范围内任意调节。

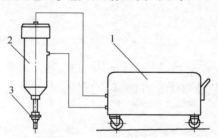

图3-43　沟槽密封工具
1—电动增压泵；2—注胶枪；3—注胶枪嘴。

4. 螺旋压胶工具

螺旋压胶工具是在查出渗漏时用于注胶排漏，其结构形式如图3-44所示。

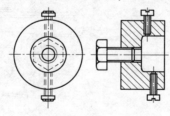

图3-44　螺旋压胶工具

3.4.3　定位销及定位销钳

1. 定位销

定位销用于零件与零件之间的定位和夹紧。一般定位销有螺纹式和弹簧式两类。前者夹紧力大,后者使用方便。按定位销杆的结构又可分为偏心和楔形两大类,其结构形式如图 3-45 所示。

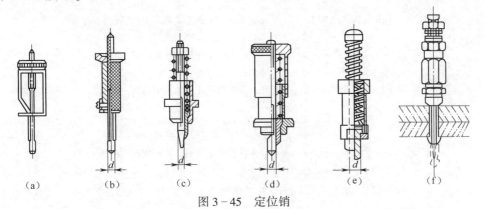

图 3-45 定位销

(a)、(b) 螺纹式偏心销杆;(c)、(d)、(e) 弹簧式偏心销杆;(f) 弹簧式楔形销杆。

国外定位销的销杆大多采用楔形结构。为了满足不同的使用要求,在定位销的结构上也有些不同。例如:为了增大压紧力,采用了蝶形螺母等结构;为了在高温条件(不超过 204℃)下使用,将定位销设计成全封闭形,同时将其内部零件做了防腐蚀处理等。

2. 定位销钳

定位销钳如图 3-46 所示。

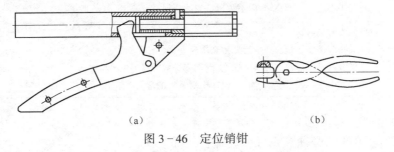

图 3-46 定位销钳

训练项目 3-1 铆接工具的使用

1. 实训目的
(1) 学习和训练铆接工具的用途和使用。
(2) 能熟练正确地操作。
2. 工具清单

序号	工具名称	型号	数量
1	风 钻	$\phi 6$	1
2	铆 枪	5KM	1
3	弯角钻	$\phi 2.7, \phi 4.1$	1
4	锪窝套		1

3. 工作内容

实训步骤	实训内容	能力要求
普通风钻使用方法	① 开工前先从进气嘴处注入少许润滑油,保证风钻的工作性能和工作寿命。 ② 用风钻钥匙打开钻头卡,安装好切削工具,并用风钻钥匙夹紧,不准捶击钻头卡夹紧切削工具。 ③ 右手持握手柄食指按下按钮启动风钻。可利用按钮调节转速,保持风钻平稳工作。 ④ 风钻不应长时间空钻,以避免机件急速磨损	能熟练地使用风钻
铆枪使用方法	① 开工前先从进气嘴处注入少量润滑油保证铆枪的工作性能和工作寿命。 ② 利用保护弹簧将冲头与枪身连接牢靠,避免冲头飞出损伤人或产品。 ③ 右手持握手柄,食指按下按钮,启动铆枪,可利用按钮调节压缩空气大小,保证卸枪平稳工作。 ④ 冲头尾部按不同铆枪型号配制,不应串用,避免损伤机械,降低效率。 ⑤ 使用中不应随意打空枪,避免损坏机体	能熟练地使用铆枪
弯角钻使用方法	① 开工前先从进气嘴处注入少许润滑油,保证风钻的工作性能和工作寿命。 ② 用风钻扳手安装切削钻头。 ③ 手握机身,同时按下安装切削钻头启动风钻调节转速,开关可调节转速,保持风钻平稳工作。 ④ 风钻不应长时间空钻,以避免机件急速磨损	能熟练地使用弯角钻
锪窝钻套(锪窝深度限动器)使用方法	① 先安装锪窝钻。 ② 通过限动器齿状部分螺纹调整高锪深度。 ③ 调深度时应在非工件上试锪,头窝深度合格后再用于产品锪窝。 ④ 工作中不得随意拆卸、撞击,保证锪窝套的正常工作使用	能熟练地使用锪窝钻套

4. 注意事项

(1)操作者开工前必须穿戴好劳动保护用品。

(2)对容易造成零件损伤的工具压紧件的工作表面进行保护。

(3)工作所需物品、工具量具应摆放整齐有序。

(4)严格按照图纸、工艺规范技术操作。

作业:

(1)简述铆接的优点。

(2)简述孔径检查的原则是什么。板件上所有螺栓孔、铆钉孔均应用量规检查,其通过率为多少?

(3)锪窝限动器维护应注意什么方面?

(4)铆枪如何使用?

模块4 普通铆接

【教学目标】

(1) 掌握普通铆接的概念、分类及工序。
(2) 掌握凸头铆钉铆接与埋头铆钉铆接的区别。

【教学重点】

(1) 让学生熟悉普通铆接的基本工序。
(2) 让学生掌握钻孔、锪窝的操作要点。

【教学难点】

(1) 铆接的成型过程。
(2) 铆钉连接的质量控制。
(3) 热压窝的操作要点。

普通铆接是指最常用的凸头或埋头铆钉铆接,其铆接过程是:制铆钉孔、制埋头窝(对埋头铆钉而言)、放铆钉、铆接,如图4-1所示。

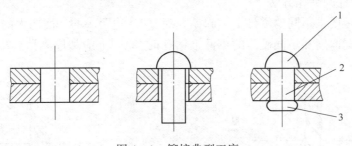

图4-1 铆接典型工序
1—顶头;2—钉杆;3—镦头。

4.1 制 铆 钉 孔

制铆钉孔是飞机装配铆接中采用的基本工序,每个铆装钳工都必须掌握各种制孔的方法及操作技巧,以保证制孔中的质量,提高飞机结构的使用寿命。

普通铆钉的制孔方法一般有冲孔、钻孔。

4.1.1 冲孔

冲孔只适用于钻孔难于保证质量和钻孔效率很低的情况,例如在薄不锈钢零件上制孔。但对敏感性高的材料,如 LC4 不允许采用冲孔方法。在飞机装配中冲孔这种方法也很少使用,因孔常有裂纹、毛刺等缺陷。

4.1.2 钻孔

钻孔是制铆钉孔的主要方法,和冲孔相比,它能获得比较光洁的孔壁。

1. 普通铆钉孔的技术要求

(1) 铆钉孔直径及其极限偏差如表 4-1 所列。

表 4-1 铆钉直径及其极限偏差

铆钉直径/mm	2.0	2.5	2.6	3.0	3.5	4.0	5.0	6.0	7.0	8.0	10.0
铆钉孔直径/mm	2.1	2.6	2.7	3.1	3.6	4.1	5.1	6.1	7.1	8.1	10.1
铆钉孔极限偏差/mm	+0.1 0					+0.15 0			+0.2 0		
更换同号铆钉时孔极限偏差/mm	+0.2 0							+0.3 0			

(2) 铆钉孔粗糙度值不大于 6.3μm。
(3) 铆钉孔不允许有棱角、破边和裂纹。
(4) 铆钉孔圆度应在铆钉孔直径极限偏差内。
(5) 铆钉孔不允许有毛刺。
(6) 碳纤维复合材料,孔壁应光滑,不应有分层、划伤、劈裂、毛刺、纤维松散等缺陷存在。

2. 钻孔的方法

1) 各类工件的钻孔方法

(1) 在边距要求不同的零件上一起钻孔时,应从边距小的一面向大的方向钻。
(2) 在不同厚度和不同硬度的零件上钻孔时,原则上应从厚到薄(图 4-2),从硬到软(图 4-3)。

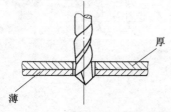
图 4-2 在不同厚度零件上的钻孔方法

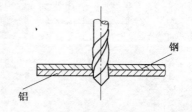
图 4-3 在不同硬度零件上的钻孔方法

(3) 按骨架上的导孔向蒙皮钻孔时,应先钻小孔,然后从蒙皮一面将孔扩到最后尺寸,如铆钉孔直径大于 4mm 时,也应采用此方法。
(4) 在压窝零件上钻沉头铆钉孔时,应按表 4-2 钻与压窝器导销直径相同的初孔,压窝后再将孔径扩到最后尺寸。

表 4-2 压窝器导销直径

铆钉直径/mm	2.0	2.5	2.6	3.0	3.5	4.0	5.0
压窝器导销直径/mm	1.7	2.2		2.5		3.0	

(5) 在曲面工件上钻孔时,钻头应垂直于被钻部位的表面(图4-4)。

(6) 在楔形工件上钻孔时,钻头应垂直于两斜面夹角的平分线(图4-5)。

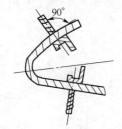

图4-4 曲面工件上钻孔

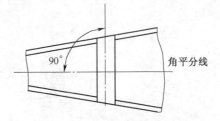

图4-5 楔形工件上钻孔

(7) 在圆柱形工件上钻孔时,钻孔前应在孔位上打冲点,然后将工件放置于"V"形块上钻孔,或用手扶紧工件,将钻头垂直于圆柱形的水平轴线进行钻孔(图4-6)。

(8) 在刚性较差的薄壁板工件上钻孔时,工件后面一定要有支撑物(图4-7)。

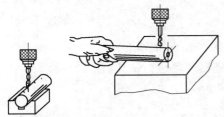

图4-6 圆柱形工件上钻孔

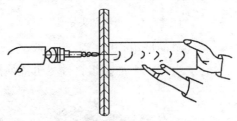

图4-7 薄壁板工件上钻孔

(9) 在小零件上钻孔时,可采用手虎钳或克丝钳夹住零件钻孔(图4-8)。

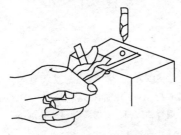

图4-8 小零件上钻孔

(10) 在较厚工件上钻孔时:可采用简易钻孔导套和专用钻孔导套钻孔(图4-9(a));或使用钻模钻孔(图4-9(b));还可采用二次钻孔法,先钻初孔(图4-9(c)),然后,扩钻至最后直径孔(图4-9(d))。

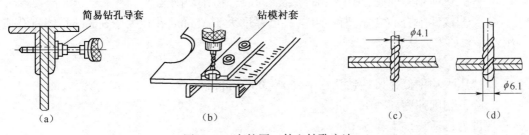

图4-9 在较厚工件上钻孔方法

(a)使用简易钻孔导套;(b)使用钻模钻孔;(c)先钻初孔;(d)扩钻至最后直径孔。

（11）在不开敞结构部件钻孔时，采用弯钻头钻孔(图 4-10)，或采用长钻头钻孔(图 4-11)，在以上两种方法都无法钻孔时，还可采取引孔的方法，先在长桁、框板或肋上钻出小孔，安装蒙皮后，再用引孔器引孔或划线引孔，引出孔位后，再用 φ2.5mm 钻头钻初孔。

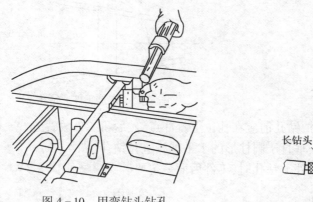
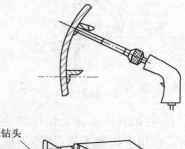

图 4-10 用弯钻头钻孔　　　　　图 4-11 用长钻头钻孔

（12）平面形组合体(梁、肋、框等)尽可能使用台钻进行钻孔。

（13）大型的平面型组合件尽可能使用钻孔锪窝装置进行钻孔(图 4-12)。

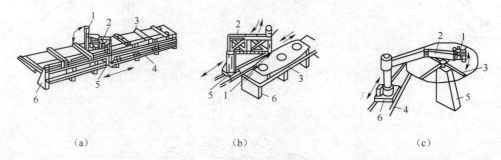

图 4-12 钻孔锪窝装置

(a)大梁和板件钻锪装置 CY-H；(b)翼肋钻锪装置 CY-M；(c)隔框钻锪装置 CY-H。

1—钻削头；2—迴臂钻床；3—支撑装置；4—导轨；5—小车；6—立柱。

2) 几种常用材料的钻孔方法

（1）铝合金钻孔。

① 切削速度可选用 45~90m/min。

② 铝合金零件要注意排屑，防止刀瘤。

③ 解决切削粘刀问题，可用煤油与菜油的混合物作切削液。

④ 当铆接件中有 LC4 材料的零件，夹层厚度大于 15mm、孔径大于 6mm 时，铆钉孔应采用铰孔的加工方法。

（2）钢质零件钻孔。

① 选用大功率低速风钻钻孔，n 为 600~900r/min。

② 降低切削速度，$v<10$m/min。

③ 进刀量适当加大，s 为 0.1~0.3mm/r。

④ 采用硬质合金钢钻头钻孔。

⑤ 钻头不锋利时,不能强行用钻头在孔内钻孔,以免孔中材料硬化。

(3) 镁合金工件钻孔。

① 选用低转速风钻进行钻孔。

② 切削速度要小,$v<10\text{m/min}$。

③ 进刀量适当加大。

④ 采用硫化油乳化液冷却润滑。

(4) 钛合金工件钻孔。

① 使用短而锋利的标准麻花钻头。

② 采用大功率低转速风钻(n 为 700～800r/min),保持低速快进给。

③ 切削速度小,v 为 8～10m/min。

④ 进刀量 s 为 0.07～0.09mm/r。

⑤ 最好采用氯类切削液作切削液。

(5) 碳纤维复合材料的制孔。

在复合材料上钻孔,主要是防止钻孔中的轴向力产生层间分层和钻头出口处分层。钻孔时,碳颗粒对刀具磨损很厉害,所以,应选用钨—钴类硬质合金钻头。

① 钻孔一般选用高转速低进给加工,转速 n 为 1200～2000r/min、进给量 s 为 0.02～0.1mm/r 为宜。

② 为避免或减少钻头进口面纤维撕裂,应尽可能先启动气钻,然后再接触制件进行钻孔。

③ 钻孔时,尽量不使用润滑剂和冷却剂,防止水分渗入夹层,需使用冷却剂时,也要做烘干处理。

④ 钻孔时,钻头在复合材料的出口面(即孔的位置)垫支撑物,当钻头快露出出口面时,给钻头的轴向力要减小,以防材料劈裂分层。

⑤ 当复合材料与金属零件一起钻孔时,应优先考虑选择在复合材料一面先钻。

⑥ 在复合材料上钻孔,要保持钻头切削刃处于锋利状态,应勤磨钻头。

3. 钻孔后的毛刺清除

(1) 用风钻安装"毛刺锪钻"去毛刺(图 4-13)。

(2) 也可用比铆钉孔大二三级的钻头去毛刺(其顶角为 120°～160°)(图 4-14)。

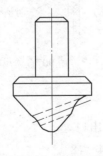

图 4-13 毛刺锪钻

图 4-14 大钻头去毛刺

(3) 风钻转速不宜太快,压力要适当。

(4) 去毛刺允许在孔边形成 0.2mm 深的倒角。

4. 钻孔操作要点

（1）装夹钻头，一定要用钻夹头钥匙装卸，严禁用手打钻夹头或用其他方法装卸钻头，以免风钻轴偏心，影响孔的精度（图 4-15）。

（2）右手握紧风钻手柄，中指掌握扳机开关和无名指协调控制进风量，灵活操纵风钻转速，左手托住钻身，始终保持风钻平稳向前推进（图 4-16(a)）。

（3）钻孔时要保证风钻轴线和水平方向与被钻工件表面垂直（图 4-16(b)），楔形工件钻孔除外。

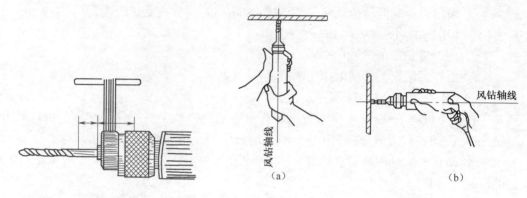

图 4-15 用钻夹头钥匙装卸钻头　　　　图 4-16 正确握钻姿势

（4）钻孔时风钻转速要先慢后快，当孔快钻透时，转速要慢，压紧力要小，在台钻上钻孔时，要根据工件材质，调整转速和进刀量。

（5）使用短钻头钻孔时，根据工件表面开敞情况，在左手托住钻身的情况下，用拇指和食指，也可用左手肘接触被钻工件作为钻孔支点，保证钻头钻孔的准确位置，防止钻头打滑钻伤工件，当孔钻穿时，又可防止钻帽碰伤工件表面，还可使风钻连续运转，提高钻孔速度。

（6）使用长钻头钻孔时，一定要用手掌握钻头光杆部位，以免钻头抖动，使孔径超差或折断钻头。

（7）使用风钻钻较厚工件时，要用目检或 90°直角尺检查垂直度，钻孔时还要勤退钻头排屑（图 4-17）。

5. 钻孔安全技术

（1）严禁戴手套钻孔，防止钻头绞住手套伤人。　　图 4-17 用 90°直角尺检验钻孔垂直度

（2）仰卧姿势钻孔，要戴护目镜，防止钻屑进入眼中。

（3）用手拿住工件钻孔，一定要捏紧，手不能置于钻头出口处。

（4）钻孔时工件要夹紧，防止工件松动，旋转伤人（图 4-18）。

（5）钻孔过程中，不准用手拉钻头导出的钻屑，以防伤手。

（6）双人在工件的两面工作，一人在对面钻孔时，要防止钻头伤人（图 4-19）。

（7）风钻未停止转动，严禁用钥匙装卸钻头。

图 4-18 工件松动后旋转伤手

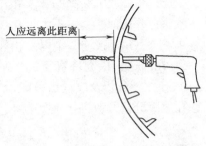

图 4-19 对面钻孔人应闪开的距离

4.1.3 钻孔的质量控制

1. 钻孔的质量要求

(1) 铆钉孔轴线应垂直于零件表面,允许由于孔的偏斜而引起铆钉头与零件贴合面的单向间隙不大于0.05mm,但在铆钉排内不得多于10%。

(2) 当产品图样上未给出铆钉边距时,铆钉孔的边距为铆钉直径的2倍(图4-20)。

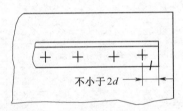

图 4-20 铆钉边距允差

(3) 铆钉孔边缘不应进入板弯件和型材件圆角内,要保证铆钉头不能搭在圆角上(图4-21)。

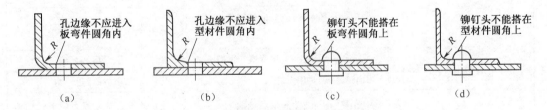

图 4-21 铆钉孔和铆钉头的位置

(a)、(b)铆钉孔的位置;(c)、(d)铆钉头的位置。

(4) 铆钉孔边距、间距、排距极限偏差见表4-3。

表 4-3 铆钉孔位置尺寸的极限偏差

边距极限偏差/mm	间距极限偏差/mm		排距极限偏差/mm
	间距≤30	间距>30	
+2.0 -1.0	±1.5	±2.0	±1.0

(5) 碳纤维复合材料上制孔的质量要求:

① 划伤:在孔或沉头窝的25%范围内,划伤深度不大于0.25mm。
② 分层:沿孔轴向突出不大于0.25mm,沿孔径向不大于1.78mm。
③ 尺寸:不允许接连3个以上相邻孔径超差,允许在100个孔中有不超过5%的孔超差(对 $\phi4.76$ mm 的孔,允许直径超差到 $\phi4.80\sim4.93$ mm)。

2. 钻孔故障分析及改进措施

钻孔故障分析及改进措施见表4-4。

表4-4 钻孔故障分析及改进措施

序号	故障内容	故障产生原因	改进措施
1	孔歪斜	钻头不垂直钻孔部位	检查好垂直度后再钻孔
		工件放置偏斜	
2	孔径大于规定尺寸	钻头直径选错,钻头弯曲	正确选择钻头直径
		钻头主切削刃不等长	钻头刃磨后仔细检查
		钻夹头偏摆量超差	钻孔前空转检查合格后再用
3	孔径小于规定尺寸	钻头直径磨损	更换合格钻头
		钻头顶角过小	正确刃磨钻头顶角
4	孔形不圆呈多棱形或孔成"8"字形	钻头两主切削刃不等长、角度不对称	钻头刃磨好后要认真检查
		钻头主切削刃不光滑	重磨钻头切削刃
		钻头摆动	钻头装夹后检查偏摆,合格再用
		钻初孔和最后扩孔不在同一轴线上	使用导套或钻模钻孔
5	孔径外面大里面小	钻头不锋利	钻头刃磨锋利
		钻较厚工件排屑不畅	钻厚工件勤退钻头排屑
		长时间钻孔手臂疲劳,握钻不稳致使风钻摇摆	适当休息,用导套或钻模钻孔
6	孔边周围有毛刺	钻头主刀刃不锋利、螺旋槽产生积屑瘤	磨锋主刀刃,清除积屑瘤
		孔将要钻透时用力过大	孔将要钻透时减小进给力
7	孔位钻偏或跑钻	钻头横刃太长,定心不准、不牢	先打冲点后钻孔或先用手转动钻夹头,钻头定准位后再钻孔,启动时慢速旋转
		风钻启动时钻速太快	
8	孔钻穿后钻夹头戳伤蒙皮	孔钻穿用力过猛	孔将要钻穿时控制住进给力
		钻头尾柄处未安放防护物	在钻头尾柄处套上胶垫
9	钻头突然折断	钻头主刀刃磨钝,钻孔时强力推进	磨锋主刀刃适当用力推钻
		孔钻穿时用力过大促使钻夹头摇晃	孔将要钻穿时,减小进给力
		钻孔时钻头被卡住,强行用力拽风钻	钻头卡住时用手轻力反向旋转钻夹头
		钻头钻穿时与后面工件相撞	钻孔前先检查后面有无障碍物
		分解铆钉时任意摇晃风钻	分解铆钉时不要摇晃风钻

(续)

序号	故障内容	故障产生原因	改进措施
10	钻头不切屑(钢件易产生)	钻头顶角过小,风钻转速又快	选择合适顶角,转速要适当
		钻头后刀面高低不一致导致钻头退火零件硬化	正确刃磨钻头,注意冷却。选用硬质合金钻头
11	工件掉渣(镁合金件易产生)	钻头切削刃不光滑	应仔细检查刃磨后的钻头
		工件内部有硬点杂质,钻削时掉渣	遇硬点时立即退钻检查,改变转速
		钻头顶角过大,风钻转速过快	选择合适顶角,转速适当
12	复合材料脱层	钻头出口处分层	垫支撑物,切削刃进行刃磨

4.2 制沉头铆钉窝

沉头铆钉铆接,需在工件上制沉头铆钉窝,制沉头铆钉窝的主要方法有两种,即锪窝法和压窝法。

4.2.1 制窝方法的选择

(1) 根据蒙皮和骨架的厚度确定制窝方法(表4-5)。

表4-5 按零件厚度确定制窝方法

蒙皮厚度/mm	骨架厚度/mm	制窝方法	简 图
不大于0.8	不大于0.8	蒙皮、骨架均压窝	
	大于0.8	蒙皮压窝、骨架锪窝	
大于0.8	不限	蒙皮锪窝	

(2) 如果蒙皮厚度不大于0.8mm,骨架为两层或两层以上,而每层厚度都不大于0.8mm,其总厚度又不小于1.2mm,且不能分别压窝,则采用蒙皮压窝、骨架锪窝的方法。

(3) 挤压型材不允许压窝,只能锪窝。

(4) 多层零件压窝一般应分别进行,当必须一起压窝时,其夹层厚度不大于1.6mm。

(5) 镁合金、钛及钛合金、超硬铝合金及1mm以上厚度的零件压窝,都要采用热压窝。

4.2.2 锪窝法

1. 锪窝钻的选择

(1) 根据孔径的大小、沉头窝的角度及部件结构,选择锪窝钻的大小、规格。

(2) 首选带限制器的锪窝钻锪窝,确保锪窝的深度和窝的垂直度(图4-22(a)、(b))。

(3) 锪窝处结构件影响限制器锪窝时,允许单独使用锪窝钻锪窝(图4-23),若锪窝钻长度不够,可安装在保证同轴度的长管上进行锪窝(图4-24)。

(4) 在斜面上锪窝应使用带球形短导杆锪窝钻(图4-25)。

(5) 当工件锪窝面用普通锪窝钻无法锪窝时可以使用反锪窝钻锪窝(图4-26)。

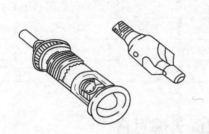 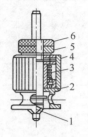

图4-22 带限制器的锪窝钻
(a)外形图;(b)构造图。
1—带有导销的锪窝钻头;2—壳体;3—弹簧;4—止推滚珠轴承;5—限动螺母;6—保险螺母。

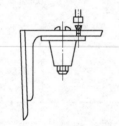 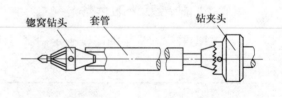

图4-23 用锪窝钻锪窝　　　　图4-24 安装长套管的锪窝钻

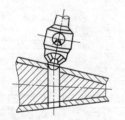 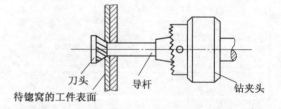

图4-25 球形短导杆锪窝钻锪窝　　　图4-26 反锪窝钻锪窝

(6) 还可采用复合锪钻,使钻孔锪窝一次完成,生产效率高。复合锪钻可以装在限制器上或直接夹在风钻上使用,也可装在自动钻铆机上使用(图4-27)。

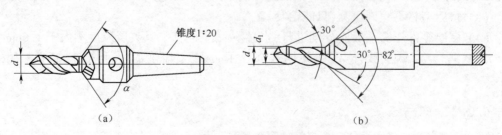

图4-27 复合锪钻
(a)沉头铆钉锪钻;(b)无头铆钉锪钻。

2. 锪窝操作技术要点

(1) 锪窝前:先检查锪窝钻的大小、切屑刃的锋利情况、导销杆的大小,再在试件上调整限制器锪窝钻的深度。用铆钉或标准铆钉窝规检验窝的深度,最少要检验5个窝,合格后,再在工件上锪窝,工件上锪窝也要先检验合格后,才能继续锪窝,锪窝过程中,每锪50~100个窝,必须自检一次窝的质量。

(2) 使用带限制器的锪窝钻锪窝时,一手扶住限制器,防止导套旋转,磨伤工件表面,另一手握紧风钻。

(3) 锪窝过程中,风钻不能抖动,给风钻的进给力要均匀,不要忽大忽小,否则影响锪窝深度不一致。

(4) 锪窝钻要垂直工件表面,限制器前端面应与工件锪窝表面相贴合。

(5) 在薄零件或刚性差的结构件上锪窝时,要防止进给压力作用,使工件反弹,影响锪窝质量。

(6) 钢质零件和钛合金锪窝,风钻转速要低。

(7) 使用不带限制器锪窝钻锪窝时,进给力要小,勤退锪钻检查窝孔深度。

(8) 在复合材料上锪窝,应先启动风钻,再进行工件锪窝,防止表层拉毛。

4.2.3 压窝法

压窝法又分冷压窝和热压窝。冷压窝在室温下压窝,热压窝将材料加热到一定温度时压窝。

1. 压窝工艺过程

钻初孔→去除孔边毛刺→阳模准销插入工件孔中→阳模、阴模压紧工件→压窝→将初孔扩至铆钉孔最后尺寸(图4-28)。

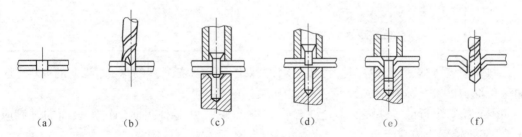

图4-28 压窝工艺过程

(a)钻初孔;(b)去除孔边毛刺;(c)阳模准销插入工件孔中;(d)阳模、阴模压紧工件;
(e)压窝;(f)将初孔扩至铆钉孔最后尺寸。

2. 压窝的技术要求

(1) 压窝器阴模工作部分的尺寸要考虑压窝零件厚度,压窝零件厚度不大于0.8mm时,均使用零件厚度为0.8mm的阴模,压窝夹层为0.8~1.4mm时,均使用夹层厚度为1.4mm的阴模;压窝试片的材料厚度、热处理状态、初孔直径要与所压零件一致,在试片上压窝至少压5个,经检验合格后,方能在产品零件上压窝。

(2) 压窝试片的最小宽度如表4-6所列。

表 4-6 压窝试片的最小宽度

铆钉直径/mm	压窝试片最小宽度/mm
不大于 6	25
大于 6	40

(3) 窝孔成形后,试片弯曲试验时,其断口破坏的类型如表 4-7 所列。

表 4-7 试片断口类型

类型	简图	说明
合格	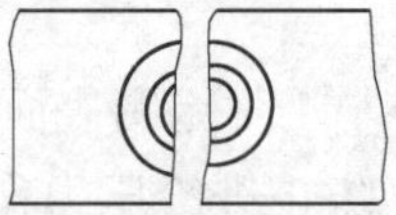	沿窝中心整齐断裂,无其他裂纹
	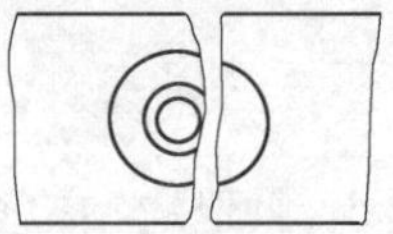	由于压窝顶杆挤压引起的周边环形断裂
	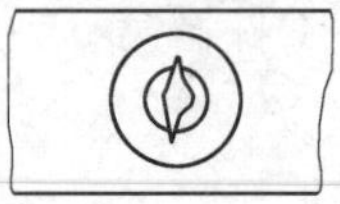	在窝内产生裂纹
拒收	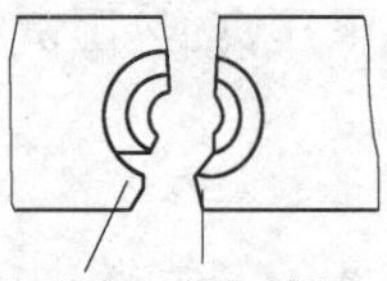	不规则的周向裂纹和径向裂纹
	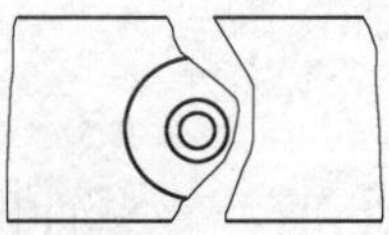	窝缘断裂

(4) 蒙皮压窝、骨架锪窝时,骨架上窝的深度应比蒙皮上窝的深,骨架上的 90°窝应加深 0.4δ,120°窝应加深 0.15δ,其中 δ 为压窝层的总厚度。

(5) 压窝附近的零件表面不允许有局部高低不平,从零件表面到钉窝表面的过渡应光滑,窝的轮廓线应清晰。

(6) 不允许将压好的窝翻过来重压。

3. 冷压窝操作技术要点

(1) 根据工件结构、材料厚度、铆钉直径、钉头锥角,选择压窝设备、工具、压窝模。

(2) 压窝前将初孔去毛刺,防止压孔边沿出现裂纹。

(3) 使用压铆机压窝,要正确调整压窝模行程,先将下模座螺杆调至最低点,用脚踩下操纵脚踏板不松开,使压铆机柱塞行程到最低点,再把下模座螺杆向上调至上下模距离合格,并用螺杆上螺帽固紧,即可进行压窝。

(4) 压窝时阴、阳模要对准,不允许空压。

(5) 压窝时,压窝部位应与上、下压模轴线保持垂直,工件不能产生摇摆不平。

(6) 对产品零件进行压窝时,应每隔一段时间检查一次窝的周向裂纹、径向裂纹、同轴度等,如图4-29所示。

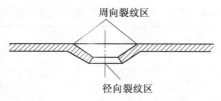

图4-29 周向和径向的裂纹区

4. 热压窝操作技术要点

(1) 接通气源开关和电源开关。

(2) 接通电阻加热器电源开关,调整加温旋钮,使加热器温度显示器指针控制在工艺文件规定的温度上(图4-30)。

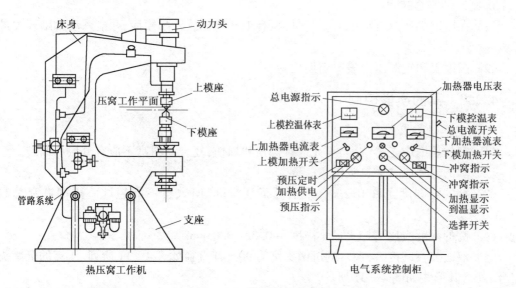

图4-30 热压窝机示意图

(3) 旋转调压器调压手柄,按预压紧力和压窝力要求确定所需的压力(表4-8和表4-9)。

表4-8 预压紧力 F_1 与压力 P 对照表

F_1/N	590	710	830	950	1070
P/MPa	0.25	0.3	0.35	0.4	0.45

表4-9 压窝力 F_2 与压力 P 对照表

F_2/N	16000	19200	22400	25600	28800
P/MPa	0.25	0.3	0.35	0.4	0.45

(4) 按工艺文件规定的加热时间调节计时器加温时间(即预压紧定时间),下面附电阻加热法压窝的温度和时间规范表(表4-10)。

(5)调整下模高度,放入试件,当工作指示灯发出信号后,即可压窝,指示灯熄灭后压窝工作结束。

表4-10 热压窝的温度和时间规范

材料牌号	表面状态	厚度/mm	模具温度/℃ 最高	模具温度/℃ 最低	保持时间/s	预压力/MPa
LY12-CZ	—	1.5	315	290	3	0.045
	—	1.2			3	
	—	0.8			2	
	D.Y.GF（硫酸阳极化,铬酸盐封闭）	1.5			5	
		1.2			4	
		0.8			3	

5. 制窝的安全技术

(1)在压铆机和热压窝机上压窝时,只有工件初孔放入阳模后,才能踩动脚踏开关进行压窝。

(2)温度表和气源压力表要定期检验。

4.2.4 窝的质量控制

1. 窝的质量要求

(1)窝的表面应光滑洁净,不允许有棱角和划伤,复合材料窝不应有分层和撕裂。
(2)窝的锥角应与铆钉头锥角一致。
(3)窝的椭圆度允许0.2mm,个别可至0.3mm,但数量不能超过一排铆钉窝总数的15%。
(4)窝的深度应比铆钉头最小高度小0.02~0.05mm。
(5)双面沉头铆接时,锪窝的沉镦头窝为90°,其直径如表4-11所列,压窝的沉镦头窝为120°,其形式如图4-31所示。

表4-11 90°沉头窝的最小直径

铆钉直径/mm	2.5	2.6	3.0	3.5	4.0	5.0	6.0	7.0	8.0
镦头最小直径/mm	3.5	3.65	4.20	4.95	5.60	7.0	8.2	9.5	10.8

(6)铆钉窝周围不允许有锪窝限制器造成的工件表面痕迹、凹陷、轻微机械损伤等的深度应不大于材料包覆层的厚度,数量不能超过一排铆钉内窝数的3%。
(7)压窝扩孔后,窝不能有毛刺、裂纹和破边。
(8)压窝件与窝件的套装之间不允许有间隙。

2. 窝孔故障缺陷分析及改进措施

窝孔故障缺陷分析及改进措施,如表4-12所列。

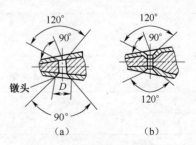

图4-31 铆钉镦头窝的形式
(a)90°沉镦头窝;(b)120°沉镦头窝

表 4-12 窝孔故障缺陷分析及改进措施

序号	故障内容	故障缺陷产生原因	改 进 措 施
1	窝孔浅	锪窝钻调整不合格或推钻压力小	重新调整锪窝钻,锪窝时压力到极限位置
		锪窝钻头切削刃槽被堵塞	经常检查,注意清除积屑瘤
2	窝孔锪大锪深	锪窝钻用错或调整不合格	更换锪窝钻,调整后一定要进行试锪窝
		固定锪窝钻头及其导销的螺钉松动	调整好的锪窝螺钉一定要拧紧,锪窝一定数量后,要认真检查固紧情况
		固定限动螺母的螺钉松动,引起移位	
3	窝孔椭圆	孔直径大,锪窝钻导销在孔中窜动	锪窝时导销不能在孔中窜动
		锪窝钻头导销过短	锪窝前检查锪窝钻导销与孔是否一致,更换过短导销
4	窝孔锥角不对	锪窝钻头用错	锪窝前要认真检查锪窝钻锥角
5	窝孔锥角尺寸不匀,一边大一边小	锪窝钻壳体端面未全部贴合锪窝面	锪窝钻壳体端面要贴合锪窝面
		孔歪斜	孔一定要垂直工件钻孔面
6	窝孔不光呈多棱形	锪窝钻未压紧,进给力不匀	压紧锪窝钻,保持匀速进给
		风钻转速太慢	风钻速度要适当
		风钻摆头	更换风钻
7	窝孔边缘产生毛刺、划痕或锪窝时不产生切屑	锪钻切削刃钝或损坏	更换新锪窝钻头
		锪钻排屑槽被切屑黏住堵塞	锪窝时经常检查排屑槽,及时清除积屑瘤
8	锪窝钻导销折断或脱落	孔直径小,孔歪斜,锪窝钻导销强行插入孔中强行锪窝	保证孔的垂直度,孔径正确采用长度适合的导销
		切屑研入孔与导销之间,强行拽锪窝钻	注意锪窝时勤排切屑
9	压窝蒙皮边缘有压痕	压窝部位与压窝器不垂直	保持压窝部位与压窝器相垂直,压模间隙要均匀
		压模间隙不均	
10	压窝后孔边撕裂或产生径向穿晶裂纹	初孔直径小	要正确钻好初孔符合压窝要求
		钻孔后未去毛刺	钻孔后一定要去毛刺
11	产生窝缘开裂的环形穿晶裂纹	模具温度和保持时间不当,压窝调整间隙不合理	按正确的温度规范调整间隙 使用正确的压窝模具
12	窝孔周围蒙皮有磨伤圆圈	锪窝时限制器转动	用手扶住限制器防止旋转

4.3 铆 接

冲击铆接是飞机装配连接的一种主要技术方法,是铆枪冲击力作用在铆钉上、铆钉头上或铆钉杆上,在顶把反作用力的作用下,而形成镦头的铆接方法,冲击铆接又可分为正铆法和反铆法。

4.3.1 普通铆接工艺过程、形式及适用范围

1. 凸头铆钉铆接

凸头铆钉铆接工艺过程(图 4-32(a)和图 4-32(b)):一种是板材和板材连接用凸头铆钉铆接的工艺过程;一种是板材和型材连接用凸头铆钉铆接的工艺过程。

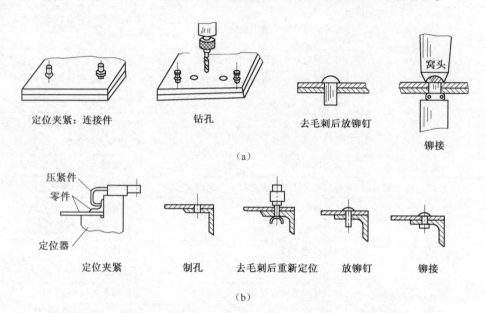

图 4-32 凸头铆钉铆接工艺过程
(a)板材和板材连接凸头铆钉铆接工艺过程;(b)板材和型材连接凸头铆钉工艺过程。

铆接形式及适用范围:搭接铆缝、纵条结合铆缝绝大部分使用凸头铆钉进行铆接(图 4-33)。凸头铆钉铆接一般适用于飞机结构内部连接件铆接及低速飞机的外表面铆接。

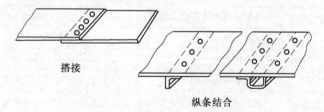

图 4-33 凸头铆钉铆接形式

2. 沉头铆钉铆接

沉头铆钉铆接有两种形式,一种是单面沉头铆钉铆接,另一种是双面沉头铆钉铆接。

1) 单面沉头铆钉铆接(即沉头铆接)

沉头铆钉铆接的工艺过程仅比凸头铆钉铆接多一道制窝工序,根据制窝方法的不同,可分为四种沉头铆钉铆接形式,即 A、B、C、D 四种。

(1) A 种沉头铆钉铆接工艺过程(图 4-34):铆接件上的沉头铆钉窝均用压窝模压制。一般当外蒙皮厚度、骨架厚度分别等于或小于 0.8mm 时,或铆件总厚度不超过 1.6mm 时,采用此种形式。

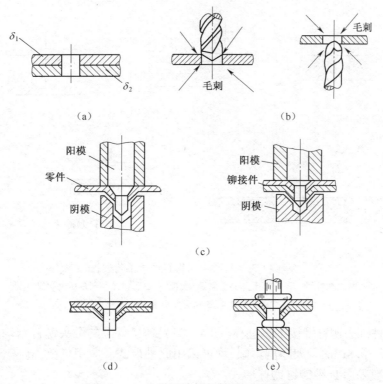

图 4-34 A 种沉头铆钉铆接工艺过程
(a)先钻出比最后孔径小一级直径的孔;(b)拆开蒙皮去孔边缘毛刺;
(c)用阳模和阴模分别在零件上冲窝或铆接件一起冲窝;(d)扩最后直径孔后放入铆钉;(e)铆接。

(2) B 种沉头铆钉铆接工艺过程(图 4-35):铆接件上的沉头铆钉窝均用沉头铆钉头锥度压制成形。一般蒙皮和骨架厚度均不得超过 0.8mm,其铆件总厚度小于或等于 1.2mm 时,采用此种形式。

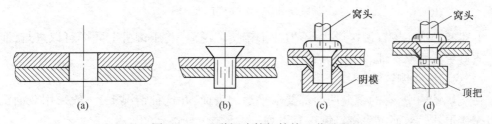

图 4-35 B 种沉头铆钉铆接工艺过程
(a)钻出与铆钉直径相符合的孔并去毛刺;(b)放铆钉;(c)冲窝;(d)铆接。

(3) C 种沉头铆钉铆接工艺过程(图 4-36):外表面蒙皮压窝,内部骨架锪窝。一般蒙皮厚度小于 0.8mm,骨架厚度大于沉头铆钉头高度时,采用此种形式。

注意:骨架锪窝时,窝的深度应比铆钉窝略深一点,即在骨架上锪 90°窝时,应比铆钉头深 0.4δ,锪 120°窝时应比铆钉头深 0.15δ,其中 δ 为压窝层的总厚度。这样锪窝是为了保证蒙皮压窝后装配时与骨架窝孔贴合,否则将会产生套合间隙,影响铆接质量。

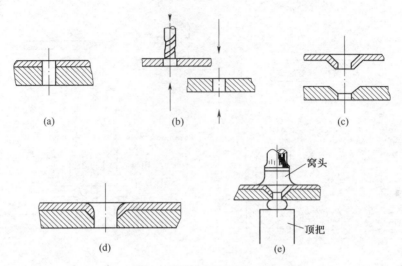

图 4-36 C 种沉头铆钉铆接工艺过程
(a)蒙皮和骨架一起钻初孔;(b)分解蒙皮、骨架、去毛刺;(c)蒙皮压窝、骨架锪窝;
(d)固定蒙皮和骨架,扩所有铆钉孔;(d)放铆钉铆接。

(4) D 种沉头铆钉铆接工艺过程(图 4-37):铆接件上的沉头铆钉窝均采用锪窝法。蒙皮厚度大于 0.8mm,骨架厚度不限,均可采用此种形式。应用广泛,高速飞机的外表面铆接绝大多数采用 D 种铆钉铆接形式。

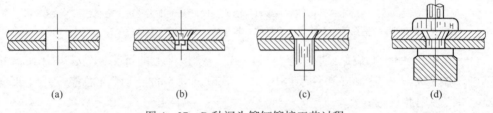

图 4-37 D 种沉头铆钉铆接工艺过程
(a)钻孔;(b)锪窝;(c)放铆钉;(d)铆接。

上述四种沉头铆钉铆接形式,不但冲击铆接广泛应用,压铆机上同样可以进行,而且铆接质量更有可靠保证。

2) 双面沉头铆钉铆接

在飞机结构中,有的铆缝两面都要求平滑的表面,在这种情况下,一般采用双面沉头铆钉铆接形式。双面沉头铆钉铆接有下列三种形式。

(1) 在上部蒙皮和底层蒙皮(或骨架)分别锪制沉头铆钉头窝和沉头镦头窝(图 4-38(a)),这种形式适合于蒙皮厚度大于 0.8mm 以上的结构件连接。其铆接工艺过程与 D 种沉头铆钉铆接工艺过程相似。

(2) 在较厚的骨架上锪制沉头钉窝,而在上蒙皮和下蒙皮上分别采用冲击铆钉头和钉杆镦粗成形直接压制成沉头钉窝及沉头镦头窝(图 4-38(b)),此种形式适合较薄的蒙皮(一般在 0.8mm 以下)结构的连接件铆接。

(3) 上下蒙皮冲窝,在骨架上锪制比铆钉头深 0.15δ 的窝(图 4-38(c)),其铆接工艺过程与图 4-36 中 C 种沉头铆钉铆接工艺过程一样。

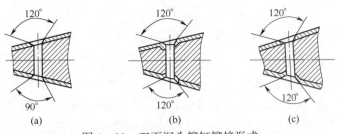

图 4-38 双面沉头铆钉铆接形式

4.3.2 压铆

压铆是利用压铆机产生的静压力镦粗铆钉杆形成镦头的一种铆接方法。压铆的铆接件具有表面质量好、变形小、连接强度高的特点。因此,在实际操作中,只要结构工艺性允许,就优先采用压铆。

压铆典型工艺过程如图 4-39 所示。

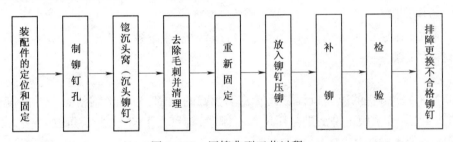

图 4-39 压铆典型工艺过程

根据产品不同的结构形式和铆缝特点,正确选择压铆机型号和压铆模进行压铆。下面主要学习用手提式压铆机和固定式压铆机进行压铆的操作。

1. 用手提式压铆机压铆

1) 适用范围

由于受手提式压铆机钳口尺寸和形状的限制,一般仅适用于结构边缘铆缝的单钉压铆。

2) 操作程序

(1) 按工艺规程或指令,根据产品结构特点选择所需压铆机钳口形式以及压铆冲。

(2) 用测量法和计算法确定铆缝夹层的厚度。

(3) 分别在手提式压铆机的固定臂和活动臂上安装压铆冲头(图 4-40),铆接平头铆钉时,铆钉头冲头安装在固定臂上,并调整上、下冲头之间的距离,其距离按下列公式确定:

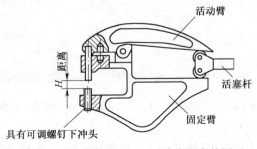

图 4-40 手提式压铆机上、下冲头距离的调正

$$H = \sum \delta + (0.5 \pm 0.1)d \qquad (4-1)$$

式中 H——上、下冲头之间的距离；

$\sum \delta$——铆缝夹层厚度；

d——铆钉直径。

调整方法：首先，接通气源扳动压铆机上气门，试操作压铆机，当带有上冲头的活动臂至下死点位置时（活塞杆伸出量最小位置），用旋具调正固定臂上的下冲头，用通用量具测量得到所需要的距离，然后用扳手拧紧下冲头。

（4）用与结构等厚度的试片进行试铆 1~3 个铆钉，经检查质量合格后，方可在产品上进行铆接。

（5）压铆一般采用正铆法，铆接时，压铆机固定臂的下冲头首先接触铆钉头，并调整铆接件，其外表面应与冲头垂直，然后扳动压铆机上的气门进行压铆。

在压铆过程中，手持压铆机应灵活，手握力不应太死板，否则影响铆接质量。

2. 用 KII-204 压铆机压铆

1）适用范围

KII-204 压铆机为气动杠杆固定式单钉压铆机，主要适用于框、梁、肋平面类以及小型组合件的压铆。

2）操作程序

KII-204 压铆机的压铆行程装置安装于弯臂的上部，为便于调整镦头的高度和观察镦头的质量，通常采用正铆法进行压铆。压铆时，铆钉由下向上穿入，每放入一个铆钉，压铆机完成一个压铆循环。

（1）根据铆接件的结构形式合理选择压铆冲头。

（2）将选择好的冲头分别安装于压铆机的上柱杆和下柱杆上。

（3）接通压铆机的气源，调整上、下冲头之间的距离，调整方法与手提式压铆机的调整方法相似，即首先将带有上冲头的上柱杆下降至最低位置，然后将带有下冲头的下柱杆通过转动螺杆上下移动下冲头，并按铆缝夹层厚度与铆钉镦头高度之和测得所需要的距离（图 4-41）。

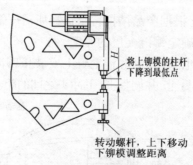

图 4-41 KII-204 压铆机上、下铆模距离的调整

（4）用与结构等厚度的试片试铆 1~3 个铆钉，经检查合格后，方可在产品上进行压铆。

（5）铆接时，铆接件表面应保持与上、下冲头垂直，以获得高的铆接质量。

当铆接半圆头铆钉时,用铆钉头作定位基准,采用正铆法进行铆接(图 4-42(a))。

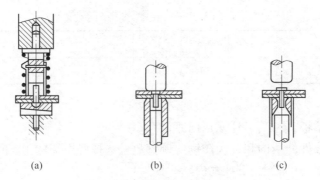

图 4-42 用压铆模定位方法

(a)半圆头铆钉定中心;(b)沉头铆钉按冲窝将铆钉定中心;(c)平头铆钉定中心。

当铆接沉头铆钉时,若铆接件为冲窝时,则以冲窝作为定位基准,采用反铆法进行铆接(图 4-42(b))。

当铆接平头铆钉时,一般采用反铆法进行铆接(见图 4-42(c)所示)。也可用正铆法,但所选冲头的窝必须与铆钉头的形状相一致。

(6) 踩下脚踏板,动力组把上柱杆向下移动,首先,弹簧冲头上的弹簧压紧器压紧铆接件,进而,上冲头压铆钉的钉杆形成镦头。然后在汽缸的作用下,上柱杆带上冲头返回原位,完成一个铆接循环(图 4-43)。

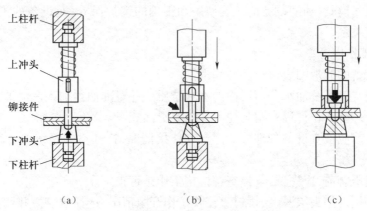

图 4-43 KII-204 压铆机压铆工作循环

(a)穿入铆钉;(b)上冲头压紧铆接件;(c)上冲头下行铆接。

3. 用 KII-503 压铆机压铆

1) 适用范围

KII-503 压铆机为弓臂固定式半自动成组压铆机,它主要适用于压铆外形为单曲度结构件,如翼面类部件的壁板。

KII-503 压铆机的铆接过程是自动循环的,当踩下右踏板后,上铆模下降到接触铆接件时停止,下铆模上升到接触铆接件而继续上升完成压铆过程后,上、下铆模离开铆接件退回到原来位置。若仅要下铆模上升时,踩中踏板。如要临时将上、下铆模离开铆接件时,则踩左踏板。

KII-503压铆机一次压铆的铆钉数量如表4-13所列。

表4-13　一次压铆的铆钉数量

铆钉直径/mm	3	3.5	4	5	6	7	8	10
铆钉数量(硬铝铆钉)/个	24	17	12	8	5	4	3	2

2) 操作程序

（1）踏下左踏板,使上、下柱塞退回原位。

（2）根据铆接件的结构和一次压铆的铆钉数量选择好所需的上、下压铆模,并将选好的压铆模固定在压铆机的上、下柱塞内。

（3）将装好铆钉的铆接件安装固定在压铆托架上。操作者纵横移动托架,使铆接件的铆接部位置于上、下铆模之间,即踏下中间踏板,下铆模上升,移动托架,使将要铆的铆钉对准在下铆模之上。再踏下左踏板,使下铆模退回原位。

（4）操作者踏下右踏板,进行压铆,完成一次工作循环。即上铆模下移接触铆接件后,触动气门停止,上气动机工作。同时下铆模开始上升,其铆模两侧的压板先接触铆接件并压紧,随后活塞汽缸工作推动下铆模上升,把压力传给铆钉杆而形成镦头。当镦头高度达到要求时,上、下铆模自动回到原位。此时完成一个压铆循环。

（5）操纵托架使铆接件移到下一个压铆部位,进行下一个压铆循环。

4. 压铆机的维护和注意事项

压铆机及其模具、辅助设备的正确使用和正确的维护保养,对设备的工作质量、使用寿命有着直接关系。

1) 维护工作内容

（1）按设备的润滑图表进行注油润滑。

（2）放掉空气系统油水分离器内的水和杂质。并对准油器加入润滑油,调节注油量,使压铆机在每一个工作行程中均匀注入几滴润滑油。

（3）工作前应检查设备各部分的固定和连接情况,打开空气系统检查系统压力应不低于0.5MPa压力。

（4）正式压铆前,应先试车,检查各机构工作是否正常。

（5）按铆接件的夹层厚度、铆钉直径及工作开敞情况,选择压铆模并调整压铆机。

（6）进行试铆,检查铆接质量(镦头高度、直径和形状)及铆接件表面质量(有无凹陷、划伤、压伤及其他缺陷)。

2) 工作中应注意的事项

（1）注意观察压力表,当气源压力低于0.4MPa压力时,应停止铆接。

（2）工作中,发现设备出现故障,应进行检查并给以排除,如故障严重,应停止铆接并进行修理。

（3）注意铆钉的数量和直径,不应超过压铆机的负载,压铆形成镦头的压力与铆钉材料和直径有关(表4-14)。

（4）对变厚度的铆接件进行成组压铆时,应选用有斜度的压铆模,以防止镦头歪斜。

表 4-14 形成标准镦头所需的压铆力

铆钉直径/mm		3	3.5	4	5	6	7	8	2.5
压铆力/kN	铝合金	9.5	15	20	30	50	57	80	7.0
	钢	13	22	25	50	60	75	100	10.0

5. 自动钻铆简介

自动钻铆技术是通过自动钻铆机来完成夹紧、钻孔、锪窝、喷涂密封剂、放钉、铆接和铣平等一整套工序。它通过预先编制的程序,全部工序由计算机控制操作。

目前,国内外主机厂所使用的自动钻铆机大部分从国外引进。

自动钻铆具有疲劳强度高、寿命长、铆接质量好的优点,是实现铆接自动化的途径。

在自动钻铆机上可以完成下述铆钉的铆接和几种紧固件的安装工作。

(1) 沉头铆钉、凸头铆钉、冠头铆钉和钛合金铆钉的自动钻铆。沉头铆钉铆接工艺过程如图 4-44 所示。

(2) 无头铆钉的自动钻铆。其铆接工艺过程如图 4-45 所示。

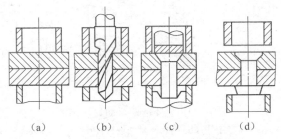

图 4-44 沉头铆钉自动钻铆
(a)夹紧工件;(b)钻孔、锪窝;(c)放铆钉、压铆;(d)松开夹紧件。

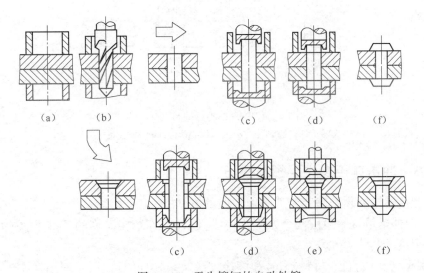

图 4-45 无头铆钉的自动钻铆
(a)夹紧工件;(b)钻孔,根据钉头形状要求,锪窝或不锪窝;(c)送进铆钉;
(d)压铆,工件向上浮动,同时形成钉头和镦头,铆后工件复位至铆接平面;
(e)把埋头的多余部分铣掉;(f)松开夹紧件,准备下一个铆钉的铆接。

自动钻铆工艺过程:目前国外自动钻铆机的型号较多,不同型号的自动钻铆机其功能不尽相同,但钻铆的工艺过程大致相近,现以引进的国外GEMCOG400型弓臂式自动钻铆机为例,其自动钻铆的工艺过程为:上、下夹紧器移向定位的工件,并夹紧工件,在整个循环过程中保持其夹紧压力,不使工件之间产生间隙和毛刺,当工件被牢固夹紧时,打开上动力头开关,对工件钻孔、锪窝,完成制孔后,钻轴返回到它行程的最高点,然后送钉机构自动放置铆钉,上、下铆头移向铆钉并镦粗铆钉,铆钉形成镦头后,上、下铆头返回到它原来的预定位置。

（3）环槽铆钉（镦铆型）的自动钻铆。其工艺过程如图4-46所示。

（4）抽心铆钉的自动钻铆。其工艺过程如图4-47所示。

（5）高锁螺栓的自动安装。

（6）高抗剪铆钉的自动铆接。

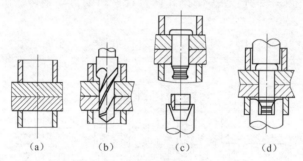

图4-46 环槽铆钉的自动钻铆
(a)压紧工件;(b)钻孔;(c)送进铆钉及铆套;(d)镦铆。

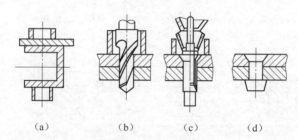

图4-47 抽心铆钉的自动钻铆
(a)夹紧工件;(b)钻孔;(c)送入抽心铆钉;(d)完成抽心拉铆。

4.3.3 冲击铆接操作要领及技巧

冲击铆接操作要领是铆装钳工必须掌握的方法,它也是衡量一个铆装钳工技术水平高低的标准,冲击铆接一般由两个人配合完成,但在铆件结构允许的条件下,一个人也可进行单独铆接(图4-48)。

（1）根据铆钉的直径、材料、型号和铆接方法及结构件的特点,合理选择铆枪的型号、功率,窝头的规格、外形,顶把的形状、质量,目的就是减小铆接件变形,迅速形成合格镦头,同时还要检查窝头和顶把的工作面是否符合粗糙度要求。铆接前,安装好窝头,在木板上进行试枪,检查铆枪冲击是否正常(图4-49)。

模块 4　普通铆接

图 4-48　单个铆工在铆接

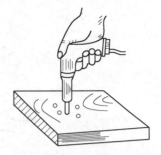

图 4-49　空击铆枪试验

（2）铆接开始时,主枪手要先轻按铆枪扳机点铆一下,根据声响,确认对方顶好后,方可连续冲击铆接。铆接时,主枪手要掌握铆钉锤击成形时间的长短规律,使铆钉镦头成行在几乎一样的合格高度。

（3）在铆接过程中,窝头中心线和顶把工作面应始终保持与铆钉中心线相一致（楔形件铆接例外）,窝头不能在铆钉头上跳动,或上下左右滑动,否则会影响铆接质量（图 4-50）。

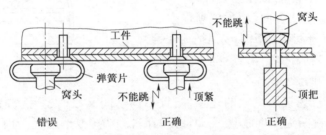

图 4-50　窝头、顶把在铆接过程中的位置

（4）铆接时,右手握住铆枪手柄,在使用铆枪时一般都采用双手握枪（图 4-51）,给窝头一定的压紧力和平衡力,防止窝头跳动,保持铆枪平稳,中指扳住进气按钮,无名指放在按钮下面,两个手指相互配合,根据所需冲力控制进气量,此种方法比利用调气阀门调节进气量更方便、灵活、快捷；施铆时,用左手向铆钉孔内插入铆钉,两手相互配合,快速高效完成铆接过程。

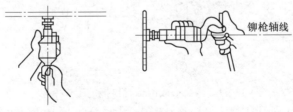

图 4-51　握铆枪的方法

（5）顶铆钉,手握顶把的顶紧力开始不要用力过大,待铆钉钉杆略微镦粗后,再向顶把加顶紧力,促进铆钉镦头成型,防止铆缝凹下；另外,还要注意顶把不要顶伤或碰伤结构件。各种不同的铆接姿态如图 4-52 所示。

（6）在结构件不开敞的薄蒙皮铆接中,又看不到顶把是否顶住铆钉杆的情况下,一定要在铆钉孔内看到顶把工作面,顶钉人和主枪手都确定已顶好,方可插入铆钉铆接。并要

97

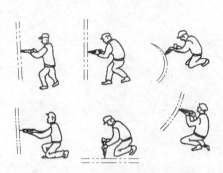

图4-52 各种不同的铆接姿态

一次成型,才能移动顶把,不开敞的薄蒙皮铆接的冲击铆接时间要采用短冲时间,多次冲击成型镦头,其目的主要是防止冲击铆接振动大,产生顶把位移,顶在钉杆周围,发生打凹、打裂现象。

(7) 消除连接件之间的间隙时,要先轻轻点铆,待铆钉杆略微镦粗后,再用顶把顶在钉杆周围(图4-53)或把钉杆套在空心冲内,使空心冲紧贴钉杆根部零件表面,用顶把顶住空心冲,轻轻点铆;其次还可以用窝头或顶把顶住铆钉头,把钉杆套在空心冲内,敲打空心冲,消除间隙,保证平整的铆缝外形。

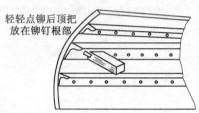

图4-53 消除连接件间隙的方法

(8) 采用反铆法铆接厚度大的连接件,且结构空间又小时,只能放置质量小于$0.5d$的顶把情况下,铆钉镦头很难成型,需要冲击时间长,铆接变形增大,为了加快镦头成型速度,可在铆钉杆稍镦粗后,把顶把轻轻晃动,待镦头最后成型前的瞬间,顶把工作面必须垂直于钉杆轴心线,形成合格镦头(图4-54)。

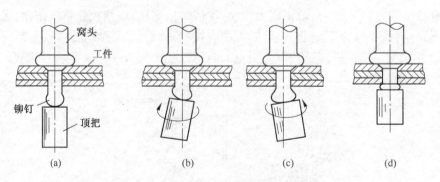

图4-54 镦头形成困难时顶把的工作情形
(a)初镦钉杆;(b)向左旋转顶把;(c)向右旋转顶把;(d)顶把垂直钉杆最后形成镦头。

(9) 采用反铆法铆接较薄的连接件时,尽量使用大面凸头钉窝头(图4-55)。

(10) 反铆时,应尽量使用带防护胶皮的窝头或采取在窝头和铆钉头之间垫上玻璃纸的方法,以获取较好的表面质量。

图4-55 大面凸头钉窝头

(11) 曲面连接件的沉头铆钉铆接应注意使沉头铆钉锥度紧密地贴合于窝孔锥角。铆接开始时,窝头应轻轻地沿沉头铆钉头周围晃动或点铆,使其沉头铆钉头贴紧钉窝后再加大铆枪功率进行铆接(图4-56)。

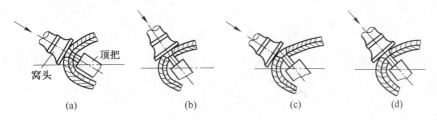

图4-56 曲面连接件的铆接
(a)开始点铆;(b)窝头向上晃动;(c)窝头向下晃动;(d)垂直铆接。

(12) 楔形连接件的沉头铆钉铆接,窝头要垂直于工件表面,顶把工作面向楔形的张开方向倾斜2°~3°,作用于铆钉杆上,镦头稍成型后,再把顶把垂直于铆钉杆端面(图4-57)。

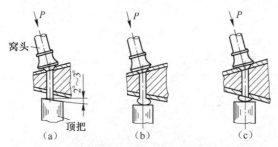

图4-57 楔形连接件的铆接
(a)开始点铆;(b)钉杆镦粗;(c)镦头最后成型。

(13) 铆钉杆初镦时,发生钉杆有轻微顶歪情况时,可将顶把工作面沿歪的方向逆顶,矫正钉杆后,顶把工作面仍垂直于(或轻轻摇晃)钉杆铆接,直至镦头成型(图4-58)。

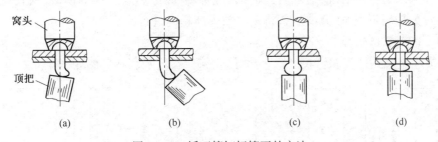

图4-58 矫正铆钉杆铆歪的方法
(a)初铆钉杆歪了;(b)顶把沿歪方向逆顶;(c)顶把垂直钉杆;(d)镦头成型。

(14) 当铆接两种不同材料的连接件或铆接材料相同而厚度不同的两个连接件时,为防止铆接变形,应尽量将镦头形成在较硬材料的那面或材料较厚的那面(图4-59)。

(15) 铝合金材料上铆接钢铆钉时,一般情况下,为避免工件变形,图样上规定在钢铆钉头下面(指凸头铆钉)和钉杆尾部那面置放相应直径金属垫圈进行铆接。为防止尾部垫圈铆接时受振动而产生窜动,不贴合工件,可自制叉片按住垫圈后进行铆接(图4-60)。

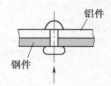 

图 4-59　不同材料或不同厚度连接件铆接时镦头形成位置　　图 4-60　叉片按住钉杆根部垫圈

（16）在结构件通路较差，用手指直接无法向铆钉孔放铆钉时，可做一个放钉器帮助解决（图 4-61）。

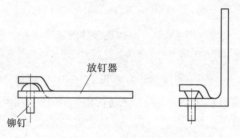

图 4-61　铆钉放钉器

（17）铆接时应尽量采用正铆法。

（18）铆接时，主枪手和顶钉手要商定各种铆接过程中的配合协商信号，如开始锤击、镦头高、镦头扁、镦头歪、更换铆钉、镦头成型合格，都要用信号通知对方，以掌握铆接情况，及时排除故障，或继续铆接。

（19）为了防止蒙皮铆接后产生鼓动或波纹，要采用中心法铆接（图 4-62）或边缘法铆接（图 4-63）。

（20）铝铆钉的热处理及热处理后冷藏的目的，就是使铆钉镦头成型快，减少铆接变形。方法很简单，将 2017D、2024DD 铆钉，放入恒温的盐炉中，进行加温，在规定的时间内取出，立即放入清水中清洗，清洗后，就可进行铆接，经过热处理过的铆钉，要在材料硬化之前铆完，如果用不完，在清洗后就将铆钉放入冰箱内进行冷藏保管。

（21）铆钉长度选择。

① 按经验公式计算铆钉长度（表 4-15），铆钉长度示意参见图 4-64。

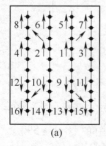 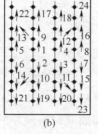 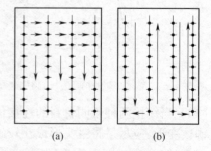

　　图 4-62　中心法铆接顺序示意图　　　　　图 4-63　边缘法铆接顺序示意图
　　　（a）第一种中心法铆接示意图；　　　　　　（a）第一种边缘法铆接示意图；
　　　（b）第二种中心法铆接示意图。　　　　　　（b）第二种边缘法铆接示意图。

模块 4 普通铆接

表 4-15 铆钉长度计算公式

铆钉直径 d/mm	2.5	3	3.5	4	5	6	7	8
铆钉长度 L/mm	$\sum\delta + 1.4d$		$\sum\delta + 1.3d$		$\sum\delta + 1.2d$		$\sum\delta + 1.1d$	

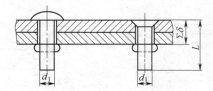

图 4-64 铆钉长度示意图

② 按表 4-16 选择铆钉长度。

表 4-16 铆钉长度的选择

d / $\sum\delta$	2	2.5	3	3.5	4	5	6	7	8	10
1	4	4	5	6	6					
2	5	6	6	7	7	8				
3	6	7	7	8	8	9	10			
4	7	8	8	9	9	10	11	12		
5	8	9	9	10	10	11	12	13	14	
6	9	10	10	11	11	12	13	14	15	
7	10	11	11	12	12	13	14	15	16	18
8	11	12	12	13	13	14	15	16	17	19
9	12	13	13	14	14	15	16	17	18	20
10	13	14	14	15	15	16	17	18	19	22
11	14	15	15	16	16	17	18	19	20	22
12	15	16	16	17	17	18	19	20	22	24
13	16	17	17	18	18	19	20	22	24	26
14		18	18	19	19	20	22	24	26	28
15		19	19	20	20	22	24	26	28	30
16		20	20	22	22	24	26	28	30	32
17			22	22	24	26	28	30	32	
18				24	26	28	30	32	34	
19				26	28	30	32	34	36	
20				28	28	30	32	34	36	
21					30	32	34	36	38	
22					30	32	34	36	38	
23					32	34	36	38	40	
24						34	36	38	40	
25						36	38	40	42	
26						36	38	40	42	
27						38	40	42	44	
28						38	40	42	44	
29						40	42	44	46	
30							42	44	46	
31							44	46	48	
32							46	48	50	
33								48	50	
34								50	52	
35									54	
36									56	
37									58	
38									60	

③ 压窝件标准镦头的铆钉长度,按经验公式 $L = 2\sum\delta + \delta_1 + 1.3d$ 计算(图4-65)。

④ 双面沉头铆接铆钉长度按经验公式 $L = \sum\delta + (0.6\sim0.8)d$ 计算(图4-66)。其中系数0.6~0.8,一般情况选较小值,铆钉材料比被连接件材料的强度高或被连接件厚而铆钉直径较小时,选较大值。

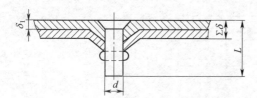
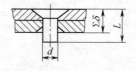

图4-65 压窝件标准镦头的铆钉长度示意图　　　图4-66 双面沉头铆接的铆钉长度

4.3.4 沉头铆钉的修整

为了使铆接后的沉头铆钉头或沉头镦头与工件表面平滑,根据图样和技术要求,采用铣平器修整铆钉头和沉头镦头的方法。

修整沉头铆钉的操作过程及要求:

(1) 正确选择"铣平器"的刀具尺寸,刀具的直径要比修整的铆钉头或沉头镦头大1/16英寸到1/8英寸(1英寸=2.54cm),同时要检查刀刃的锋利及刃口有无缺损情况。

(2) 调整铣平器,将挡圈调至与刀具端面处于同一平齐位置,先在一块平板上做试切削,如果刀具接触并铣伤试验平板,则需调节挡圈向外延伸(图4-67),压下调节锁,逆时针转动调节卡圈1个扣,直到刀具碰不到试验板表面为止。

(3) 调整好后,经检验合格方可在产品上修整铆钉,将刀具放在要修整的铆钉头位置,以均匀的压力垂直于铆钉轴线进行铣切(图4-68)。

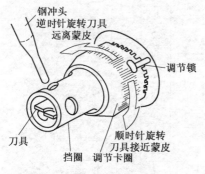
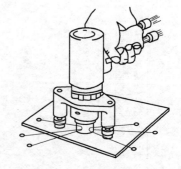

图4-67 铣平器工作头　　　图4-68 铣平器工作情形

(4) 一般实心沉头铆钉头的修整量,不能超过直径的5%。

(5) 任何情况下修理铆钉头或镦头,都不能取掉铣平器上的挡圈进行修理工作。

(6) 铣平器只适合于修整铝铆钉。

4.3.5 铆接安全技术

(1) 铆接前应检查窝头和顶把,不得有裂纹和毛刺。

(2)窝头安装在铆枪上应栓住保险(图4-69);窝头装好后,铆枪不准对着人,以免失手撞击扳机,发生意外事故,铆接完毕后应立即取下窝头。

(3)铆接时,主枪手和顶钉手均应带好护耳器或耳塞,减少噪声对耳朵的刺激。

(4)在型架高层和工作梯的天桥上工作时,必须把工具放置在牢靠、稳妥的位置上,防止工具等物体坠落;在型架底层和在天桥底下工作的人员,必要时应戴上防护帽,防止高层物体坠落伤人。

(5)使用手锤敲打窝头、冲子时,要防止打伤手指,窝头、冲子毛边要及时在砂轮机上磨掉,以免敲打时毛边崩出伤人(图4-70)。

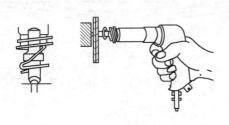

图4-69 窝头栓住保险

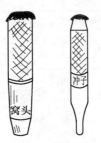

图4-70 捶打产生的毛边

4.3.6 铆接质量控制

铆接装配工作约占全机工作量的30%以上,铆接质量的重要性可想而知。

1. 提高铆接质量的基本要求

(1)严格按照图样生产,认真执行工艺纪律,贯彻工艺指导性文件,按装配指令和铆接操作要领进行铆接。

(2)铆接前,把住零部件安装的准确度,以及铆钉孔和沉头窝的质量,铆接过程中,要做到精益求精,把好每道工序关,发现问题及时补加工。

(3)优先考虑使用正铆法铆接,注意选用正确的铆接方法。

(4)尽可能采用压铆代替锤铆。

(5)采用先进工具、正确使用保养工具。

2. 铆接质量要求

(1)铆接后,铆钉头表面不准有伤痕、压坑、裂纹等缺陷,钉头与铆接件的表面应贴合,允许在范围不超过1/2圆周的间隙不大于0.05mm,但在铆缝中这种铆钉不超过10%,且不允许连续出现(图4-71)。

(2)所有外形的沉头铆钉均不得下沉,沉头铆钉头凸出蒙皮的高度值应尽量在0.02~0.05mm之间,或满足各机种技术条件规定的允差(图4-72)。

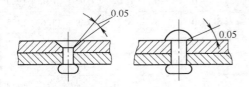

图4-71 铆钉产生的单面间隙

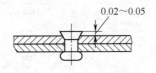

图4-72 沉头铆钉凸出值

（3）铆钉周围的蒙皮和两个铆钉之间的蒙皮，允许有下凹量 Δ（表 4-17 和图 4-73）。

表 4-17 蒙皮的允许下凹量

测量单元	部 位	下凹量 Δ/mm
一个铆钉间距 t_1	一般结构	不大于 0.2
	进气道内部结构	不大于 0.4
	难铆接处	不大于 0.3
两个铆钉间距 t_2	一般结构	不大于 0.2
	多排铆钉，间距小于 30mm，弯曲半径 300mm 以下处	不大于 0.3

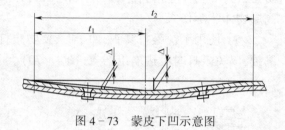

图 4-73 蒙皮下凹示意图

（4）铆接后，铆钉处被连接件之间不允许有间隙，但在两个铆钉之间允许有局部间隙 s（表 4-18 和图 4-74）。

表 4-18 铆接件在两个铆钉之间允许的局部间隙

蒙皮厚度/mm	铆钉间距/mm	允许间隙 s/mm
不大于 1.5	大于 40	不大于 0.5
1.6~2.0	不大于 40	不大于 0.3
大于 2.0	20~40	不大于 0.2

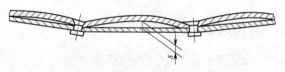

图 4-74 铆接件在两个铆钉之间的缝隙

（5）铆钉镦头不允许有裂纹，标准镦头应呈鼓形（图 4-75），不允许有"喇叭形"或"马蹄形"，镦头尺寸应满足设计尺寸要求，镦头尺寸可从表 4-19 查得。

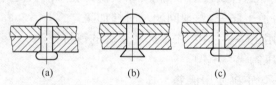

图 4-75 铆钉镦头的形状
(a)标准镦头；(b)喇叭形镦头；(c)马蹄形镦头。

铆钉镦头对铆钉杆同轴度的偏移如表 4-19 所列，视图表示如图 4-76 所示，铆钉镦头的高度、直径用样板检查如图 4-77 所示。

表 4-19 铆钉标准镦头尺寸及其极限偏差

铆钉直径 D/mm	2.0	2.5	2.6	3.0	3.5	4.0	5.0	6.0	7.0	8.0	10.0
镦头直径 D/mm	3.0	3.8	3.9	4.5	5.2	6.0	7.5	8.7	10.2	11.6	14.5
镦头直径极限偏差/mm	±0.2	±0.25		±0.3		±0.4	±0.5	±0.6	±0.7	±0.8	±1.0
镦头最小高度 h_{min}/mm	0.3	1.0	1.1	1.2	1.4	1.6	2.0	2.4	2.8	3.2	4.0
镦头对钉杆轴线同轴度/mm		$\phi 0.4$				$\phi 0.6$		$\phi 0.8$	$\phi 1.0$	$\phi 1.2$	$\phi 1.4$
镦头圆度	在铆钉镦头直径极限偏差内										

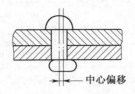

图 4-76　铆钉镦头对铆钉杆同轴度偏移

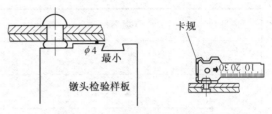

图 4-77　检验镦头用样板

(6) 双面沉头铆钉的镦头直径与铆钉头直径相同，铆钉头凸出量如表 4-20 所列，测量如图 4-78 所示。

表 4-20　双面沉头铆钉的铆钉头凸出量

部　　位	凸出量/mm		
	一般	局部 20%	双面沉头铆钉镦头
翼面类 I 区	0<Δ≤0.1	0.1≤Δ≤0.15	+0.3
翼面类 II 区	0<Δ≤0.15	0.15≤Δ≤0.2	

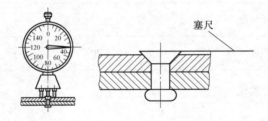

图 4-78　铆钉头凸出量测量

训练项目 4-1　三角形对缝修合铆接

1. 实训目的
(1) 能进行钻孔的操作要点和钻孔操作。
(2) 了解钻孔的质量要求，会排除常见钻孔故障。
(3) 了解制窝方法，会按要求选择制窝方法。
(4) 理解制窝的质量要求，能排除常见制窝故障。
(5) 了解普通铆接的工艺过程和普通铆钉孔的技术要求。
2. 工具清单

序号	工具名称	型　号	数　量
1	气　钻	φ6	1
2	铆　枪	5KM	1

（续）

序号	工具名称	型号	数量
3	铆卡	平头	1
4	顶铁		1
5	钻头	$\phi2.7, \phi4.1$	2
6	台虎钳		1
7	卡尺	0~150	1
8	角度尺		1
9	钢板尺	150	1
10	塞尺		1
11	铅笔	2B	1
12	铝板锉	8″	1
13	平板锉	8″	1
14	什锦锉		1
15	钢锯		1
16	铆钉卡规		1
17	直角尺		1

3. 耗材名称

序号	名称	材料	毛料尺寸/mm	数量
1	底板-4	LY12CZδ2	122×102×2	1
2	板-1	LY12CZδ2	102×52×2	1
3	板-2,板-3	LY12CZδ2	72×102×2	1
4	铆钉	4A182-4×10		16
5	铆钉	MS2047055-8		5

4. 图纸与技术要求

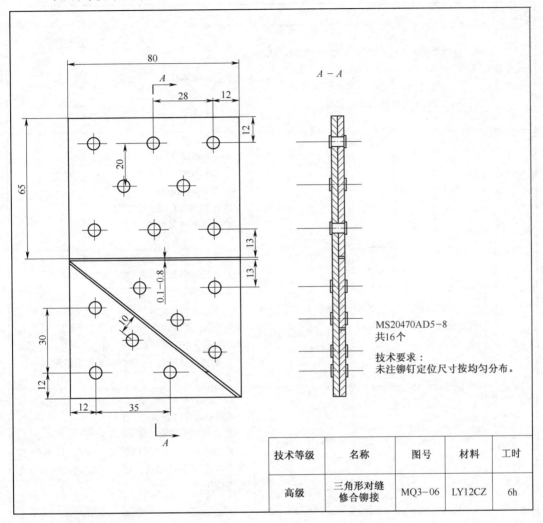

5. 注意事项

（1）操作者开工前必须穿戴好劳动保护用品。

（2）对容易造成零件损伤的工具压紧件的工作表面进行保护。

（3）工作所需物品、工具、量具应摆放整齐有序。

（4）严格按照图纸和工艺规范操作。

6. 工作内容（实施）

实训步骤	实训内容	能力要求
学习图纸	按主视图结合明细表讲解零件的组成及装配关系。 ① 该工件是由底板-4、板-1、板-2、板-3组成。 ② 板-1、板-2、板-3与底板-4铆接连接。 ③ 板-2与板-1、板-3对接	根据图纸，能分析并掌握零件的组成及装配关系

(续)

实训步骤	实训内容	能力要求
零件的初加工	① 按图 MQ4-11 划出板-1、板-2、板-3、底板-4 的外形线。 ② 出板-1、板-2、板-3、底板-4 四张图。 ③ 按划好的外形线进行初加工	熟练简单零件的外形加工
零件的定位与夹紧	(1) 零件的定位	零件的定位方法： ① 划线定位。 ② 按装配孔定位。 ③ 按基准零件或工装零件。 ④ 按装配夹具定位
零件的定位与夹紧	(2) 确定铆钉孔的位置，按图画出下列零件的铆钉位置板-1、板-2、板-3	① 确定铆钉孔的边距、间距和排距的偏差。 ② 确定铆钉孔的位置。 ③ 铆钉排最后一个间距允许大于图纸规定间隙或小于图样间隙的 50%，最后两个间距应等距，排列间距不应小于铆钉直径的 3 倍。 ④ 铆钉数量不允许少于图纸规定的数量
零件的定位与夹紧	(3) 确定定位孔，在已划好的铆钉排上选定定位孔	确定定位孔的方法： ① 在已划好的铆钉排上选定位孔。 ② 选取定位孔，常采用划线、按余孔、按冲点、按专用样板、按钻模取孔，该工件采用划出铆钉位置直接钻孔
零件的定位与夹紧	(4) 定位步骤： ① 底板-4 作为基准零件，周边线作为基准边，板-1、板-3 作为已装零件定位板-2。 ② 按底板-4 零件外形定位，分别定位板-1、板-3。 ③ 按板-1、板-3、定位板-2，该零件采用的是按基准零件定位和按已装零件定位	定位方法： ① 按划线定位。 ② 按装配孔定位。 ③ 按基准零件和已装零件定位。 ④ 按装配夹具定位
零件的定位与夹紧	(5) 夹紧	夹紧方法： ① 工艺螺栓定位。 ② 工艺铆钉定位。 ③ 用夹具夹紧定位。 ④ 用橡皮绳定位

(续)

实训步骤	实训内容	能力要求
铆接	(1) 制孔工艺要求： ① 不同直径铆钉的铆钉孔偏差是不一样的。 ② 铆钉孔的椭圆度应在铆钉孔直径偏差之内。 ③ 铆钉孔的不垂直度。 铆钉孔的轴线应垂直于零件表面，允许由于孔的偏斜而引起铆钉头与零件贴合面单面间隙不大于 0.05mm。 ④ 不允许铆钉孔有棱角、破边、裂纹等。 ⑤ 铆钉孔表面的毛刺应清除，允许在孔边形成不大于 0.2mm 的倒角。 ⑥ 铆钉孔的表面粗糙度不大于 6.3μm	制孔的工艺方法：钻孔、冲孔、铰孔。影响钻孔的主要因素：工件材料，钻头切削部分几何形状，刃的锋利程度，转速，进给量等。 钻头及铆钉选择： ① 根据工件特点，孔径大小选钻孔工具。 ② 一般应以张度大、厚度高的一面钻孔。 ③ 铆钉直径不大于 3.5mm 时，应先钻小孔，然后用钻头扩孔，小孔直径为铆钉直径的 0.6～0.8 倍。 ④ 使用比铆钉孔直径大，顶角为 120°～160° 钻头或专用工具去孔边毛刺。 ⑤ 根据被加工材料选择钻头锋角
	(2) 施铆	铆接的技术要求： ① 铆钉头应贴紧零件表面，允许的单向间隙为 0.05mm，这种铆钉数应大于铆接排整数的 10%。 ② 铆钉不应有切痕等损伤。 ③ 铆钉镦头一般应为标准镦头，标准镦头呈鼓形。 ④ 铆钉镦头尺寸公式。 ⑤ 镦头不允许有切痕、下陷、裂纹和其他损伤
对工件质量的评定	按照技术要求执行	

7. 质量评定（评估）

序号	项目	容差	工、量具	配分	评分标准与得分 $S \leq T$ $C < 5\%$	$T < S \leq 1.5T$ $5\% < C < 60\%$	$S \geq 2T$ $C > 90\%$	扣分
1	外形尺寸 100mm	±0.5mm	卡尺	4				
2	外形尺寸 120mm	±0.5mm	卡尺	4				
3	四角垂直度 90°	±30′	角度尺	2				
4	板-1 零件尺寸 50mm	±0.5mm	卡尺	4				
5	锐边倒锐角	不大于 0.2mm	目测	2				
6	铆钉间距 30mm	±0.5mm	钢板尺	2				
7	铆钉间距 25mm	±0.5mm	钢板尺	3				
8	铆钉间距 40mm	±0.5mm	钢板尺	2				
9	铆钉边距 10mm	±0.4mm	钢板尺	10				
10	板-1、板-2 对缝间隙	0.1～0.8mm	塞尺	9				

(续)

序号	项目	容差	工、量具	配分	评分标准与得分			扣分
					$S \leq T$ $C<5\%$	$T<S \leq 1.5T$ $5\%<C<60\%$	$S \geq 2T$ $C>90\%$	
11	板-2、板-3对缝间隙	0.1~0.8mm	塞尺	10				
12	铆钉头的机械损伤		目测	10				
13	单向间隙	0.05mm	塞尺	5				
14	铆钉镦头变形和机械损伤		目测	10				
15	铆钉镦头的铆接质量		铆钉卡规	8				
16	夹层间隙	不大于0.3mm	塞尺	6				
17	工件表面轻微机械损伤		目测	5				
18	工件表面变形量	±0.4mm	直尺、塞尺	4				
19	未列尺寸或项目				每处不合格扣1分			
20	安全文明生产				按轻重程度,酌扣2~10分			
	总分				100分			

8. 工卡

工　卡

序号	工作内容和技术要求	工作结果	操作者	检验者
	学习图纸			
	零件初加工			
1	按图 MQ4-11 划出板-1、板-2、板-3、底板-4 的外形线			
2	出板-1、板-2、板-3、底板-4 四张图			
3	按划好的外形线进行初加工			
	零件的定位与夹紧			
1	零件定位			
2	确定铆钉孔的位置,按图划出下列零件的铆钉位置板-1、板-2、板-3			
3	确定定位孔,在已划好的铆钉排上选定定位孔			
4	定位步骤: ① 底板-4 作为基准零件,周边线作为基准边,板-1、板-3 作为已装零件定位板-2。 ② 按底板-4 零件外形定位,分别定位板-1、板-3。 ③ 按板-1、板-3 定位板-2。 该零件采用的是按基准零件定位和按已装零件定位			
5	夹紧			

(续)

序号	工作内容和技术要求	工作结果	操作者	检验者
	铆接			
1	制孔工艺要求： ① 不同直径铆钉的铆钉孔偏差是不一样的。 ② 铆钉孔的椭圆度应在铆钉孔直径偏差之内。 ③ 铆钉孔的不垂直度。 铆钉孔的轴线应垂直于零件表面，允许由于孔的偏斜而引起铆钉头与零件贴合面单面间隙不大于0.05mm。 ④ 不允许铆钉孔有棱角、破边、裂纹等。 ⑤ 铆钉孔表的毛刺应清除，允许在孔边形成不大于0.2mm的倒角。 铆钉孔的表面粗糙度不大于6.3μm			
2	铆接的技术要求： ① 铆钉头应贴紧零件表面允许不合的单向间隙为0.05mm，这种铆钉数应大于铆接排整数的10%。 ② 铆钉不应有切痕等损伤。 ③ 铆钉镦头一般应为标准镦头，标准镦头呈鼓形。 ④ 铆钉镦头尺寸公式。 ⑤ 镦头不允许有切痕、下陷、裂纹和其他损伤			

9. 训练项目实物照片

经过严格地按照图样和技术条件加工，训练项目实物照片如下图所示。

训练项目 4-2　丁字形对缝修合铆接

1. 实训目的

（1）了解普通铆接的工艺过程。

（2）掌握普通铆接基本知识及实际操作技能。

2. 工具清单

序号	工具名称	型号	数量
1	气 钻	φ6	1
2	铆 枪	5km	1
3	铆 卡	半圈头	1
4	钻 头	φ3.6	1
5	台虎钳		2
6	卡 尺	0~150	1
7	角度尺		1
8	钢板尺	150	1
9	顶 铁		1
10	铅 笔	2B	1
11	铝 锉	8″	1
12	平板锉	8″	1
13	什锦锉		1
14	铆钉卡规	φ3.5	1
15	直角尺		1
16	钢 锯		1

3. 耗材名称

序号	名称	材料	毛料尺寸/mm	数量
1	底板-1	LY12CZ δ2	102×82×2	1
2	板-2	LY12CZ δ2	102×32×2	1
3	板-3	LY12CZ δ2	52×52×2	2
4	铆 钉		3.5×8GB867.LY10	13

4. 图纸及技术要求

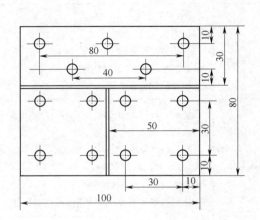
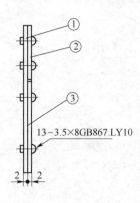

技术要求：
① 对缝间隙 0.2～0.5mm；
② 外形尺寸公差±0.5mm，四角垂直角90°±30'；
③ 制孔、铆接按通用铆接技术条件要求。

技术等级	名称	图号	材料	工时
初级	丁字形对缝修合铆接	MQ5-04	LY12CZ	4h

5. 注意事项

（1）操作者开工前必须穿戴好劳动保护用品。
（2）对容易造成零件损伤的工具压紧件的工作表面进行保护。
（3）工作所需物品、工具、量具应摆放整齐有序。
（4）严格按照图纸和工艺规范操作。

6. 工作内容（实施）

实训步骤	实训内容	能力要求
学习图纸	按主视图结合明细表讲解零件的组成及装配关系。 ① 该工件是由底板-1，板-2、板-3组成。 ② 板-2、板-3与底板-1铆接连接。 ③ 板-2与板-3对接，两个板-3又形成对接	根据图纸，能分析并掌握零件的组成及装配关系
零件的粗加工	① 分别按图纸MQ5-04划出板-2、板-3、底板-1的外形尺寸线。 ② 按划线尺寸分别加工出板-2、板-3、底板-1。 ③ 按划好的外形线进行初加工	熟练简单零件的外形加工

(续)

实训步骤	实训内容	能力要求
零件的定位与夹紧	(1) 零件的定位	零件的定位方法： ① 划线定位。 ② 按装配孔定位。 ③ 按基准零件或工装零件。 ④ 按装配夹具定位
	(2) 确定铆钉孔的位置，按图划出下列零件的铆钉位置底板-1、板-2、板-3	① 确定铆钉孔的边距、间距和排距的偏差。 ② 确定铆钉孔的位置。 ③ 铆钉排最后一个间距允许大于图纸规定间隙或小于图样间隙的50%，最后两个间距应等距，排列间距不应小于铆钉直径的3倍。 ④ 铆钉数量不允许少于图纸规定的数量
	(3) 确定定位孔，在已划好的铆钉排上选定定位孔	确定定位孔的方法： ① 在已划好的铆钉排上选定定位孔。 ② 选取定位孔。常采用划线、按余孔、按冲点、按专用样板、按钻模取孔，该工件采用划出铆钉位置直接钻孔
	(4) 定位步骤： ① 底板-1作为基准零件，周边线作为基准边，板-2作为已装零件定位板-3，左板-3、右板-3互为已装零件定位。 ② 按底板-1零件外形定位板-2。 ③ 按板-2定位板-3(左或右)	定位方法： ① 按划线定位。 ② 按装配孔定位。 ③ 按基准零件和已装零件定位。 ④ 按装配夹具定位
	(5) 夹紧	夹紧方法： ① 工艺螺栓定位。 ② 工艺铆钉定位。 ③ 用夹具夹紧定位。 ④ 用橡皮绳定位
铆接	(1) 制孔工艺要求： ① 不同直径铆钉的铆钉孔偏差是不一样的。 ② 铆钉孔的椭圆度应在铆钉孔直径偏差之内。 ③ 铆钉孔的不垂直度。 铆钉孔的轴线应垂直于零件表面，允许由于孔的偏斜而引起铆钉头与零件贴合面单面间隙不大于0.05mm。 ④ 不允许铆钉孔有棱角、破边、裂纹等。 ⑤ 铆钉孔表面的毛刺应清除，允许在孔边形成不大于0.2mm的倒角。 ⑥ 铆钉孔的表面粗糙度不大于6.3μm	制孔的工艺方法：钻孔、冲孔、铰孔。 影响钻孔主要因素：工件材料，钻头切削部分几何形状，刃的锋利程度，转速，进给量等。 钻头及铆钉选择： ① 根据工件特点，孔径大小选钻孔工具。 ② 一般应以张度大、厚度高的一面钻孔。 ③ 铆钉直径不大于3.5mm时，应先钻小孔，然后用钻头扩孔，小孔直径为铆钉直径的0.6~0.8倍。 ④ 使用比铆钉孔直径大，顶角为120°~160°钻头或专用工具去孔边毛刺。 ⑤ 根据被加工材料选择钻头锋角

(续)

实训步骤	实训内容	能力要求
铆接	(2) 施铆	铆接的技术要求: ① 铆钉头应贴紧零件表面允许不合的单向间隙为0.05mm,这种铆钉数应大于铆接排整数的10%。 ② 铆钉不应有切痕等损伤。 ③ 铆钉镦头一般应为标准镦头,标准镦头呈鼓形。 ④ 铆钉镦头尺寸公式。 ⑤ 镦头不允许有切痕、下陷、裂纹和其他损伤
对工件质量的评定	按照技术要求执行	

7. 质量评定(评估)

序号	项目	容差	工、量具	配分	评分标准与得分 $S\leq T$ $C<5\%$	$T<S\leq 1.5T$ $5\%<C<60\%$	$S\geq 2T$ $C>90\%$	扣分
1	外形尺寸100mm	±0.5mm	卡尺	4				
2	外形尺寸80mm	±0.5mm	卡尺	4				
3	四角垂直度90°	±30′	角度尺	4				
4	板-3零件尺寸50mm	±0.5mm	卡尺	4				
5	锐边倒锐角	不大于0.2mm	目测	4				
6	铆钉间距30mm	±0.5mm	钢板尺	6				
7	铆钉间距40mm	±0.5mm	钢板尺	4				
8	铆钉间距10mm	±0.4mm	钢板尺	10				
9	铆钉边距80mm	±0.5mm	钢板尺					
10	板-2、板-3之间对缝间隙	0.2~0.5mm	塞尺	8				
11	铆钉头的机械损伤		目测	10				
12	铆钉头的单向间隙	0.05mm	塞尺	5				
13	铆钉镦头变形和机械损伤		目测	10				
14	铆钉镦头的铆接质量		铆钉卡规	6				
15	夹层间隙	不大于0.3mm	塞尺	6				
16	工件表面轻微机械损伤		目测	5				
17	工件表面变形量(平面度)	小于0.4mm	钢板尺 塞尺	6				
18	未列尺寸或项目				每处不合格扣1分			
19	安全文明生产				按轻重程度,酌扣2~10分			
	总分				100分			

8. 工卡

工 卡

序号	工作内容和技术要求	工作结果	操作者	检验者
	学习图纸			
	零件初加工			
1	分别按图纸 MQ5-04 划出板-2、板-3、底板-1 的外形尺寸线			
2	按划线尺寸分别加工出板-2、板-3、底板-1			
3	按划好的外形线进行初加工			
	零件的定位与夹紧			
1	零件定位			
2	确定铆钉孔的位置,按图划出下列零件的铆钉位置板-1、板-2、板-3			
3	确定定位孔,在已划好的铆钉排上选定定位孔			
4	定位步骤: ① 底板-1 作为基准零件,周边线作为基准边,板-2 作为已装零件定位板-3,左板-3、右板-3 互为已装零件定位。 ② 按底板-1 零件外形定位板-2。 ③ 按板-2 定位板-3(左或右)			
5	夹紧			
	铆接			
1	制孔工艺要求: ① 不同直径铆钉的铆钉孔偏差是不一样的。 ② 铆钉孔的椭圆度应在铆钉孔直径偏差之内。 ③ 铆钉孔的不垂直度。 铆钉孔的轴线应垂直于零件表面,允许由于孔的偏斜而引起铆钉头与零件贴合面单面间隙不大于 0.05mm。 ④ 不允许铆钉孔有棱角、破边、裂纹等。 ⑤ 铆钉孔表的毛刺应清除,允许在孔边形成不大于 0.2mm 的倒角 铆钉孔的表面粗糙度不大于 6.3μm			
2	铆接的技术要求: ① 铆钉头应贴紧零件表面允许不合的单向间隙为 0.05mm,这种铆钉数应大于铆接排整数的 10%。 ② 铆钉不应有切痕等损伤。 ③ 铆钉镦头一般应为标准镦头,标准镦头呈鼓形。 ④ 铆钉镦头尺寸公式。 ⑤ 镦头不允许有切痕、下陷、裂纹和其他损伤			

9. 训练项目实物照片

经过严格地按照图样和技术条件加工,训练项目实物照片如下图所示。

训练项目 4-3　制铆钉沉头窝

1. 实训目的
(1) 通过对零件外形的钳工加工、制铆钉孔、锪铆钉窝、了解锪铆钳的工作过程。
(2) 掌握钳工的基本技能和铆接的制孔、制窝的实际操作技能。

2. 工具清单

序号	工具名称	型　　号	数　　量
1	气　钻	$\phi 6$	1
2	钻　头	$\phi 3.1, \phi 4, \phi 5.1$	各1
3	锪窝钻	$\phi 3.1 \times 90°, \phi 4 \times 120°$	各1
4	锪窝钻	$\phi 4 \times 100°, \phi 4 \times 120°$	各1
5	锪窝钻	$\phi 5 \times 90°$	各1
6	铝　锉	8″	1
7	平板锉	8″	1
8	卡　尺	0~150	1
9	R　规	$R3$	1套
10	钢板尺	150	1
11	孔量规	$\phi 3.1, \phi 4, \phi 5.1$	各1
12	角度尺		1
13	标准钉	$\phi 3 \times 90°$	各1
14	标准钉	$\phi 4 \times 100°, \phi 4 \times 120°$	各1
15	标准钉	$\phi 5 \times 90°$	各1
16	钢　锯		1
17	直角尺		1
18	铅　笔	2B	

3. 耗材名称

序号	名 称	材 料	毛料尺寸/mm	数 量
1	板	LY12CZ δ2	102×82×2	1

4. 图纸及技术要求

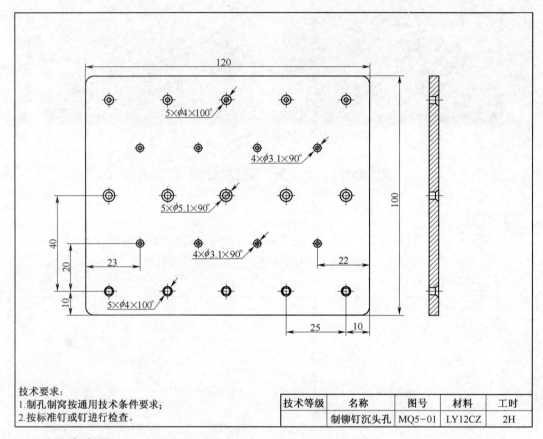

技术要求：
1. 制孔制窝按通用技术条件要求；
2. 按标准钉或钉进行检查。

技术等级	名称	图号	材料	工时
	制铆钉沉头孔	MQ5-01	LY12CZ	2H

5. 注意事项

（1）操作者开工前必须穿戴好劳动保护用品。
（2）对容易造成零件损伤的工具压紧件的工作表面进行保护。
（3）工作所需物品、工具、量具应摆放整齐有序。
（4）严格按照图纸和工艺规范操作。

6. 工作内容(实施)

实训步骤	实训内容	能力要求
学习图纸	① 主视图结合明细表讲解该项工作的主要内容。 ② 零件外形尺寸的要求含外形圆角 $R3$。 ③ 钉孔的数量、空缝、孔尺寸及窝的不同规格和数量	根据图纸,能分析并掌握零件的组成及装配关系

(续)

实训步骤	实训内容	能力要求
零件的粗加工	① 图纸 MQ5-01 在零件上划出外形尺寸线。 ② 依据外形尺寸线为基准,按图纸分别划出钉孔的定位线,检查及打冲点	熟练简单零件的外形加工
零件的外形加工	① 图纸 MQ5-01 检查零件外形的尺寸线是否准确,用钢锯锯去零件四周余量,应留有 0.5mm 的锉修余量。 ② 依次用本板锉刀、铅锉刀对零件外形进行精加工去余量,保证尺寸(120±0.6)mm,(100±0.6)mm 及四角垂直度外形圆角 $R3$,锐边锐角不大于 0.2mm	熟练简单零件的钳工操作
制孔	① 不同直径的孔偏差是不一样的。 ② 钉孔的不垂直度为 ±0.2mm。 ③ 钉孔不准有棱角、破边、裂纹等。 ④ 钉孔表面毛刺应清除。 ⑤ 孔内表面粗糙度不大于 6.3μm	制孔的方法: ① 钉孔的直径不大于 3.5mm 时,应先钻小孔,然后用钻头扩孔。 ② 依据被加工材料选择钻头锋角。 ③ 用钻头顶角为 120°~160° 或专用工具去孔边毛刺
制窝	依据不同直径的钉孔选择相应锪窝,逐渐调整锪窝钻的深浅,用标准钉进行测试,直到合格后,再进行其余的锪窝工作。 分别锪窝 $\phi 3.1 \times 90° = 8, \phi 4 \times 100° = 5, \phi 4 \times 120° = 5, \phi 5.1 \times 90° = 5$。 自检锪窝质量:钉头比窝高 0.02~0.1mm。锪窝的粗糙度不大于 6.3μm。不准有棱角、毛刺	制沉头铆钉窝的主要方法有两种,即锪窝法和压窝法
对工件质量的评定	按照技术要求执行	

7. 质量评定(评估)

序号	项目	容差	工、量具	配分	评分标准与得分			扣分
					$S \leq T$ $C<5\%$	$T<S \leq 1.5T$ $5\%<C<60\%$	$S \geq 2T$ $C>90\%$	
1	零件外形 120mm	±0.6mm	卡尺	4				
2	零件外形 100mm	±0.6mm	卡尺	4				
3	四角垂直度 90°	±30′	角度尺	2				
4	外形圆角 $R3$mm	±0.2mm	R 规	2				
5	锐边倒锐角	不大于 0.2mm	目测	2				

(续)

序号	项目	容差	工、量具	配分	评分标准与得分			扣分
					$S \leq T$ $C < 5\%$	$T < S \leq 1.5T$ $5\% < C < 60\%$	$S \geq 2T$ $C > 90\%$	
6	孔位间距 25mm	±0.5mm	钢板尺	6				
7	孔位间距 40mm	±0.5mm	钢板尺	5				
8	孔位排距 20mm	±0.5mm	钢板尺	2				
9	孔位边距 10mm	±0.4mm	钢板尺	4				
10	孔位边距 22mm	±0.4mm	钢板尺	2				
11	孔精度 ϕ3.1mm,ϕ4mm	±0.1mm	孔量规	12				
12	孔精度 ϕ5.1mm	±0.1mm	孔量规	4				
13	孔垂直度	±0.2mm	垂直度量规	12				
14	棱角、毛刺、机械损伤		目 测	4				
15	窝的角度与钉头角度差	不大于 0.3mm	标准钉	4				
16	钉头比窝高 0.02~0.1mm		标准钉	13				
17	窝棱角、毛刺、损伤	±0.4mm	目 测	4				
18	孔的边距 23mm	±0.4mm	钢板尺	2				
19	未列尺寸或项目				每处不合格扣1分			
20	安全文明生产				按轻重程度,酌扣 2~10 分			
	总分				100 分			

8. 工卡

工 卡

序号	工作内容和技术要求	工作结果	操作者	检验者
	学习图纸			
	零件初加工			
1	图纸 MQ5-01 在零件上划出外形尺寸线			
2	依据外形尺寸线为基准,按图纸分别划出钉孔的定位线,检查及打冲点			
	零件的外形加工			
1	图纸 MQ5-01 检查零件外形的尺寸线是否准确,用钢锯去零件四周余量,应留有 0.5mm 的锉修余量			
2	依次用木板锉刀,铅锉刀对零件外形进行精加工去余量,保证尺寸(120±0.6)mm,(100±0.6)mm 及四角垂直度外形圆角 R3,锐边锐角不大于 0.2mm			

(续)

序号	工作内容和技术要求	工作结果	操作者	检验者
	制孔			
1	不同直径的孔偏差是不一样的			
2	钉孔的不垂直度为±0.2mm			
3	钉孔不准有棱角、破边、裂纹等			
4	钉孔表面毛刺应清除			
5	孔内表面粗糙度不大于6.3μm			
	制窝			
1	依据不同直径的钉孔选择相应锪窝,逐渐调整锪窝钻的深浅,用标准钉进行测试,直到合格后,在进行其余的锪窝工作			
2	分别锪窝 $\phi3.1\times90°=8, \phi4\times100°=5, \phi4\times120°=5, \phi5.1\times90°=5$			
3	自检锪窝质量:钉头比窝高0.02~0.1mm。锪窝的粗糙度不大于6.3μm。不准有棱角、毛刺			

9. 训练项目实物照片

经过严格地按照图样和技术条件加工,训练项目实物照片如下图所示。

训练项目 4-4　薄蒙皮铆接

1. 实训目的

(1) 通过实训项目薄蒙皮的铆接,了解蒙皮铆接的工艺方法。
(2) 了解薄蒙皮铆接的基本知识。
(3) 掌握薄蒙皮铆接的实际操作技能。
(4) 了解冲窝(压窝)的工艺方法。
(5) 了解压窝的基本知识及压窝的实际操作技能。

2. 工具清单

序号	工具名称	型号	数量
1	气钻	φ6	1
2	铆枪	2km	1
3	顶铁		1
4	角度尺		1
5	钻头	φ2.1,φ3.1	1
6	卡尺	0~250	1
7	钢板尺	300	1
8	压铆机		1
9	手动压坑钳		1
10	孔量规		1
11	标准钉	φ2.5	1
12	千分表		1
13	铆钉卡规		1
14	塞尺		1
15	铝锉刀	8″	1
16	平板锉	8″	1
17	榔头		1
18	空心冲		1
19	木榔头		1
20	铅笔	2B	1
21	直角尺		1

3. 耗材名称

序号	名称	材料	毛料尺寸/mm	数量
1	面板-1	LY12CZδ0.6	242×162×0.6	1
2	角材-2	LY12CZ-XC111-1	$l=162$	2
3	角材-3	LY12CZ-XC111-1	$l=242$	2
4	铆钉		2.5×5HB6315	42

4. 图纸及技术要求

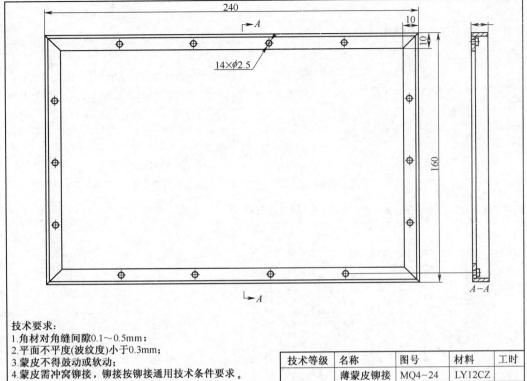

技术要求：
1. 角材对角缝间隙0.1～0.5mm；
2. 平面不平度(波纹度)小于0.3mm；
3. 蒙皮不得鼓动或软动；
4. 蒙皮需冲窝铆接，铆接按铆接通用技术条件要求。

技术等级	名称	图号	材料	工时
	薄蒙皮铆接	MQ4-24	LY12CZ	

5. 注意事项

（1）操作者开工前必须穿戴好劳动保护用品。

（2）对容易造成零件损伤的工具压紧件的工作表面进行保护。

（3）工作所需物品、工具、量具应摆放整齐有序。

（4）严格按照图纸和工艺规范操作。

6. 工作内容(实施)

实训步骤	实训内容	能力要求
学习图纸	① 主视图结合明细表讲解该项工作的主要内容。 ② 零件外形尺寸的要求含外形圆角 R3。 ③ 钉孔的数量，空缝，孔尺寸及窝的不同规格和数量	根据图纸，能分析并掌握零件的组成及装配关系
零件的初加工	① 按图依次划出面板、角材的外形线。 ② 按划线依次加工面板和角材。 ③ 划线要准确无误，锉修留1/2线迹，其他按钳工要求操作	熟练简单零件的外形加工
确定铆钉孔	① 按图划出角材上的铆钉孔。 ② 钻制初孔，初孔直径≈(0.6~0.8)铆钉直径。 ③ 按考核要求。划线要准确无误，保证边距、间距在公差范围之内	

(续)

实训步骤	实训内容	能力要求
制孔	钻初孔至 φ2.2	
制窝	① 将零件重新定位并夹紧,将工件的孔扩至铆钉直径尺寸。 ② 依次锪制角材上的沉头窝	技术要求: ① 压窝附近的零件表面不允许有局部高低不平,从零件表面到钉窝表面的过度应光滑,窝的轮廓线应清晰。 ② 扩孔到铆钉直径尺寸后,钉窝不应有裂纹、破边。 ③ 压窝一般用阴阳模进行
去毛刺和清除切屑	① 分解工件。 ② 利用大钻头去除孔边缘的毛刺并清除切屑	
施铆	分别以角材中心依次向两边压铆和锤铆 边缘法铆接顺序示意图	采用反铆法或压铆法铆接,铆钉和铆钉镦头的技术质量要求同普通铆接,蒙皮的铆接一般应按一定的顺序进行,通常采用中心法和边缘法
对工件质量的评定	按照技术要求执行	

7. 质量评定(评估)

序号	项目	容差	工、量具	配分	评分标准与得分			扣分
					$S \leq T$ $C < 5\%$	$T < S \leq 1.5T$ $5\% < C < 60\%$	$S \geq 2T$ $C > 90\%$	
1	外形尺寸 245mm	±1mm	卡尺	6				
2	外形尺寸 160mm	±1mm	卡尺	6				

(续)

序号	项目	容差	工、量具	配分	评分标准与得分			扣分
					$S \leq T$ $C<5\%$	$T<S \leq 1.5T$ $5\%<C<60\%$	$S \geq 2T$ $C>90\%$	
3	四角垂直度90°	±30′	角度尺	4				
4	型材与面板定位齐平		目测	4				
5	铆钉间距20mm	±1mm	钢板尺	8				
6	铆钉边距10mm	±0.5mm	钢板尺	6				
7	铆钉孔径φ2.6mm	±0.1mm	孔量规	6				
8	铆钉冲窝质量		标准钉	8				
9	铆钉头变形、机械损伤		目测	4				
10	铆钉头凸出表面	小于0.1mm	千分表	5				
11	铆钉镦头变形及损伤		目测	5				
12	铆钉镦头成型质量		铆钉卡规	8				
13	型材对缝间隙	0.1~0.5mm	塞尺	5				
14	型材与蒙皮之间的间隙	小于0.05mm	塞尺	4				
15	蒙皮表面机械损伤及变形		目测	5				
16	蒙皮的平面波纹度	小于0.3mm	直、塞尺	6				
17	蒙皮不得鼓动或软动		手感	10				
18	未列尺寸或项目				每处不合格扣1分			
19	安全文明生产				按轻重程度,酌扣2~10分			
	总分				100分			

8. 工卡

工 卡

序号	工作内容和技术要求	工作结果	操作者	检验者
	学习图纸			
	零件初加工			
1	按图依次划出面板、角材的外形线			
2	按划线依次加工面板和角材			
3	划线要准确无误,锉修留1/2线迹,其他按钳工要求操作			

(续)

序号	工作内容和技术要求	工作结果	操作者	检验者
	确定铆钉孔			
1	按图划出角材上的铆钉孔			
2	钻制初孔。初孔直径≈(0.6~0.8)铆钉直径			
3	按考核要求。划线要准确无误,保证边距、间距在公差范围之内			
	制孔			
1	钻初孔至 ϕ2.2mm			
	制窝			
1	将零件重新定位并夹紧,将工件的孔扩至铆钉直径尺寸			
2	依次锪制角材上的沉头窝			
	去毛刺和清除切屑			
1	分解工件			
2	利用大钻头去除孔边缘的毛刺并清除切屑			
	施铆			
1	分别以角材中心依次向两边压铆和锤铆			
2	边缘法铆接顺序示意图			

9. 训练项目实物照片

经过严格地按照图样和技术条件加工，训练项目实物照片如下图所示。

 阅读材料

进气道铆钉脱落，发动机叶片受损

[故障概况]

某日上午，对某飞机进行双发试车，8时许对左、右发动机进气道进行检查，未发现铆钉脱落，也无多余物。10时30分开车后对左、右发动机进气道进行检查，发现左进气道13框水平隔板上部少一个 $\phi 3.5mm$ 埋头铆钉，进而对发动机叶片进行检查，发现一个二级叶片靠近端部约50mm处有一个长约8mm、深3mm的三角缺口，另一叶片背面也有损伤，还有一片有鼓包，三个叶片有程度不同的损伤。造成发动机返承制厂修理，延误了飞机交付进度，又造成了10余万元的经济损失。

[原因分析]

经现场检查分析，对该铆钉曾经排过故障，已经加大，但镦头形成很小，排故后又未很好地进行检查。检验在验收、排故过程中没有故障记录，质控程序不完善，导致发动机开车时铆钉脱落，损坏发动机叶片，完全是因铆接质量不高所造成的。

[纠正措施及经验教训]

1）纠正措施

（1）认识到进气道是要害部位，直接影响发动机的安全和飞行安全。

（2）完善质控文件。

（3）完善工艺文件。在工艺规程中增加进气道喷漆后的检验工序，将进气道的铆接质量严格控制在架外对合之前。

（4）实行进气道铆接后检验验收使用专用表格。

（5）配备必需的工具，如小镜子、反光镜、光纤内窥镜等，提高工作质量。

2）经验教训

曾经有过多架飞机发生进气道掉铆和铆钉孔出现多条裂纹故障。通过进气道这个要害部位掉铆钉的质量问题，反映出提高全员的质量意识的重要性，尤其对关键要害部位的质量控制，要采取切实可行的纠正措施，使得此类质量问题不再重复发生。

模块 5　干涉配合铆接

【教学目标】

(1) 掌握干涉配合铆接的概念、分类及特点。
(2) 掌握干涉配合铆接干涉量计算。

【教学重点】

(1) 让学生掌握干涉配合铆接的概念、分类及特点。
(2) 让学生掌握干涉配合铆接铆钉孔的定位。

【教学难点】

干涉配合铆接的成型过程。

5.1　干涉配合铆接概述

所谓干涉配合,按公差与配合的定义,就是过盈配合。施铆时钉杆膨胀,对孔壁造成径向压缩,钉孔受钉杆挤压而产生一种径向压应力,这样就形成了干涉配合。干涉配合铆接是沿整个迭层厚度的埋头窝和孔内都获得规定的钉—孔干涉量(即过盈量)的铆接方法,即铆接后铆钉杆与钉孔之间为紧配合。它是一种连接强化技术,能显著提高结构的疲劳寿命,并能获得良好的密封性。据有关文献记载,在中寿命区,干涉配合铆接的疲劳强度比普通铆接的疲劳强度提高 25%。目前,干涉配合铆接已经广泛应用在飞机结构中。

讲到干涉配合,首先要介绍一下相对干涉量的概念,即铆接后钉孔直径与铆接前钉孔直径之差同铆接前钉孔直径之比的百分数。

相对干涉量为

$$\Delta = \frac{d_i - d}{d} \times 100\% \tag{5-1}$$

式中　Δ ——相对干涉量;

　　　d_i ——铆接后的铆钉直径,单位为 mm;

　　　d ——铆接前的铆钉直径,单位为 mm。

根据结构件的材料和铆钉直径的大小来选择干涉量,一般来说,相对干涉量最好在 1%~3% 之间,太大会产生应力腐蚀和铆接变形,太小达不到预期效果。

5.2 干涉配合铆接的种类

干涉配合铆接按所用的铆钉不同分为普通铆钉干涉配合铆接、无头铆钉干涉配合铆接和冠头铆钉干涉配合铆接。由于铆钉结构不同故铆接工艺方法也有差别。

5.2.1 普通铆钉干涉配合铆接典型工艺过程

普通铆钉干涉配合铆接典型工艺过程如图5-1所示。

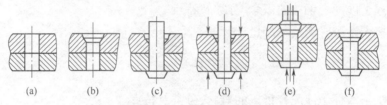

图5-1 普通铆钉干涉配合铆接典型工艺过程
(a)钻孔和铰孔;(b)锪窝;(c)放钉;(d)夹紧;(e)施铆;(f)铣平。

特点为:①干涉量为0.8%~5%,沿钉杆分布均匀度比无头铆钉干涉配合铆接差;②具有密封性;③可采用单个压铆或者正铆法;④适用于工厂现有设备。

5.2.2 无头铆钉干涉配合铆接典型工艺过程

无头铆钉干涉配合铆接典型工艺过程如图5-2所示。

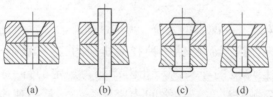

图5-2 无头铆钉干涉配合铆接典型工艺过程
(a)钻孔、锪窝;(b)放钉;(c)压铆;(d)铣平。

特点为:①干涉量为1.5%~3%,沿钉杆分布均匀;②耐疲劳性能和密封性能好;③钉孔的公差要求比一般的要严,孔与杆的配合精度远远超过普通铆钉;④无头铆钉无预制钉头,手铆时很难控制质量,必须采用专用的钻铆设备。

5.2.3 冠头铆钉干涉配合铆接典型工艺过程

冠头铆钉干涉配合铆接典型工艺过程如图5-3所示。

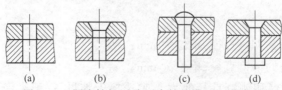

图5-3 冠头铆钉干涉配合铆接典型工艺过程
(a)铰孔;(b)锪窝;(c)放钉;(d)施铆。

特点为:①干涉量为0.6%~6%,沿钉杆分布比较均匀;②耐疲劳性能和密封性能比较好;③蒙皮最小厚度应不小于1.5倍沉头窝深度;④可采用单个压铆,最好采用反铆,适用于工厂现有设备条件。

5.3　干涉配合铆接的工艺过程

干涉配合铆接的典型工艺过程如图5-4所示,下面将分别进行介绍各个工艺过程。

图5-4　干涉配合铆接的典型工艺过程

5.3.1　夹紧和确定孔位

干涉配合铆接的夹紧和确定孔位除了与普通铆接的相同之处外,还另外要求以下几点:

(1) 普通铆钉、冠头铆钉干涉配合铆接的定位销间距,在曲面上不大于150mm,在平面上不大于200mm;

(2) 无头铆钉、冠头铆钉干涉配合铆接的边距不得小于2倍铆钉直径,间距不得小于4倍铆钉直径;

(3) 无头铆钉干涉配合铆接时必须先用铆钉定位,孔位可按产品图样编制程序,由机床自行完成。

5.3.2　制孔

1. 孔的技术要求

孔的技术要求见表5-1。

表5-1　干涉配合铆接孔的技术要求

铆钉种类	钉孔基本直径/mm	公差带/mm	表面粗糙度/μm	圆度	孔轴线偏斜度/(°)
普通铆钉孔	$D = b + 0.08$	H9	$Ra \leq 3.2$	在孔的极限偏差范围内	≤2
无头铆钉孔		+0.075 +0			
冠头铆钉孔		+0.075 +0			

2. 孔的加工方法

孔的加工方法见表5-2。

表5-2　孔的加工方法

铆钉种类	钻初孔	扩孔	铰孔	备注
普通铆钉	√	√	√	可采用钻、铰复合钻头一次完成
无头铆钉	在自动钻铆机上采用钻、铰、锪复合一次完成			
冠头铆钉	√	√	√	可采用钻、铰复合钻头一次完成

5.3.3 锪窝

1. 锪窝的技术要求

（1）冠头铆钉的沉头窝角度应与铆钉头角度一致。沉头窝的深度应与钉头的高度一致，允许浅 0.1mm，其形状如图 5-5 所示，尺寸如表 5-3 所列。

（2）普通铆钉、无头铆钉沉头窝为双面角窝如图 5-6 所示，尺寸如表 5-4 所列。

表 5-3 冠头铆钉的沉头窝及其极限偏差

铆钉直径/mm	3	3.5	4	5
沉头窝深度 $_{-0.1}^{0}$	1.07	1.26	1.43	1.80

表 5-4 普通铆钉、无头铆钉沉头窝尺寸

铆钉直径/mm	沉头窝直径 $(E\pm0.1)$/mm	沉头窝深度 $(h\pm0.1)$/mm	圆角 $(R\pm0.2)$/(°)
3.5	4.9	1.4	0.8
4	5.6	1.6	1.0
5	7.0	2.0	1.3
6	8.4	2.4	1.3

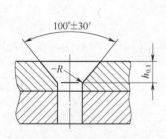

图 5-5 冠头铆钉沉头窝

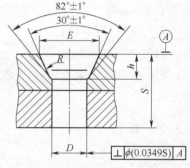

图 5-6 普通、无头铆钉沉头窝

（3）窝的圆度应在其直径极限偏差内。

（4）窝表面不允许有棱角、划伤、破边及裂纹。

（5）零件表面由窝锪钻套造成的压痕、凹陷和轻微的机械损伤是允许的，但其深度应小于材料包覆层，数量不大于铆钉排内窝数的 3%。

2. 锪窝的工艺方法

锪普通铆钉沉镦头窝和无头铆钉沉头窝时，一般应使用可调锪窝限动器。无头铆钉沉头窝应使用整体锪钻（即导销和刀刃为一体）制窝。

5.4 施铆与铣平

5.4.1 普通铆钉干涉配合铆接

1. 铆钉长度的选择

（1）沉镦头形铆钉长度如图 5-7 所示，下式计算：

$$L = \sum \delta + (1.0\sim1.1)d \qquad (5-2)$$

（2）平锥镦头形铆钉长度如图 5-8 所示，下式计算：

$$L = \sum \delta + (1.1\sim1.2)d \qquad (5-3)$$

式中　L——铆钉长度；

$\sum \delta$——铆接件夹层厚度；

d——铆钉直径。

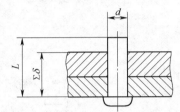

图 5-7　普通铆钉平锥镦头形干涉配合
铆接的铆钉长度示意图

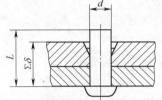

图 5-8　普通铆钉沉镦头形干涉配合
铆接的铆钉长度示意图

所选取的铆钉长度应以能填满镦头窝或保证镦头尺寸为原则，一般不宜过长，否则会影响干涉量。

2．铆接工艺方法

（1）优先采用单个压铆机进行压铆或用正铆法进行铆接。与普通铆接不同的是使用了专用的、带有凹坑的冲头，沿钉杆轴线方向均匀地胀粗而产生干涉量，有窝孔时冲头上的凹坑又使窝孔得到充分的填充并产生一定的干涉量，从而获得了较为理想的密封性。与无头铆钉铆接的不同之处在于干涉量的大小只能通过控制铆接力及镦头的大小来进行间接的控制。

（2）沉镦头普通铆钉干涉配合铆接，沉镦头的凸出部分，可用专用带限制器的铣刀铣平。

（3）铆接的干涉量需通过在相应的试片上进行检测。试片的材料、厚度，所用铆钉、工具和工艺方法等参数应与产品相同，并要求试片随同产品一道施工。

5.4.2　无头铆钉的铆接

1．铆钉长度的选择

铆钉长度按下式选取，铆钉长度选取如图 5-9 所示。

$$L = \sum \delta + 2d \qquad （5-4）$$

式中　L——无头铆钉的长度；

$\sum \delta$——被连接件的总厚度；

d——无头铆钉直径。

2．铆接工艺方法

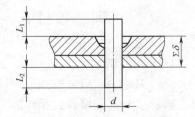

图 5-9　铆钉长度选取示意图

（1）无头铆钉的铆接必须用自动钻铆机完成由制孔到铣平镦头以及产品移位等全部工序。

（2）利用铆钉伸出夹层的量，控制铆接干涉量的大小。铆钉伸出量大，所获得的干涉量大，反之，干涉量小。

(3) 铆接前，选取与产品相同的材料和厚度尺寸做试片，进行铆接，并测出试件的干涉量，如果符合要求，则应锁定设备及各种铆接工艺参数，再铆接产品。

5.4.3 冠头铆钉的铆接

冠头铆钉常用于气密和油密部位，因为铆头的形状，使铆接时与工具接触面积很小，力量集中在铆钉中心线附近，保证沿钉杆有较均匀的干涉量，且使沉头部分紧密的充填窝孔，具有较好的密封性。

1. 铆钉长度的选择

冠头铆钉的长度选择与普通铆接方法相同。

2. 铆接工艺方法

（1）冠头铆钉铆接一律采用反铆法进行铆接，如图 5–10 所示。

（2）铆枪的功率和顶把的质量均应比普通铆接大一级。

（3）为使零件和铆钉头不受损伤，在平头冲与铆钉之间应垫上玻璃纸。

（4）允许单个压铆，不允许成组压铆。

（5）产品铆接所达到的干涉量，应做试片检查，其方法与普通铆钉干涉配合铆接检查方法相同。

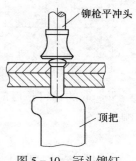

图 5–10 冠头铆钉的反铆法示意图

5.4.4 干涉铆接的要领和注意事项

干涉铆接的要领和注意事项如下：

（1）制孔时注意保证垂直度、精度和孔壁光滑并用孔量规检验；

（2）锪窝为保证窝的尺寸，要使用带限制器的锪窝工具，并用窝的量规检验；

（3）铆卡及铆枪必须按文件规定选用，以保证达到预定的干涉量要求；

（4）对于冷冻铆钉，取出后必须在规定的时间内铆接；

（5）铆接之前应做试片，试片及试验方法按有关文件规定；

（6）冠头铆钉铆后冠头的顶面仍允许有不高于 0.2mm 的凸起，能见到一个圆圈；

（7）需更换不合格的铆钉时，必须加大一级排除。

训练项目 5–1　干涉配合铆接及修配口盖

1. 实训目的

通过 MQ4-04 口盖的修配铆接，干涉配合铆接及口盖修合的工艺过程，掌握平锥头铆钉干涉铆接与口盖修合的操作能力。

2. 工具清单

序号	工具名称	型号	数量
1	气钻	φ6	1
2	铆枪	5KM	1

(续)

序号	工具名称	型号	数量
3	铆卡	平锥头 3.5	1
4	顶铁		1
5	钻头	φ2.7,φ3.1,φ3.6	3
6	锪钻	φ3.5×90°	1
7	台虎钳		1
8	钢板尺	150	1
9	塞尺		1
10	角度尺		1
11	卡尺	0~150	1
12	划规		1
13	铣平器		1
14	铅笔	2B	1
15	平板锉	8″	1
16	什锦锉		1
17	铝锉	8″	1
18	铆钉卡规		1
19	钢锯		1

3. 耗材名称

序号	名称	材料	毛料尺寸/mm	数量
1	底板-1	LY12CZ δ2	112×82×2	1
2	口盖-2	LY12CZ δ2	62×62×2	1
3	口框-3	LY12CZ δ2	112×82×2	1
4	铆钉	MS20426A04-6	4A182-3.5×10	18

4. 图纸与技术要求

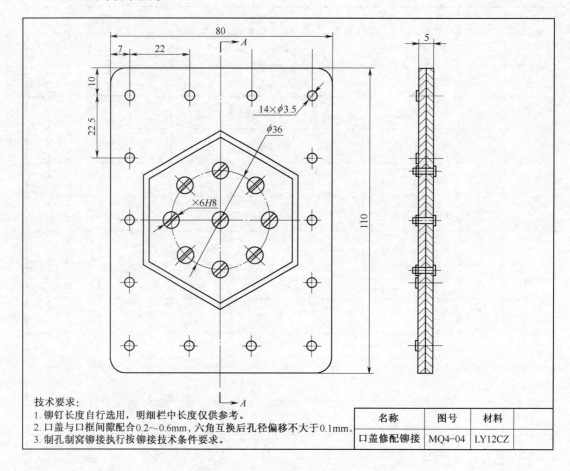

技术要求：
1. 铆钉长度自行选用，明细栏中长度仅供参考。
2. 口盖与口框间隙配合0.2~0.6mm，六角互换后孔径偏移不大于0.1mm。
3. 制孔制窝铆接执行按铆接技术条件要求。

名称	图号	材料
口盖修配铆接	MQ4-04	LY12CZ

5. 注意事项

（1）操作者开工前必须穿戴好劳动保护用品。
（2）对容易造成零件损伤的工具压紧件的工作表面进行保护。
（3）工作所需物品、工具、量具应摆放整齐有序。
（4）严格按照图纸和工艺规范操作。

6. 工作内容（实施）

实训步骤	实训内容	能力要求
学习图纸	了解该口盖修配铆接的零件组成及装配关系，干涉铆接的形式，明确技术要求和使用的工量具	本工件采用平锥头干涉配合铆接
零件的初加工	① 按图纸划置底板、口盖、口框的外形线。 ② 划出口盖的外形加工合格后，再以口盖、口框中心位置为基准，结合口盖外形划口框。 ③ 修上述零件。 ④ 确定铆钉孔的位置。 ⑤ 钻制初孔	确定铆钉孔的位置： ① 确定铆钉孔的位置一般有划线、导孔、冲点、专用样板等工艺方法，该工件采用划线确定孔位。 ② 铆钉孔的位置按图技术要求规定的铆钉间距、边距及其偏差确定。 ③ 按图划置口盖、口框上的孔位

(续)

实训步骤	实训内容	能力要求
零件的定位与夹紧	本工件采用弓形夹和定位销夹紧： ① 按口盖、口框、底板的中心位置及口盖的外形协调口盖、底板、口框的位置。 ② 钻制定位孔。 ③ 用定位销固定夹紧。 ④ 检查零件定位准确性及间隙是否符合要求	零件的定位方法有4种：划线定位、按装配孔定位、按基准零件定位和按已装零件定位。按装配夹具定位，因定位的方法有多种，这些定位方法在同一工件上有时也是综合使用。 零件的夹紧方法有6种：弓形夹夹紧，手虎钳，定位销，工艺螺栓（工艺螺钉），夹具夹紧，用橡皮绳拉紧
制孔	① 第一次钻孔。 ② 扩孔。 ③ 铰孔	铆钉孔的要求： ① 孔的直径公差为 H9 或 H10。 ② 孔的不垂直度。对用密封要求和抗疲劳要求的不大于2°，有密封要求的不大于3°。 ③ 孔允许有轻微划伤。 ④ 铆钉孔直径极限偏差
制沉头窝	用普通铆钉沉镦头，锪钻制窝	
施铆	优先采用压铆和正铆法，本工件采用正铆法。	（1）干涉配合的铆接所需铆接力和变形力，比普通铆接要大。 （2）正铆法铆枪窝头应有专用窝头。 （3）铆接镦头的要求： ① 结构锪窝的铆钉镦头最小直径比铆钉镦头窝最大直径大，应不小于0.2mm。 ② 铆钉镦头形成在铆钉孔主要密封的一面。 ③ 铆钉头高度在铆接后允许变扁至 0.4d。 ④ 锪窝铆接镦头的凸出部分，用专用铣刀铣平。 （4）夹层不应有间隙，先轻铆，再轻击铆钉周边零件，清除间隙后，再铆接
精修口盖及最后钻制口盖孔	① 用不同直径的钻头，分多次，调换口盖位置，协调扩孔到图纸要求的孔径尺寸。 ② 调换口盖位置检查口盖孔的同心度，及口盖修合间隙	
检查	① 检查全面质量。 ② 清洗工件。 ③ 清理现场	
对工件质量的评定	按照技术要求执行	

7. 量评定(评估)

序号	项目(mm)	容差(mm)	工、量具	配分	评分标准与得分 $S \leq T$ $C<5\%$	$T<S \leq 1.5T$ $5\%<C<60\%$	$S \geq 2T$ $C>90\%$	扣分
1	外形尺寸 100mm	±0.6mm	卡 尺	4				
2	外形尺寸 80mm	±0.6mm	卡 尺	4				
3	零件四角垂直度 90°	±30′	角度尺	2				
4	锐边倒锐角	小于 0.2mm	目 测	2				
5	口盖对角尺寸 60mm	±0.5mm	钢板尺	3				
6	口盖孔位均等分	±0.2mm	角度尺	6				
7	铆钉间距 15mm	±0.5mm	钢板尺	10				
8	铆钉边距 10mm	±0.3mm	钢板尺	12				
9	口盖孔位 φ36mm	±0.4mm	钢板尺	4				
10	孔径 φ3.1mm,φ2.6mm,φ3.6mm	±0.2mm	卡 尺	3				
11	棱角、毛刺、机械损伤		目 测	2				
12	口盖配合间隙 0.2~0.6mm		塞 尺	3				
13	口盖互换后孔偏移	不大于 0.1mm	塞 尺	5				
14	口盖互换配合间隙	0.2~0.6mm	塞 尺	2				
15	铆钉头的机械损伤		目 测	5				
16	铆钉沉头的凸出量	小于 0.1mm	千分表	2				
17	铆钉镦头的变形损伤		目 测	3				
18	铆钉镦头铆接质量		铆钉卡规	6				
19	单向间隙	小于 0.2mm	塞 尺	2				
20	工件表面轻微机械损伤		目 测	3				
21	工件表面变形量	小于 0.4mm	直尺,塞尺	3				
22	未列尺寸或项目				每处不合格扣 1 分			
23	安全文明生产				按轻重程度,酌扣 2~10 分			
	总分				100 分			

8. 工卡

工 卡

序号	工作内容和技术要求	工作结果	操作者	检验者
	学习图纸			
	零件初加工			
1	按图纸划置底板、口盖、口框的外形线			
2	划出口盖的外形加工合格后,再以口盖、口框中心位置为基准,结合口盖外形划口框			

(续)

序号	工作内容和技术要求	工作结果	操作者	检验者
3	修上述零件			
4	确定铆钉孔的位置			
5	钻制初孔,一般初孔的直径为铆钉孔直径的0.6~0.8倍			
零件的定位与夹紧				
1	按口盖、口框、底板的中心位置及口盖的外形协调口盖、底板、口框的位置			
2	钻制定位孔			
3	用定位销固定夹紧			
4	检查零件定位准确性及间隙是否符合要求			
制孔				
1	第一次钻孔			
2	扩孔			
3	铰孔			
制沉头窝				
1	用普通铆钉沉镦头,锪钻制窝			
施铆				
1	优先采用压铆和正铆法,本工件采用正铆法			
精修口盖及最后钻制口盖孔				
1	用不同直径的钻头,分多次,调换口盖位置,协调扩孔到图纸要求的孔径尺寸			
2	调换口盖位置检查口盖孔的同心度,及口盖修合间隙			
检查				
1	检查全面质量			
2	清洗工件			
3	清理现场			

9. 训练项目实物照片

经过严格地按照图样和技术条件加工,训练项目实物照片如下图所示。

作业：

（1）简述普通铆钉干涉配合铆接的特点。
（2）正铆、反铆的优缺点有哪些？
（3）压铆的优缺点有哪些？
（4）采用双角度窝的原因是什么？
（5）干涉铆接的要领和注意事项有哪些？

模块 6 特种铆接

【教学目标】
(1) 掌握环槽、抽芯、螺纹空心以及高抗剪等铆钉的技术要求和铆接工艺过程。
(2) 会进行环槽、抽芯、螺纹空心以及高抗剪等铆钉的铆接和故障排除方法。

【教学重点】
让学生掌握环槽铆钉、高抗剪铆钉等的技术要求和工艺过程。

【教学难点】
环槽铆钉、高抗剪铆钉铆接等的技术要求和工艺过程。

为了提高结构的强度和疲劳寿命,增强密封结构的可靠性,解决单面通路区的连接问题,在现代飞机铆接装配技术中广泛采用特种铆接。特种铆接的种类有:环槽铆钉的铆接、抽芯铆钉的铆接、螺纹空心铆钉的铆接、高抗剪铆钉的铆接以及钛合金铆钉的铆接。

6.1 环槽铆钉的铆接

环槽铆钉由带环槽的铆钉和钉套组成。按受力形式分有抗拉型和抗剪型环槽铆钉;按铆接方法分有拉铆型和镦铆型环槽铆钉。

6.1.1 技术要求

技术要求如下:
(1) 铆钉孔的直径与铆钉直径相同,公差带为 $H10$,表面粗糙度 Ra 不大于 $1.6\mu m$。
(2) 孔的间距极限偏差为 $\pm 1.0mm$,边距极限偏差为 $^{+1}_{-0.5}mm$。
(3) 沉头环槽铆钉锪窝时,窝与孔轴线的同轴度不大于 $\phi 0.06mm$。窝轴线偏斜不大于 $1°$,如图 6-1 所示。

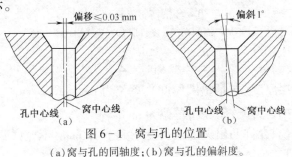

图 6-1 窝与孔的位置
(a)窝与孔的同轴度;(b)窝与孔的偏斜度。

（4）铰孔后，孔边和窝柱相交线制倒角或倒圆，如图6-2所示，其数值如表6-1所列。

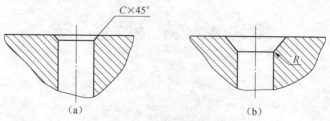

图6-2　孔倒角倒圆

(a)孔边缘倒角；(b)窝锥柱相交线倒圆。

表6-1　环槽铆钉孔倒角或倒圆数值　　　　　　　　　　（单位：mm）

	环槽铆钉直径	4	5	6
$C(R)$	基本尺寸　HB5501～HB5504	0.3		
	基本尺寸　HB5505	0.4	0.5	
	基本尺寸　HB5506	0.4		
	极限偏差	±0.2		

（5）沉头窝的角度和深度与铆钉头一致，钉头高出零件表面的量应符合设计技术要求。

（6）钉套成型后不得松动，表面应光滑，钉套与结构之间不允许有间隙。

（7）允许铆钉头与结构件之间不完全贴合，其单向间隙应不大于0.08mm。

6.1.2　铆钉长度的选择

选择环槽铆钉的长度，首先考虑环槽铆钉光杆的长度，并按下式确定（图6-3）：

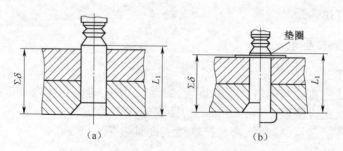

图6-3　环槽铆钉光杆部分的长度

(a)不加垫圈的光杆长度；(b)加置垫圈的光杆长度。

$$\sum \delta \leqslant L_1 \leqslant \sum \delta + 1 \tag{6-1}$$

式中　$\sum \delta$——夹层厚度（包括垫圈厚度），单位为mm；

L_1——环槽铆钉光杆长度，单位为mm。

环槽铆钉的光杆只允许凸出夹层的长度不大于1.0mm，不允许凹入。

拉铆型环槽铆钉的长度按下式选取：

$$L_{拉} = L_1 + T + 30 \tag{6-2}$$

镦铆型环槽铆钉的长度按下式选取:

$$L_{镦} = L_1 + T \tag{6-3}$$

式中　L_1——环槽铆钉光杆长度,单位为 mm;

　　　T——环槽铆钉环槽部分长度,单位为 mm。

6.1.3　铆接工艺过程

优先选用风钻铰孔。放钉前,首先用夹层厚度尺检查夹层厚度核准铆钉的长度。对干涉配合铆接的环槽铆钉尤为重要,以免造成不必要的返工和排故。当结构件夹层为变厚度时,测量基准应选在孔的中心线上,如图 6-4 所示。

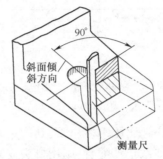

图 6-4　用夹层厚度尺测量夹层厚度

1. 拉铆过程

拉铆型环槽铆钉施铆过程,如图 6-5 所示。

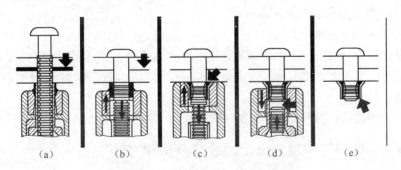

图 6-5　拉铆型环槽铆钉施铆过程

(a)放钉和钉套;(b)铆钉拉入孔中;(c)拉铆型成镦头;(d)尾杆拉脱退出拉枪;(e)检查镦头质量。

(1) 放入铆钉套上钉套。钉杆从工件的一侧插入,将钉套套入伸出的铆钉尾杆上,注意钉套的套入方向,且不可装反,然后将装在拉枪上的拉头套在尾杆上,拉头中的夹头卡爪自动啮住尾杆拉槽。

(2) 扣动扳机,此时拉枪产生一种作用在钉杆上的拉力,其反作用力通过型模顶住钉套,将钉杆拉入钉孔内,并消除夹层之间的结构间隙。

(3) 继续扣动扳机,当拉力增大时,拉枪的砧座沿钉套移动,迫使钉套的材料挤到钉杆的锁紧环槽内,形成镦头。

(4) 继续扣动扳机,当拉枪的拉力达到预定拉力时,在环槽铆钉的断槽处被拉断,尾杆自动抛出。

（5）检查镦头质量，并按要求进行防腐处理。

2. 镦铆过程

镦铆型环槽钉铆接施铆过程，如图6-6所示。

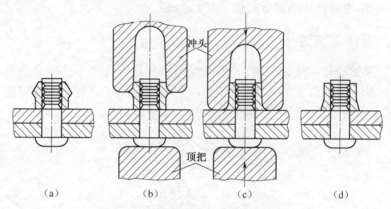

图6-6 镦铆型环槽钉铆接施铆过程

(a)放钉和钉套；(b)冲头和顶把对准铆钉；(c)形成镦头；(d)完成铆接。

铆接镦铆型环槽铆钉应优先选用压铆机压铆，其次用铆枪进行铆接。

（1）放入铆钉套上钉套。如系干涉配合，则用榔头或铆枪将铆钉打入孔中。

（2）用顶把顶紧铆钉头，冲头模腔套在钉套上。一般按下式选择顶把的质量：

$$m = kd \quad (6-4)$$

式中　m——表示顶把的质量，单位为kg；

　　　d——铆钉直径，单位为mm；

　　　k——系数，一般取1.5kg/mm。

（3）启动铆枪，借冲头的锤击力将套环材料挤入铆钉镦头端的环槽内，并靠冲头的特定窝型将套环成型为要求的形状，以形成牢固的镦头（注：镦铆时冲头切勿触及钉杆，以防钉杆松动）。

（4）完成铆接，并按要求进行防腐处理。

6.1.4　环槽铆钉铆接常出现的故障及排除方法

环槽铆钉铆接常出现的故障及排除方法，如表6-2所列。

表6-2　故障产生原因及排除方法

序号	故障内容	故障简图	产生原因	排除方法
1	环槽铆钉拉不进孔中		（1）孔直径偏小，公差带不符合要求。 （2）拉枪功率不足	（1）按要求复铰孔，公差带符合要求。 （2）检查气源压力不得小于使用压力，检查拉枪的密封性

(续)

序号	故障内容	故障简图	产生原因	排除方法
2	环槽铆钉钉头与结构贴合面不贴,有斜间隙	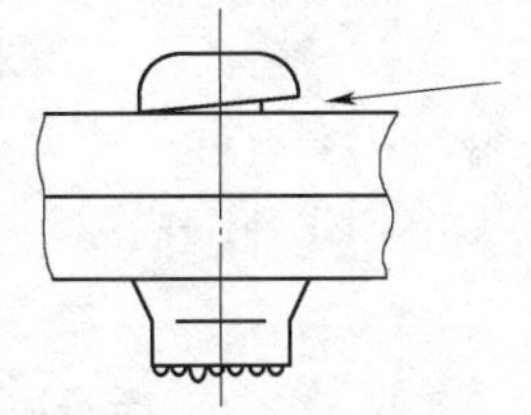	钉孔轴线与结构表面不垂直	按技术要求重新更换加大的环槽铆钉或标准螺栓组连接件
3	沉头环槽铆钉凹凸不平,沉头没有填满沉头窝,产生斜间隙	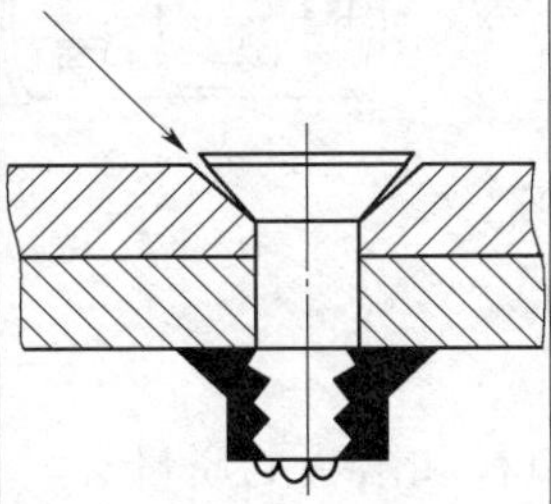	沉头窝锪制不标准,沉头窝与钉孔轴线垂直度超差	凸者:重新锪沉头窝。凹者:按规定更换加大环槽铆钉或标准螺栓组连接件
4	钉套与结构不贴合,有斜间隙	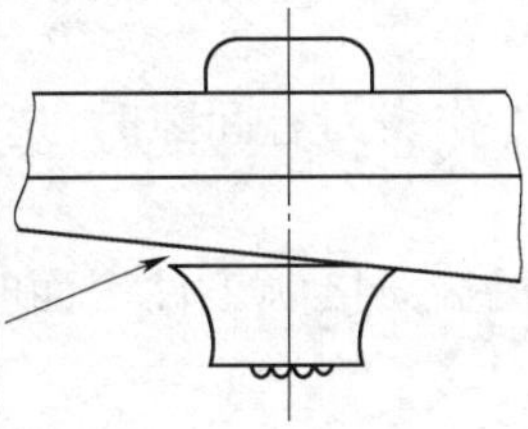	结构面的斜度太大,一般不允许大于3°	按规定锪平面,重新更换钉套
5	用检验样板检查镦头不符合要求,触角未触及环槽铆钉	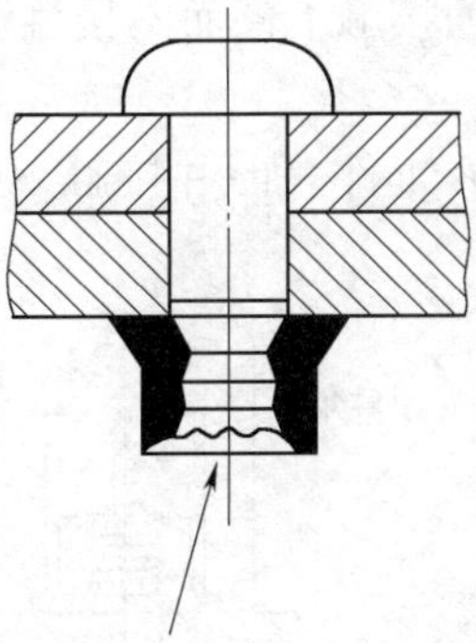	环槽铆钉偏短	更换铆钉

6.1.5 铆钉的分解

环槽铆钉的分解过程:拆钉套→用锉刀锉掉钉杆上因拆套而产生的毛刺→用钉冲将钉杆从孔中冲出。过程如图6-7所示。

拆钉套时还可以用手动拆套钳,如图6-8所示。将钉套剪开或用空心铣刀(图6-9)将钉套铣掉。

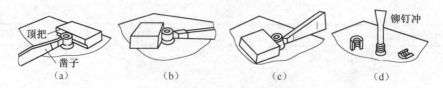

图6-7 环槽铆钉的分解过程
(a)拆钉套；(b)、(c)去毛刺；(d)冲钉杆。

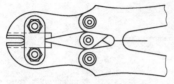

图6-8 拆套钳

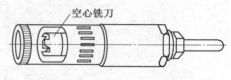

图6-9 空心铣刀

6.1.6 质量检测

用镦头检验样板的过端和止端来检测钉杆和镦头的质量。

1. 用样板的过端检查钉杆

用样板的过端检查钉杆：

（1）当样板触角接触钉杆、样板端面与工作表面有间隙时，选择的钉杆长度合适（图6-10(a)）。

（2）当样板触角没有接触钉杆端头，样板端面接触工件表面时，钉杆短，镦头不合适（图6-10(b)）。

2. 用样板的止端检查钉套和钉杆

用样板的止端检查钉套和钉杆：

（1）当样板触角没有接触钉杆，样板端面接触工件而不接触钉套时，选择的钉杆长度合适，钉套成型合格（图6-11(a)）。

（2）当样板触角接触钉杆，样板端面离开工件表面并接触到钉套时，钉杆太长，钉套镦制不够，不合格（图6-11(b)）。

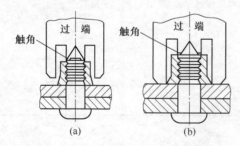

图6-10 用样板过端检查钉杆质量
(a)合格；(b)不合格。

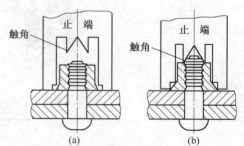

图6-11 用样板止端检查镦头质量
(a)合格；(b)不合格。

6.1.7 环槽铆钉铆接操作要领和注意事项

环槽铆钉铆接操作要领和注意事项如下：

(1) 拉铆时拉枪头部要保持垂直于工件表面,并施以足够压力使钉套贴靠工件;

(2) 拉铆型环槽钉铆接时,其动力部分的功率及拉枪头必须符合铆钉的规格和形状要求;

(3) 铆钉插入或打入孔内的动作,必须轻而稳;

(4) 开始拉铆时要将拉枪头部推到底并稳稳地把好拉枪;

(5) 拉铆完的铆钉,如果钉头与构件不靠合,绝不允许再将钉头打靠;

(6) 钢的环槽钉铆接时,必须将拉枪的压力调节阀调到高压位置;

(7) 镦铆型环槽钉铆接时,注意选择适宜的铆卡,否则不能很好地扣压钉套;

(8) 注意防止钉杆断时由于拉枪回弹而磕伤、碰伤工件;

(9) 制孔后,必须用夹层厚度尺检测铆接件的夹层厚度,以选取适合的铆钉长度。

6.2 抽芯铆钉的铆接

抽芯铆钉的铆接属单面铆接。铆钉的种类较多,目前常用的主要有国产的拉丝型 HB5844~HB5893 抽芯铆钉和国外的鼓包型,如美国 CHERRYMAX 公司的 CR3000 系列抽芯铆钉。

HB5844~HB5893 拉丝型抽芯铆钉主要由钉套、芯杆和锁环组成,使用双动拉铆枪进行铆接。

CR3000 系列鼓包型抽芯铆钉由钉、芯杆、锁环和垫圈组成,芯杆上带有一个剪切环,以利于形成镦头。该系列铆钉使用单动拉铆枪即可完成铆接工作。

6.2.1 拉丝型抽芯铆钉的铆接

1. 技术要求

(1) 铆钉孔的直径、极限偏差、圆度及表面粗糙度如表 6-3 所列。

表 6-3 拉丝型抽芯铆钉孔的尺寸、形位公差及表面粗糙度

铆钉直径/mm	4	5
孔的基本尺寸/mm	4.1	5.1
极限偏差/mm	$^{+0.10}_{0}$①	
圆度	在孔极限偏差内	
表面粗糙度 Ra/μm	1.6	
孔轴线与零件表面不垂直/(°)	不大于 0.5	

注:① 在薄夹层(厚度等于 2.5mm)铆接沉头铆钉时,孔径极限偏差可取 $^{+0.15}_{0}$ mm。

(2) 孔的间距极限偏差为±1mm,边距极限偏差为 $^{+1}_{-0.5}$ mm。

(3) 铆接后的芯杆和锁环应平整,芯杆断槽处光滑台肩(B 面)不得高于钉套上表面 0.5mm 和不低于钉套上表面 0.25mm(图 6-12)。

(4) 芯杆断槽处光滑台肩(B 面)高出钉套上表面时,锁环不得高于钉套上表面

0.5mm；如果 B 面与钉套上表面齐平或低于钉套上表面（图 6-13），那么锁环不得高出 A（表 6-4）。

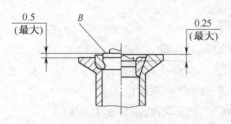

图 6-12　铆接后芯杆断槽处光滑台肩的位置

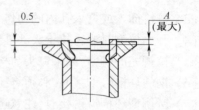

图 6-13　铆接后锁环的位置

表 6-4　锁环铆接位置的凸出量

抽钉基本直径/mm	4	5
A(最大)/mm	0.5	0.6

（5）位于气动外缘表面的芯杆按设计技术要求铣平高出钉套的凸出量，位于非气动外表面的芯杆拉断面不需要铣平。

（6）镦头的最小直径（见表 6-5）。

表 6-5　拉丝型抽芯铆钉镦头的最小直径

抽钉基本直径/mm	4	5
镦头最小直径/mm	4.55	5.60

（7）钉套不允许有开裂和裂纹，锁环不允许有松动现象。

2. 铆钉长度的选择

根据抽芯铆钉基本直径和夹层厚度确定铆钉的长度。首先用夹层厚度尺测量结构的夹层厚度（图 6-14），当结构为变厚度时，其测量基准应选在孔的最浅处（图 6-15）。依据夹层厚度尺上的读数确定夹层号（表 6-6）。

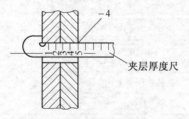

图 6-14　测量夹层厚度

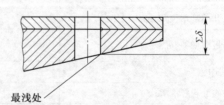

图 6-15　变厚度夹层测量基准

表 6-6　夹层厚度与拉丝型抽芯铆钉夹层对应选择表

简图	夹层号	$\Sigma\delta$/mm	
		不小于	小于
	1	—	—
	2	2.0[①]/2.5[②]	3.5
	3	3.5	5.0

（续）

简图	夹层号	∑δ/mm	
		不小于	小于
	4	5.0	6.5
	5	6.5	8.0
	6	8.0	9.5
	7	9.5	11.0
	8	11.0	12.5
	9	12.5	14.0
	10	14.0	15.5
	11	15.5	17.0
	12	17.0	18.0

① 适用于 HB5844 拉丝型铝抽芯铆钉；
② 适用于 HB5892 拉丝型钢抽芯铆钉

3. 铆接工艺过程

铆接工艺过程如下：

（1）铆钉孔的加工采用钻、扩方法，优先选用钻扩复合钻加工。

（2）按铆钉种类和直径的大小选用合适的拉铆枪，并根据产品结构的可达性选用不同形式的拉头或转接器。

（3）施铆的工艺过程如图 6-16 所示。

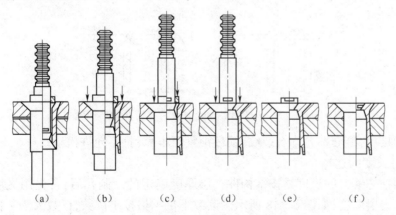

图 6-16 拉丝型抽芯铆钉铆接工艺过程

(a) 放钉；(b) 将芯杆放入钉套；(c) 继续抽拉芯杆，开始压入锁环；(d) 压入锁环；
(e) 芯杆被拉断，完成拉铆；(f) 铣平芯杆。

① 将铆钉塞入拉铆枪的拉头内，拉头内的卡爪将铆钉夹住。将铆钉放入孔内，使拉铆枪垂直于结构件表面并压紧，以消除结构件之间的间隙。

② 将芯杆拉入钉套中，扣动扳机，芯杆被拉向上，使芯杆尾端较粗部分进入钉套内，将钉套由下而上的逐渐胀粗，钉套填满钉孔。当拉铆枪继续抽拉芯杆到一定位置时，结构件被紧紧地贴靠在一起，消除了结构件之间的间隙。

③ 继续拉抽芯杆,产生了形似拉丝的动作,并完成了孔的填充动作,形成镦头。此时芯杆的断口处已停留在与钉头面齐平处。

④ 压入锁环,拉铆枪的第二个动作,将锁环推入芯杆与钉套的锁紧环槽内。

⑤ 芯杆被拉断,完成拉铆。

⑥ 铣平芯杆,用铣平器铣平芯杆的断口。

6.2.2　CR3000 系列鼓包型抽芯铆钉的铆接

1. 技术要求

(1) 铆钉孔的直径、极限偏差、圆度及表面粗糙度如表 6-7 所列。

表 6-7　铆钉孔直径、极限偏差、圆度、表面粗糙度表

铆钉直径代码	铆钉孔基本直径/mm(in)	孔的极限偏差/mm		圆度	表面粗糙度 $Ra/\mu m$
		min	max		
-4	3.175(4/32)	3.277	3.353	在孔的极限偏差范围内	不大于 $R_a 3.2$
-5	3.969(5/32)	4.064	4.166		
-6	4.763(6/32)	4.877	4.978		

(2) 孔的间距极限偏差为±1.0mm,边距极限偏差为±1.2mm。

(3) 沉头铆钉窝与钉孔的中心应同轴,窝的直径应符合要求,锥柱交叉线应倒圆 $R0.25$ mm。

(4) 铆接后的芯杆和锁环应平整。芯杆断层处光滑台肩与钉套的凸凹量如图 6-17 所示。

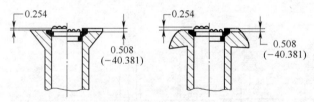

图 6-17　芯杆断层处光滑台肩与钉套的凸凹量

(5) 铆接后,钉套不允许有裂纹,锁环锁紧要牢靠,且不允许松动。

2. 铆钉长度的选择

鼓包型抽芯铆钉的长度是按结构件夹层厚度确定的。制孔后,首先用夹层厚度尺测量结构件的夹层厚度,如图 6-18 所示。读数不足 1 格按 1 读数,读数大于 1 格而不大于 2 格时按 2 读数,读数大于 2 格而不大于 3 格时按 3 读数,并以此类推(表 6-8)。

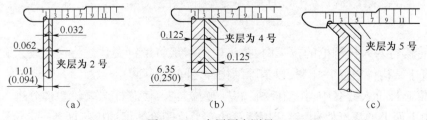

图 6-18　夹层厚度测量

(a) 凸头钉孔的测量;(b) 沉头钉孔的测量;(c) 压沉头窝钉孔的测量。

夹层厚度尺上的标数单位为 1/16,读数为 2 时表示 2/16,读数为 3 时表示 3/16。

表 6-8 CR-3000 系列鼓包型抽芯铆钉长度、夹层厚度代号对照表

简图	夹层厚度代号	$\Sigma\delta/mm$	
		min	max
	1	①	1.575
	2	1.6	3.175
	3	3.2	4.75
	4	4.775	6.35
	5	6.375	7.925
	6	7.95	9.525
	7	9.55	11.1
	8	11.125	12.7

① 直径代码为-4 最小夹层厚度为 0.625mm,直径代码为-5 最小夹层厚度为 0.787mm,直径代码为-6 最小夹层厚度为 0.94mm。

3. 铆接工艺过程

（1）根据铆钉孔精度一般采用钻、扩的方法制作铆钉孔,可优先选用钻扩为一体的复合钻。

（2）根据产品结构的可达性选用不同形状的拉头,如图 6-19 所示。

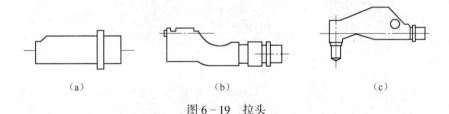

图 6-19 拉头

(a) H701A-453 直拉头;(b) H763-456 偏距拉头;(c) H753-458 直角拉头。

（3）鼓包型抽芯铆钉铆接工艺过程,如图 6-20 所示。

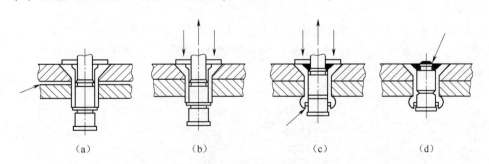

图 6-20 鼓包型抽芯铆钉铆接工艺过程

(a) 放入铆钉;(b) 将芯杆拉入钉套;(c) 继续拉芯杆剪切环被剪切;(d) 压入锁环,形成镦头。

① 将铆钉塞入拉铆枪的拉头内,拉头端面应与钉套上的垫圈相贴合,拉头内的卡爪将铆钉夹住(注意此时的铆钉不可从拉头内退出,若要退出,必须分解拉头)。将铆钉放

入孔内,使拉铆枪垂直于结构件表面并压紧,以消除结构件之间的间隙。

② 将芯杆拉入钉套,扣动扳机,拉头紧顶住垫圈,芯杆向上抽拉。

③ 芯杆继续向上抽拉,芯杆上剪切环被剪切并留在镦头内,开始压入锁环。

④ 锁环填满芯杆的凹槽中形成镦头,当拉铆枪的拉铆力达到一定值后,芯杆在断槽处断裂,被拉断的残尾杆从拉铆枪中自动弹出。

4. 常见故障及排除方法

抽芯铆钉铆接常见故障及排除方法如表6-9所列。

表6-9 抽芯铆钉铆接常见故障和排除方法

序号	故障简图	故障内容	产生原因	排除方法
1		芯杆拉出,松动	钉孔大,夹层厚度小,铆钉长度不合适	加大一级铆钉,更换铆钉
2		芯杆凹入钉套	(1) 钉孔小。 (2) 夹层厚度大,铆钉长度短。 (3) 功率不足	(1) 更换新铆钉。 (2) 更换新铆钉。 (3) 调整气源压力,满足功率要求
3		钉套头与结构件接触面有间隙	(1) 钉孔不垂直。 (2) 拉头与结构件表面不垂直	(1) 重新扩孔更换铆钉。 (2) 更换新铆钉
4		钉套头与沉头窝产生斜间隙	窝与孔轴线不同轴	按技术文件规定更换新铆钉

5. 铆钉的分解

铆钉的分解,由于抽芯铆钉结构较为复杂,有的芯杆和钉套的材料不尽相同,鼓包型抽芯铆钉的干涉量较小,所以,分解铆钉的难度较大,在分解过程中要严格控制多余物。其分解的程序如图6-21所示。

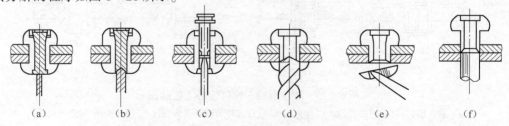

图6-21 铆钉的分解

(a)用小钻头钻中心孔;(b)用同芯杆直径相同的钻头钻屑芯杆;(c)冲出芯杆;
(d)用同钉套直径相同的钻头钻钉头;(e)冲掉钉头;(f)冲出钉套。

首先,用小钻头钻出中心点。用与芯杆直径相同的钻头钻屑芯杆至锁环深度,将锁环钻掉,并用尖冲头冲出芯杆。然后用与钉套直径相同的钻头钻屑钉套的钉头,其深度不能超过钉套的高度,用尖冲头冲掉钉套头,再用柱形销冲掉钉套。

6.3 螺纹空心铆钉的铆接

螺纹空心铆钉主要用于单面通路和受力较小结构部位的铆接,如软油箱槽内蒙皮的铆接。

6.3.1 技术要求

(1) 螺纹空心铆钉孔的直径及其极限偏差如表 6-10 所列。孔的其他要求应符合普通铆钉孔的规定。

表 6-10 螺纹空心铆钉孔的直径及极限偏差

铆钉直径/mm	4	5	6
铆钉孔直径/mm	4.1	5.1	6.1
孔径极限偏差/mm	+0.2 0		

(2) 用于安装凸头铆钉的孔,在铆钉头一侧应制出深为 0.2mm 的 45°倒角。
(3) 镦头直径如表 6-11 所列。

表 6-11 螺纹空心铆钉的镦头直径

d/mm	4	5	6
D_{min}/mm	5.5	6.5	8

6.3.2 铆钉长度的选择

根据夹层厚度选择合适的铆钉长度。可按下式确定:

$$L = \sum \delta + 9^{+0.5}_{-0.4} \tag{6-5}$$

螺纹空心铆钉的长度可按下式确定:

$$L = \sum \delta + 12^{+0.5}_{-0.4} \tag{6-6}$$

式中 L——所需要的铆钉长度,单位为 mm;
$\sum \delta$——连接夹层的总厚度,单位为 mm。

6.3.3 铆接工艺过程

螺纹空心铆钉施铆的典型工艺过程如图 6-22 所示。施铆前,根据产品的开敞性和铆钉的形状、直径和长度选择所需要的工具,如抽钉枪和抽钉钳等。然后在试片上进行试铆,检查工具并调整工具参数,直至合格为止。

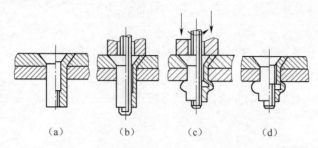

图 6-22 螺纹空心铆钉的施铆过程

(a) 放铆钉;(b) 准备施铆;(c) 施铆;(d) 铆接完成。

采用钻孔的方法制铆钉孔。

(1) 首先将铆钉安装于抽钉工具上。安装通孔螺纹空心铆钉时,抽钉工具中抽拉芯杆的螺纹头部应露出铆钉的尾部(图 6-23(a))。安装盲孔螺纹空心铆钉时,抽钉工具中的抽拉芯杆螺纹头部应旋到铆钉的底部(图 6-23(b))。用抽钉钳抽铆时,用调节制孔螺母和止动块距离来控制抽拉芯杆的行程(图 6-24(a))。使用长柄抽钉钳时,用调节工作头的螺母来控制抽拉芯杆的行程(图 6-24(b))。

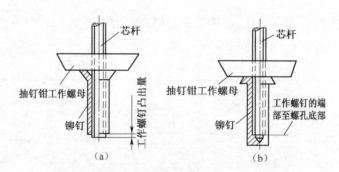

图 6-23 螺纹空心铆钉在抽钉工具上的安装

(a) 通孔螺纹空心铆钉的安装;(b) 盲孔螺纹空心铆钉的安装。

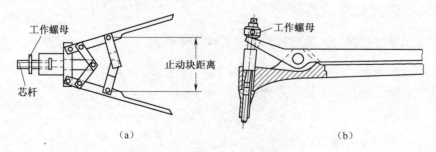

图 6-24 螺纹空心铆钉抽钉钳

(a) 抽钉钳;(b) 长柄抽钉钳。

(2) 将铆钉穿入孔中。

(3) 抽钉工具的工作头应垂直且紧贴结构件的表面,进行抽拉。若铆钉松动,应继续调整抽钉工具中的螺母,进行二次抽拉,直至拉紧为止。

(4) 按技术要求,在铆钉孔内安装螺栓,并涂 Y-150 厌氧胶保险。

6.4 高抗剪铆钉的铆接

高抗剪铆钉铆接按铆接方法分为:采用拉铆法铆接的拉铆型螺纹抽芯高抗剪铆钉 HBl-604-83、HBl-607-83 和采用镦铆法铆接的镦铆型高抗剪铆钉 HBl-609-83、HBl-610-83。不同结构形式的铆钉,其铆接方法不同。

6.4.1 螺纹抽芯高抗剪铆钉的铆接

1. 技术要求

技术要求如下:

(1) 铆钉孔的直径与铆钉直径相同。其铆钉光杆部分的公差带和表面粗糙度如表 6-12 所列。

表 6-12 高抗剪铆钉孔的公差带和表面粗糙度

铆接形式	铆钉光杆公差带	铆钉孔公差带	孔表面粗糙度 $Ra/\mu m$
镦铆型	h11	H11	3.2
	f9	H9	1.6
	r6	H7	0.8
拉铆型	h11	H11	不大于1.6

(2) 螺纹抽芯高抗剪铆钉螺钉凸出铆钉体头部表面的量不得大于 0.2mm,在非气动表面的部位不得大于 0.5mm;凹进铆钉体头部表面的量不得大于 0.5mm,如图 6-25 所示。

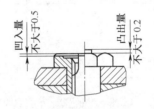

图 6-25 螺纹抽芯高抗剪铆钉铆接后螺钉断面凹凸量

(3) 螺纹抽芯高抗剪铆钉铆接后镦头的环圈应呈喇叭形。允许呈双喇叭形,但不得超过铆钉排总数的 10%;不允许环圈未形成喇叭形、偏喇叭形或呈反喇叭形,如图 6-26 所示。

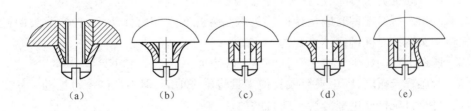

图 6-26 螺纹抽芯高抗剪铆钉铆接后镦头环圈的形状

(a) 喇叭形,合格;(b) 双喇叭形,合格;(c) 未形成喇叭形,不合格;(d) 偏喇叭形,不合格;(e) 反喇叭形。

(4)螺纹抽芯高抗剪铆钉的铆紧程度,顺时针方向转动扭矩扳手,铆钉不应转动的扭矩值见表 6-13。

表 6-13　螺纹抽芯高抗剪铆钉紧程度检查的扭矩值

铆钉直径/mm	5	6	7	8
力矩值/(N·cm)	115	166	217	266
力矩允许误差/(N·cm)	±10			

2. 铆钉长度的选择

按被连接件的夹层厚度选择铆钉的长度,其铆钉体的光杆部分应露出夹层量不大于 1.0mm,不允许凹入,如图 6-27 所示。

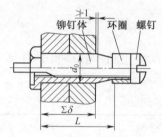

图 6-27　铆钉长度的选择

3. 制孔的方法

制孔的方法见表 6-14,优先采用风钻铰孔。

表 6-14　螺纹抽芯高抗剪铆钉孔的加工

铆钉直径/mm	钻孔孔径/mm	扩孔钻扩孔孔径/mm	铰孔 H11 孔径/mm
5	4	4.8	5
6	5	5.8	6
7	6	6.8	7
8	7	7.8	8

4. 螺纹抽芯高抗剪铆钉铆接所使用的工具

有手动和风动两类,其原理是将铆钉体固定不动,同时拧螺钉抽拉。

5. 施铆

(1)正式铆接前应先进行试铆。

(2)组合高抗剪铆钉时,应在螺钉上涂 ZL7-2 润滑脂。

(3)六角头铆钉施铆时应使转接接头六角方孔套在铆钉体头上;120°沉头铆钉施铆时应使转接头解锥对准铆钉体头部的一字槽。

(4)铆接工具的转接头应垂直且贴紧工件表面,如图 6-28 所示。

(5)若尾杆未扭断,则用夹钳或其他工具将尾杆剪断,但不允许铆钉松动。

(6)将螺钉尾杆凸出部分铣平或打磨掉。

(7)用定力扳手或定力解锥按规定扭矩值抽检铆接连接力。顺时针方向扭转铆钉体头,铆钉不转动为合格。

(8)在铆钉体和螺钉端头间冲三点保险后,在螺钉断面涂 H06-2 环氧锌黄底漆。

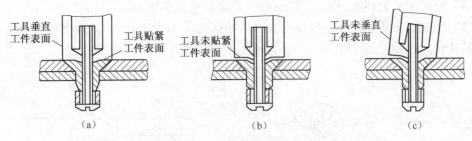

图6-28 螺纹抽芯高抗剪铆钉铆接工具转接头位置
(a) 正确;(b) 不正确;(c) 不正确。

6. 拉铆应注意的事项
(1) 制孔应保证孔的垂直度,孔与窝壁光洁无毛刺和其他缺陷。
(2) 螺钉尾杆的断裂口应露出钉套面,不允许凹入。
(3) 铆钉头与铆接件之间的单面间隙应符合有关技术文件的要求。

6.4.2 镦铆型高抗剪铆钉的铆接

1. 技术要求
(1) 铆钉孔的直径、公差带与铆钉光杆公差带相同,其表面粗糙度 $Ra \leqslant 1.6\mu m$。
(2) 将铆钉放入孔内之后,光杆凸出夹层的伸出量应在铆钉光杆的伸出量 0.3~1.2mm范围内(图6-29)。

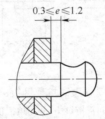

图6-29 镦铆型高抗
剪铆钉铆接时铆钉光杆的伸出量

(3) 铆钉镦头应呈馒头形,其尺寸见表6-15。

表6-15 铆镦型高抗剪铆钉的镦头尺寸

图示	d	5	6	7	8
允许在直线部分上 60° 允许至0.3	k_{max}		0.8		1

注:k 由工具保证

(4) 形成镦头的环圈,相对铆钉中心的偏移量不大于 0.5mm(图 6-30)。

(5) 形成镦头的环圈周边处被冲头挤出的压边应不大于 0.8mm,环圈的任何方向不允许起鼓包,如图 6-31 所示。

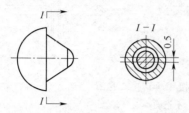

图 6-30 镦头环圈相对钉杆的位置

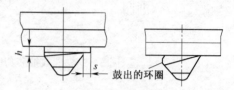

图 6-31 带压边、鼓形的镦头形状
(a) 带压边的镦头;(b) 带鼓形的镦头。

2. 铆钉长度的选择

按夹层厚度选择铆钉的长度,其长度应符合图 6-29 要求。

3. 施铆

镦铆型高抗剪铆钉的施铆过程,如图 6-32 所示。

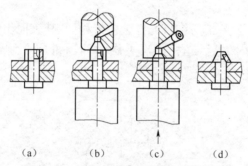

图 6-32 镦铆型高抗剪铆钉的施铆过程
(a) 放铆钉和环圈;(b) 将模腔对准铆钉头,并用顶把顶住;(c) 施铆;(d) 铆完成型。

采用铆接法和压铆法铆接时需使用冲头,在铆接过程中,环圈的大部材料被挤压在钉尾的环槽内,而多余材料从冲头 60°斜角的排屑槽漏出,形成镦头。

4. 镦铆型高抗剪铆钉铆接常见故障及排除方法

镦铆型高抗剪铆钉铆接常见故障及排除方法,如表 6-16 所列。

表 6-16 高抗剪铆接常见故障及排除方法

序号	故障内容	故障图例	故障原因	预防及排除方法
1	镦头高度不够,铆接后环圈材料挤出太多	小于 $(0.9\sim1.1)d$	铆钉短	选择合适的铆钉,镦头高度要达到 $(0.9\sim1.1)d$
2	镦头高度过大,铆钉松动		铆钉过长,环圈填不满凹槽	(1) 要选择合适的铆钉。 (2) 要使镦头高度达到 $(0.9\sim1.1)d$。 (3) 适当加薄垫片。 (4) 冲掉环圈,重选铆钉

(续)

序号	故障内容	故障图例	故障原因	预防及排除方法
3	铆接后镦头周围材料被碰伤	磕伤	(1) 冲头选择不当。 (2) 铆接时没有把稳铆枪,产生偏摆	(1) 经允许,用细砂纸轻微打磨后,涂上防腐剂。 (2) 报废工件
4	镦头不光滑或有磕伤		(1) 冲头的内表面不光滑。 (2) 铆接时铆枪未按住。 (3) 排屑槽堵塞	(1) 用细砂纸打磨冲头或更换冲头。 (2) 铆接时,主副手要配合好,铆枪要按住工件并使之与工件垂直。 (3) 冲掉环圈,重新装环圈铆接。 (4) 清理冲头排屑槽中残屑
5	铆后铆钉头与工件有局部间隙	局部间隙	孔中心线不垂直	(1) 经允许重新铰孔加大一级铆钉。 (2) 报废工件
6	镦头出现压边		铆钉短	更换铆钉

5. 铆钉的分解方法

(1) 冲击法:将专用导套放在环圈上面,冲头沿导套引向铆钉尾端,铆钉头那面用空心顶把顶住,铆枪轻叩,将钉冲出,如图6-33所示。

(2) 钻击法:将钻套放在环圈上面,用与铆钉直径相同的钻头钻铆钉尾端,钻削的深度以钻通铆钉细颈区为限,然后用铆钉冲将铆钉冲出,如图6-34所示。

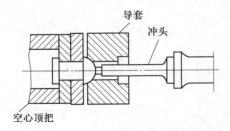

图6-33 冲击法分解镦铆型高抗剪铆钉

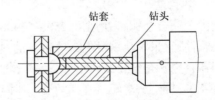

图6-34 钻击法分解镦铆型高抗剪铆钉

(3) 环圈拆除法:用空心铣刀铣切环圈,在铣去足够量的环圈材料后,用铆钉冲将铆钉冲出。

(4) 环圈劈开法:用小錾子沿纵向劈开环圈,然后用铆钉冲把铆钉冲出。

6.5 钛合金铆钉的铆接

由于钛合金硬度高、塑性差,在常温下铆接难以形成镦头,且钉杆膨胀量小,易产生裂纹等,故宜采用热铆。

6.5.1 技术要求

技术要求如下:
(1) 铆钉孔直径及其偏差如表6-17所列。

表6-17 钛合金铆钉的孔径及其极限偏差

铆钉直径/mm		2.5	3.0	3.5	4.0
铆钉孔直径/mm	基本尺寸	2.5	3.0	3.5	4.0
	极限偏差	+0.15 +0.05			

(2) 镦头尺寸如表6-18所列。

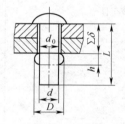
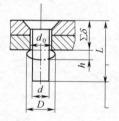

表6-18 钛合金铆钉的镦头尺寸

d/mm		2.5	3	3.5	4
D	基本尺寸	3.8	4.5	5.2	6
	极限偏差	±0.25	±0.30	±0.30	±0.40
h_{min}/mm		1.0	1.2	1.4	1.6

6.5.2 铆钉长度的选择

形成标准镦头的铆钉长度与普通铆钉相同。但考虑钛合金铆钉硬度高、塑性差,在冷铆时为利于镦头的形成和减少铆接的次数,一般铆钉长度比标准长度少1mm(取负差)。

6.5.3 铆接工艺方法

1. 热铆法

由于钛合金铆钉在温度750℃~900℃时有良好的塑性,宜采用热铆(图6-35)。通过加热时间控制器将电源电压220V变为2~3V,将控制器的 A 端接在顶把上,B 端接在工件上,其回路由铆枪来控制,当接通铆枪上控制线后,时间在3~5s,其铆钉温度瞬时可达750℃~900℃便可扣动铆枪上扳机进行铆接。

2. 压铆法

此法能获得较好的铆接质量。

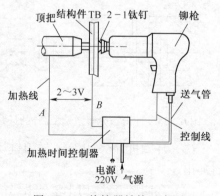

图6-35 热铆器结构示意图

3. 锤铆法

当铆钉直径为2.5mm或3mm时,采用与普通铆接相同的工具;当铆钉直径为3.5mm或4mm时,需使用大功率铆枪和较重的顶把进行铆接,对于较薄的夹层结构,应注意控制铆接变形。

4. 应力波铆接

钛合金铆钉的干涉配合铆接宜采用应力波铆接。铆接前,对于TC3、TC4钛合金板材,钉与孔的间隙不宜过大,以(0.07±0.02)mm为宜。

建议铆钉镦头的直径为1.3倍的铆钉直径,最小高度为0.4倍的铆钉直径。形成该尺寸的镦头的钉杆外伸量为0.95倍的铆钉直径。

应力波铆接需用专用的应力波铆接装置,装置有固定式和手提式两种。主要组成部分有:高压脉冲电源、应力波发生器(包括产生应力波的线圈、应力波调制器等)、机床或铆枪与顶把和检测系统。固定式和手提式装置使用相同的电源。手提式的应力波发生器组合在应力波铆枪结构中,与铆枪配合使用的顶把还安装了操作对话装置。应力波铆接器结构如图6-36所示。

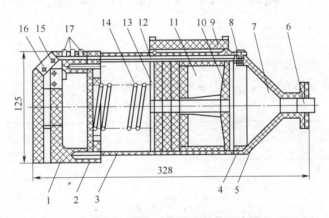

图6-36 应力波铆接器结构示意图

1—手柄;2—后盖;3—筒体;4—内环;5—前盖;6—铆模;7—调制器;8—接地角片;9—圆销;10—次波线圈;11—线圈;12—减振橡皮;13—铝板;14—弹簧;15—充电开关;16—放电开关;17—指示灯。

应力波铆接装置中的电容器组的电容量是固定的,改变电容器充电电压,可提供不同数值的电能。直径4mm的TB2-1铆钉约需电压5kV。用手提式铆枪施铆时,电压须提高10%,反铆比正铆需要的电压略高些。

6.6 工具设备的使用和维护

本章所使用的拉枪为气动式或气动液压式,各种拉头的结构形式为机械传动式。因此在使用过程中应加以爱护和保养。

(1) 定期检查拉枪的动力部分和传动机构,液压油缸内不允许有气泡存在。否则应使用排气装置及时排除,以免影响铆枪的拉铆力。

(2) 定期更换拉枪内密封垫圈,使拉枪时常保持良好的使用状态。

（3）接铆枪的气源，应经过滤，要清洁，且不含水分和杂质，气源的压力在规定范围内。

（4）所使用的拉枪、拉头、冲头等应无故障且在合格期内。

（5）使用 G704 拉枪铆接且利用 MAX 抽芯铆钉时，拉枪轴线不可对准人，以免被拉断的尾杆弹出击伤人。

作业：

（1）在飞机装配中采用特种铆接的目的是什么？并简述其特点。
（2）环槽铆钉铆接常见故障有哪些？
（3）简述螺纹空心铆钉的铆接工艺过程。
（4）简述拉丝型抽芯铆钉的优点有哪些。
（5）简述拉铆时应注意的事项。

训练项目 6-1 特 种 铆 接

1. 实训目的

（1）通过板件的装配铆接，了解其装配工艺过程。
（2）掌握环槽铆钉铆接基本知识及实际操作技能。

2. 工具清单

序号	工具名称	型号	数量
1	气钻	$\phi 6$	1
2	钻头	$\phi 4.1$	1
3	铰刀	$\phi 5H10$	1
4	锪窝钻	$\phi 5 \times 90°$	1
5	卡尺	0~250	3
6	钢板尺	250	1
7	孔量规	$\phi 5H10$	1
8	标准钉	$\phi 5 \times 90°$	1
9	标准块规		1
10	千分表		1
11	塞尺		1
12	垂直量规		1
13	锉刀		1
14	铅笔	8″	1
15	角度尺	2B	1
16	铆枪		1
17	环槽钉铆卡	5KM	1
18	环槽钉卡规	$\phi 5$	1
19	拉枪		1
20	拉头		

3. 耗材名称

序号	名称	材料	毛料尺寸/mm	数量
1	面板-1	LY12CZ δ2	202×202×2	1
2	夹板-2	45钢	202×202×6	1
3	底板-3	LY12CZ δ2	202×202×2	1
4	环槽钉		HB5502B-5×15	49
5	钉套		HB5509-5	49

4. 图纸与技术要求

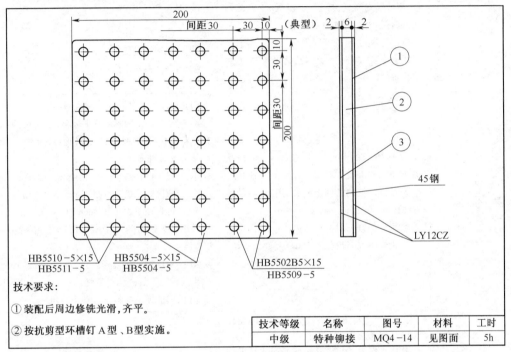

技术要求：
① 装配后周边修铣光滑，齐平。
② 按抗剪型环槽钉A型、B型实施。

技术等级	名称	图号	材料	工时
中级	特种铆接	MQ4-14	见图面	5h

5. 注意事项

（1）操作者开工前必须穿戴好劳动保护用品。
（2）对容易造成零件损伤的工具压紧件的工作表面进行保护。
（3）工作所需物品、工具、量具应摆放整齐有序。
（4）严格按照图纸和工艺规范操作。

6. 工作内容（实施）

实训步骤	实训内容	能力要求
学习图纸	按图纸结合明细表弄清装配零件的组成及装配关系： ① 该工件是由面板-1，夹板-2和底板-3组成。 ② 除夹板-2是钢件外，板-1、板-3均为铝板件。 ③ 板-1、板-2、板-3外廓尺寸相等，搭接组成工件	根据图纸，能分析并掌握零件的组成及装配关系

(续)

实训步骤	实训内容	能力要求
零件的初加工划线钻孔	① 在板-2夹板上划出铆钉位置线。 ② 钢板尺和铅笔实施,钻初孔 $\phi3.0$	熟练简单零件的外形加工
零件的定位与夹紧	① 以板-2为基准件,将板-1与板-2定位,用弓形夹夹紧,并按板-2上的初孔钻出板-1上的 $\phi3.0$ 初孔,松开弓形夹。 ② 将板-3件以板-2和板-1为基准定位,用弓形夹夹紧,找板-1以板-2上的初孔钻出板-3上的初孔共9件。并用 $\phi3$ 工艺螺钉夹紧固定,松开弓形夹。 ③ 按板-1与板-2上的孔钻出板-3上的初孔 $\phi3.0$	零件的定位方法: ① 划线定位; ② 按装配孔定位; ③ 按基准零件或工装零件; ④ 按装配夹具定位 夹紧方法: ① 工艺螺栓定位; ② 工艺铆钉定位; ③ 用夹具夹紧定位; ④ 用橡皮绳定位
制孔	① 环槽钉的制孔工艺过程为:钻初孔 $\phi3.0$,钻孔 $\phi4.0$,扩孔 $\phi4.8$,铰孔 $\phi5H10$。 ② 按已定位的工件上初孔,用 $\phi4.0$ 的钻头钻孔 $\phi4.0$(保证垂直度)。 ③ 用环槽钉专用扩孔钻扩孔 $\phi4.8$。 ④ 用专用铰刀铰孔 $\phi5H10$	制孔的工艺方法:钻孔、冲孔、铰孔。 影响钻孔主要因素:工件材料,钻头切削部分几何形状、刃的锋利程度、转速、进给量等。 钻头及铆钉选择: ① 根据工件特点,孔径大小选钻孔工具; ② 一般应以张度大、厚度高的一面钻孔; ③ 铆钉直径不大于3.5mm时,应先钻小孔,然后用钻头扩孔,小孔直径为铆钉直径的0.6~0.8倍; ④ 使用比铆钉孔直径大,顶角为120°~160° 钻头或专用工具去孔边毛刺; ⑤ 根据被加工材料选择钻头锋角
制窝与制倒角	① 按主视图,用900锪窝钻划出HB5504-5×15的沉头窝。 ② 按主视图,用 $\phi8.0$ 钻头制出工件上的HB5506-5×15和HB5502B5×15的孔倒角 $R3$。 ③ 不允许窝与倒角边缘有棱角、椭圆、裂纹和划伤	
施铆	① 环槽钉连接分为A型、B型,A型为拉铆型,B型为锤铆型。 ② 在工件上做好标记,拆掉工艺定位螺钉,清洗工件上杂物。 ③ 重新将工件定位,用工艺钉把紧。 ④ 按主视图,HB5504-5×15=21,并实施铆接,安装HB5506-5×15=14,钉套HB5510-5=14,并实施铆接,安装HB5502B5×15=14,钉套HB5508-5=14,并用锤铆的方法实施铆接 ⑤ 按要求在钉套一边涂专用胶	铆接的技术要求: ① 铆钉头应贴紧零件表面允许不合的单向间隙为0.05mm,这种铆钉数应大于铆钉排整数的10%。 ② 铆钉不应有切痕等损伤。 ③ 铆钉镦头一般应为标准镦头,标准镦头呈鼓形。 ④ 铆钉镦头尺寸公式。 ⑤ 镦头不允许有切痕、下陷、裂纹和其他损伤
对工件质量的评定	按照技术要求执行	

模块6 特种铆接

7. 质量评定(评估)

序号	项目	容差	工、量具	配分	评分标准与得分 $S \leq T$ $C<5\%$	$T<S\leq1.5T$ $5\%<C<60\%$	$S\geq 2T$ $C>90\%$	扣分
1	外廓尺寸 200mm	±1mm	卡尺	10				
2	四角垂直度 90°	±30′	角度尺	4				
3	铆钉间距 30mm	±0.5mm	钢板尺	12				
4	铆钉边距 10mm	±0.4mm	钢板尺	8				
5	铆钉孔径 φ5mm	H10mm	孔量规	16				
6	沉头窝的质量		标准钉	5				
7	沉头铆钉头高出表面	小于0.3mm	千分表	8				
8	环槽钉头与表面间隙	小于0.05mm	塞尺	10				
9	孔径的垂直度	小于0.02mm	垂直度量规	11				
10	未列尺寸或项目				每处不合格扣1分			
11	安全文明生产				按轻重程度,酌扣2~10分			
	总分				100分			

8. 工卡

工 卡

序号	工作内容和技术要求	工作结果	操作者	检验者
	学习图纸			
	零件初加工			
1	在板-2上划出铆钉位置线			
2	钢板尺和铅笔实施,钻初孔 φ3.0			
	零件的定位与夹紧			
1	以板-2为基准件,将板-1与板-2定位,用弓形夹夹紧,并按板-2上的初孔钻出板-1上的φ3.0初孔,松开弓形夹			
2	将板-3件以板-2和板-1为基准定位,用弓形夹夹紧,找板-1以板-2上的初孔钻出板-3上的初孔共9件。并用φ3工艺螺钉夹紧固定,松开弓形夹			
3	按板-1与板-2上的孔钻出-3上的初孔φ3.0。			
	制孔			
1	环槽钉的制孔工艺过程为:钻初孔φ3.0,钻孔φ4.0,扩孔φ4.8,铰孔φ5H10			
2	按已定位的工件上初孔,用φ4.0的钻头钻孔φ4.0(保证垂直度)			
3	用环槽钉专用扩孔钻扩孔φ4.8			
4	用专用铰刀铰孔φ5H10			
	制窝与制倒角			
1	按主视图,用900锪窝钻钻划出 HB5504-5×15 的沉头窝			

165

(续)

序号	工作内容和技术要求	工作结果	操作者	检验者
2	按主视图,用 φ8.0 钻头制出工件上的 HB5506-5×15 和 HB5502B5×15 的孔倒角 R3			
3	不允许窝与倒角边缘有棱角、椭圆、裂纹和划伤			
施铆				
1	环槽钉连接分为 A 型、B 型,A 型为拉铆型,B 型为锤铆型			
2	在工件上做好标记,拆掉工艺定位螺钉,清洗工件上杂物			
3	重新将工件定位,用工艺钉把紧			
4	按主视图,HB5504-5×15=21,并实施铆接;安装 HB5506-5×15=14,钉套 HB5510-5=14,并实施铆接;安装 HB5502B5×15=14,钉套 HB5508-5=14,并用锤铆的方法实施铆接			
5	按要求在钉套一边涂专用胶			
对工件质量的评定				

9. 训练项目实物照片

经过严格地按照图样和技术条件加工,训练项目实物照片如下图所示。

训练项目 6-2 高抗剪铆接

1. 实训目的

(1) 通过实训项目高抗剪铆接,了解高抗剪铆接的工艺方法。

模块6 特种铆接

（2）能进行高抗剪铆接的实际操作。

2. 工具清单

序号	工具名称	型号	数量
1	气 钻	$\phi 6$	1
2	抽钉工具		1
3	钻 头	$\phi 5.1$	1
4	铰 刀	$\phi 6H9$	1
5	锪 钻	$\phi 6 \times 900$	3
6	榔 头		1
7	尖 冲		1
8	角度尺		1
9	卡 尺		1
10	塞 尺		1
11	标准钉	$\phi 6 \times 900$	1
12	标准块		1

3. 耗材名称

序号	名称	材料	毛料尺寸/mm	数量
1	面 板	LY12CZ δ2	202×202×2	1
2	底 板	LY12CZ δ2	202×202×3	1
3	抽 钉		HB1-607-6×8	28
4	抽 钉		HB1-604-6×8	21

4. 图纸与技术要求

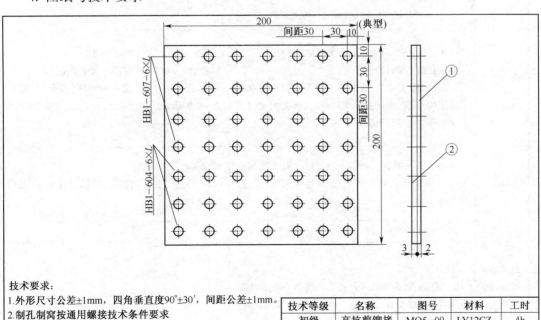

技术要求：
1. 外形尺寸公差±1mm，四角垂直度90°±30′，间距公差±1mm。
2. 制孔制窝按通用螺接技术条件要求

技术等级	名称	图号	材料	工时
初级	高抗剪铆接	MQ5-09	LY12CZ	4h

5. 注意事项

（1）操作者开工前必须穿戴好劳动保护用品。

（2）对容易造成零件损伤的工具压紧件的工作表面进行保护。

（3）工作所需物品、工具、量具应摆放整齐有序。

（4）严格按照图纸和工艺规范操作。

6. 工作内容（实施）

实训步骤	实训内容	能力要求
学习图纸	① 了解该项目的零件组成及装配关系。 ② 明确考核要求。 ③ 熟悉完成该项目所使用的工具、量具	根据图纸，能分析并掌握零件的组成及装配关系
零件的定位与夹紧	（1）零件的初加工： 按图 MQ5-99 划出面板-1,底板-2 的外形线； 按划线依次加工面板和底板； 划线要准确无误，锉修留 1/2 线迹 （2）确立铆钉孔： 按图 MQ5-9 划出面板上的铆钉孔； 在铆钉位置上打冲点。 钻制初孔： 按考核的要求，划线要准确无误，打冲点一定要打在铆钉中心位置上 初孔直径≈(0.6~0.8)×铆钉直径 （3）定位与夹紧： ① 按基准零件定位； ② 按面板外形定位底板，并用弓形夹夹紧	零件的定位方法： ① 划线定位； ② 按装配孔定位； ③ 按基准零件或工装零件； ④ 按装配夹具定位。 定位方法： ① 按划线定位； ② 按装配孔定位； ③ 按基准零件和已装零件定位； ④ 按装配夹具定位。 夹紧方法： ① 工艺螺栓定位； ② 工艺铆钉定位； ③ 用夹具夹紧定位； ④ 用橡皮绳定位
确定定位孔	原则：保证铆接后夹层之间无间隙； 定位孔选在铆钉的位置上； 定位孔的数量多少，在工件上位置的确立要考虑工件结构、强度，保证夹层无间隙；按确立的定位孔钻制初孔并用定位销定位	确定定位孔的方法： ① 在已划好的铆钉排上选定定位孔； ② 选取定位孔，常采用划线、按余孔、按冲点、按专用样板、按钻模取孔，该工件采用划出铆钉位置直接钻孔
制孔	钻制工件上的孔：首先用直径 5mm 钻头钻制初孔；用扩孔钻扩孔到直径 5.8mm，用风钻铰孔至直径 6mm	制孔的工艺方法： 钻初孔；用扩孔钻扩孔；用铰刀铰孔，优先采用风钻铰孔
锪窝	用划窝钻划制沉头窝（与普通铆接相同）	
去毛刺和清除切屑	① 分解工件。 ② 利用大钻头去除零件孔两边缘的毛刺和清除夹层间的金属切屑	

(续)

实训步骤	实训内容	能力要求
施铆	(1) 铆前准备： 按夹层厚度选择铆钉长度； 组合高抗剪铆钉时应在螺钉上涂润滑剂，为保证环圈与铆钉体螺纹头在径向无阶差，应使铆钉体与螺钉间有预紧力。 (2) 施铆： 采用风板机和专用转接器施铆成形。 六角头铆钉施铆时，应使转接头六角、方孔套在铆钉体头上，沉头铆钉施铆时，应使转接头解锥对准铆钉体头部的一字槽。 (3) 铆接工具的转接头应垂直于且贴紧工件表面。 (4) 若末杆未扭断，则用夹钳将尾杆剪样，但不能使铆钉松动。 (5) 将螺钉尾杆凸出部分铣平	高抗剪铆钉的保险质量： 铆钉镦头环圈应呈喇叭形，允许环圈呈双喇叭形，但不得超过铆钉排钉数的10%。 不允许环形圈未形成喇叭形，或呈偏喇叭形或呈反喇叭形。 (a) (b) (c) (d) (e) 螺纹抽芯高抗剪铆钉铆接后镦头环圈的形状 (a) 喇叭形；(b) 双喇叭形；(c) 未形成喇叭形； (d) 偏喇叭形；(e) 反喇叭形。
质量检验	按考核要求对实训项目进行评分	

7. 质量评定（评估）

序号	项目	容差	工、量具	配分	评分标准与得分			扣分
					$S \leq T$ $C < 5\%$	$T < S \leq 1.5T$ $5\% < C < 60\%$	$S \geq 2T$ $C > 90\%$	
1	外廓尺寸200mm	±0.1mm	卡尺	4				
2	四角垂直度90°	±30′	角度尺	4				
3	锐角倒锐角	小于0.2mm	目测	2				
4	铆钉间距30mm	±1mm	钢板尺	2				
5	铆钉边距10mm	±0.5mm	钢板尺	3				
6	高抗剪铆钉孔	φ6H9mm	孔量规	6				
7	铆钉窝质量		标准钉	10				
8	铆钉头与表面间隙	小于0.05mm	塞尺	12				
9	铆钉头高出表面	+0.1mm	千分表	4				
10	零件之间的间隙	小于0.02mm	塞尺	3				
11	高抗剪铆钉保险质量		目测	2				
12	零件表面损伤及变形		目测	3				
13	未列尺寸或项目				每处不合格扣1分			
14	安全文明生产				按轻重程度，酌扣2~10分			
	总分				100分			

8. 工卡

工 卡

序号	工作内容和技术要求	工作结果	操作者	检验者
	学习图纸			
	零件初加工			
1	按图 MSQ5-99 划出面板-1,底板-2 的外形线			
2	按划线依次加工面板和底板			
3	划线要准确无误,锉修留 1/2 线迹			
	确立铆钉孔			
1	按图 MQ5-9 划出面板上的铆钉孔			
2	在铆钉位置上打冲点			
3	钻制初孔			
	零件的定位与夹紧			
1	按基准零件定位			
2	按面板外形定位底板,并用弓形夹夹紧			
	确定定位孔			
1	原则:保证铆按后夹层之间无间隙,定位孔选在铆钉的位置上			
2	按确立的定位孔钻制初孔并用定位销定位			
	制孔			
1	先用直径 5mm 钻头钻制初孔			
2	用扩孔钻扩孔到直径 5.8mm;用风钻铰孔至直径 6mm			
	制沉头窝			
1	用锪窝钻锪制沉头窝			
	去毛刺和清除切屑			
1	分解工件			
2	利用大钻头去除零件孔两边缘的毛刺和清除夹层间的金属切屑			
	施铆			
1	铆前准备			
2	施铆			
3	铆接工具的转接头应垂直于且贴紧工件表面			
4	若末杆未扭断,则用夹钳将尾杆剪断,但不能使铆钉松动			
5	将螺钉尾杆凸出部分铣平			
	质量检验			

模块 7　结构密封与密封铆接

【教学目标】

(1) 掌握密封铆接的概念、分类及工序。
(2) 掌握密封剂选用及涂敷的方法。
(3) 掌握密封铆接(缝外密封、缝内密封)的工艺过程及故障的排除方法。

【教学重点】

(1) 让学生熟悉密封铆接的种类及其应用。
(2) 让学生熟悉密封铆接的基本工序。
(3) 让学生熟悉密封铆接(缝外密封、缝内密封)的工艺过程。

【教学难点】

(1) 密封剂的选用。
(2) 密封铆接故障的排除方法。
(3) 密封结构的渗漏排除方法。

飞机上要求密封的结构,主要是气密座舱、整体油箱以及水上飞机的水密舱,为了防止漏气、漏油、漏水和腐蚀,需要在结构上采用各种密封形式,以便获得良好的密封性能。随着飞机性能和战术技术要求的不断提高,结构密封问题显得越来越重要。为使结构具有密封性,在零件贴合面涂敷密封材料的铆接方法称为密封铆接。密封结构以其结构功能不同,所要求的密封性也不尽相同。气密座舱允许存在一定程度的轻微漏气现象,但漏气量必须符合设计上的规定;而整体油箱属绝对级密封,其密封部位不允许有任何轻微的渗漏发生。

7.1　结构密封概述

7.1.1　泄漏途径

气体和燃油的泄漏途径如图 7-1 所示,一是沿着铆钉与钉孔之间的缝隙泄漏,二是沿着零件之间的缝隙泄漏。

7.1.2　基本密封形式

基本密封形式分为缝内密封、缝外密封、表面密封、紧固件密封和混合密封,常见密封形式如图 7-2 所示。基本密封形式、种类及特点如表 7-1 所列。

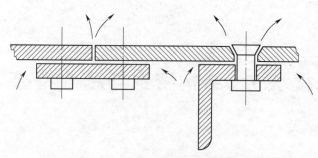

图 7-1 气体和燃油的泄露途径

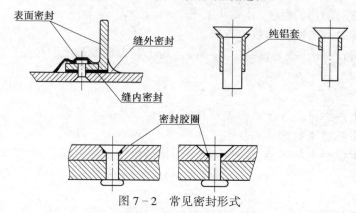

图 7-2 常见密封形式

表 7-1 基本密封形式、种类及特点

基本密封形式	密封形式	特 点
缝内密封	(1) 贴合面涂胶密封。 (2) 贴合面铺胶膜密封。 (3) 贴合面铺腻子密封。 (4) 贴合面铺密封带密封。 (5) 沟槽注胶密封。 (6) 沟槽注腻子密封	(1) 在两个零件贴合面之间敷设密封材料,又称贴合面密封。 (2) 对缝隙密封效果较好。其中,铺胶膜密封与涂胶密封的可靠性相似,而且显著地改善了劳动条件;铺密封腻子没有施工期的限制,使用方便。 (3) 密封工艺过程复杂,劳动条件较差。其中涂胶密封的工序繁琐,工作量大;铺密封腻子密封的耐热性和耐油性都较差。 (4) 缝内密封能堵住零件之间缝隙的泄漏,以及堵住铆钉、螺栓与孔之间缝隙的泄漏
紧固件密封	(1) 涂胶密封。 (2) 干涉配合铆接密封。 (3) 干涉配合螺接密封。 (4) 加胶圈的密封铆接和密封螺接。 (5) 加纯铝套铆接密封	(1) 在铆钉、螺栓等紧固件上附加密封剂、密封元件,或者自身能起密封作用。 (2) 采用干涉配合铆接的密封效果最好,同时它还能提高疲劳强度。干涉配合铆接对孔的要求比普通铆接的高。 (3) 涂胶密封效果比较好,但施工复杂,劳动条件差。 (4) 加胶圈等密封原件的密封比较方便。纯铝套的制造困难。 (5) 能堵住铆钉、螺栓与孔之间缝隙的泄漏
缝外密封	(1) 缝外涂胶密封。 (2) 缝外铺腻子密封。 (3) 空洞、嵌缝堆胶密封	(1) 在两个相连零件的接缝处涂敷密封剂。 (2) 密封效果较差,一般与缝内密封同时采用。 (3) 工序简单,便于修补和排除故障,对气动外缘还起整流作用。 (4) 能堵住零件之间缝隙的泄漏,多起补充密封作用
表面密封	表面涂胶密封	(1) 将稀释的密封剂涂在密封区的全部表面上。 (2) 不但有密封作用,而且有防腐作用,便于修补和排除故障。 (3) 用胶量较大,增加飞机质量。 (4) 对缝外密封有补充密封和保护作用,是一种辅助密封方法
混合密封		两种或两种以上的基本密封形式搭配使用。增加密封的可靠性

7.2 密封剂

密封剂的主要成分为基料(如橡胶),次要成分有补强剂和增强剂。有硫化特性的密封剂中还有硫化剂、促进剂。

7.2.1 密封剂的类型

密封剂一般分为硫化型密封剂和不硫化型密封剂。通常将前者称为密封胶,后者称为密封腻子。密封剂的分类和主要特点如表 7-2 所列。

$$\text{密封剂}\begin{cases}\text{硫化型密封剂——密封胶}\\\text{不硫化型密封剂——密封腻子}\end{cases}$$

表 7-2 密封剂的分类和主要特点

密封剂类型	种类	特点
硫化型密封剂	膏状密封胶	(1) 聚硫橡胶密封剂具有良好的耐油性、耐水性、耐老化性、不透气性、低温曲挠性,对其他材料具有黏接性,大部分能室温硫化。 (2) 硅橡胶密封剂是一种高耐热性密封剂,具有较大的动作温度范围,能在 -70℃~+230℃下长期使用,大部分能室温硫化
	稀胶	
	胶膜	
不硫化型密封剂	腻子	(1) 没有施工期限制。 (2) 与金属黏接力不强,耐油性差,而且工作温度范围小
	腻子布	

7.2.2 密封剂的工艺性

密封剂的主要工艺性:
(1) 流淌性:指密封剂涂敷后保持自身形状、自动流淌、充填的能力。
(2) 堆砌性:指密封剂施工后的定形(维持性状)能力。
(3) 可刮涂性:指密封剂用刮板刮涂的性能。
(4) 可注射性:主密封剂用注射枪在 0.5MPa 压力下的注射能力。
(5) 可喷涂性:指密封剂经有机溶剂稀释后可喷涂的性能。

密封剂使用的各阶段:
(1) 活性期:指密封剂能保持适用于涂敷稠度的时间。
(2) 施工期:指密封剂自配制后算起,保持适用于铆接装配要求塑性的最长时间。
(3) 硫化期:指密封剂自配制后算起,达到一定硬度所需要的时间,它不同于正硫化点,仅相对表征密封剂硫化程度。
(4) 储存期:指在规定环境条件下,密封剂各组分所能存放的期限。

7.2.3 密封剂的牌号、主要性能及用途

硫化型密封剂主要性能见表 7-3。不硫化型密封剂的主要性能见表 7-4。常用密

封剂的主要用途见表7-5。

1. 硫化型密封剂的主要性能

表7-3 硫化型密封剂主要性能

牌号	外观	腐蚀性、毒性、易燃性	黏附性能	密封性能	活性期	施工期	其他性能
XM15	深褐色均匀膏状物	对氧化处理的镁合金、阳极化铝合金、碳钢和镀锌钝化钢不腐蚀,无毒性,不易燃烧	涂敷后经50℃以上温度加温处理后对阳极化铝合金有良好的黏附性能,剥离强度不小于5.88kN/m。对于大多数的XM系列聚硫密封剂的旧硫化胶有良好的黏附力	耐大气老化,耐2号喷气燃料和耐水浸泡。在-55℃~+110℃温度范围内长期使用,在130℃短期使用均可保证密封。脆性温度不高于-40℃	在标准环境条件中为2~6h	在常温中为4~12h	涂敷后容易自动流平,可刮涂、注射,用有机溶剂稀释后可刷涂
XM16	深褐色均匀膏状物	对阳极化铝合金、氧化处理的镁合金、碳钢和镀锌钝化钢不腐蚀,无毒,不易燃烧	对阳极化铝合金、有机玻璃黏接良好,对大多数XM系列聚硫型密封剂的旧硫化胶有良好的黏附力。剥离强度不小于4.9kN/m	耐大气老化,耐2号喷气燃料和耐水浸泡。在-55℃~+110℃温度范围内长期使用,在130℃短期使用均可保证密封。脆性温度不高于-40℃	在标准环境条件中为2~6h	在标准环境条件中为3~10h	在18℃以上涂敷后能自动流平,可刮涂、注射,用有机溶剂稀释后可刷涂
XM18	深褐色均匀膏状物	对阳极化铝合金、氧化处理的镁合金、碳钢和镀锌钝化钢不腐蚀,无毒,不易燃烧	对阳极化铝合金及有机玻璃有良好的黏附性能,剥离强度不小于8.8kN/m,对密封失效部位的密封剂有良好黏附能力	耐热空气老化性能、耐湿热和耐水性能较差。在-55℃~+130℃温度范围内长期使用,在150℃可短期使用均保证密封。脆性温度不高于-40℃	在标准环境条件中为2~8h	在标准环境条件中为4~16h	可压注、刮涂,用有机溶剂稀释后,可以刷涂
XM21A	黑色略带黏性半固态	对阳极化铝合金、氧化处理的镁合金、镀锌钝化钢不腐蚀,不易燃烧	与阳极化铝合金黏合的抗剪强度不小于1.0MPa,与XM22、XM23等聚硫密封剂具有良好的黏附性	具有耐2号喷气燃料、耐空气老化性能。在-50℃~+100℃温度范围内长期使用,在130℃短期使用可保证密封。脆性温度不高于-38℃	在标准环境条件中4~12h	在标准环境条件中为8~24h	混炼成型后为膜状室温硫化型材料。硫化前呈可塑性柔软膜,硫化后为弹性膜。施工方便容易保证铆接质量
XM21B					在标准环境条件中为72~120h	在标准环境条件中为72~120h	

174

(续)

牌号	外观	腐蚀性、毒性、易燃性	黏附性能	密封性能	活性期	施工期	其他性能
XM22A	黑色膏状物	对阳极化铝合金、氧化处理的镁合金、碳钢和镀锌钝化钢不腐蚀，无毒性	与金属有良好的黏接力，对XM系列聚硫型密封剂有黏附力。剥离强度：XM22A、XM22B的不小于6kN/m，XM22C、XM22D、XM22E的不小于4kN/m	耐大气老化，耐2号喷气燃料和耐水浸泡。在-55℃~+110℃温度范围内长期使用，在130℃短期使用均可保证密封。脆性温度不高-40℃	在标准环境条件中为2~8h		在活性期内能自行流平。稀胶液刷涂性良好
XM22B	黑色膏状物						具触变性，可稀释，稀胶液刷涂性良好
XM22C	浅棕色膏状物						可稀释，稀胶液刷涂性良好
XM22D	黑色膏状物				在标准环境条件中为1~3h		有良好修补工艺性
XM22E							具触变性
XM23	深黑色黏稠均匀膏状	对氧化处理的镁合金、阳极化铝合金、碳钢和镀锌钝化钢不腐蚀。无毒，不易燃烧	对阳极化铝合金和有机玻璃有良好的黏附力，在标准环境条件中硫化7d后，剥离强度不小于7.8kN/m。对XM系列密封剂有黏附力	耐湿热和耐淡水浸泡，在-50℃~+110℃温度范围内长期使用，在130℃短期工作可保证密封性。脆性温度不高于-40℃	在标准环境条件中为2~15h	在常温中一般为8~30h	堆砌性较好，不易流淌，可刮涂、注射，用有机溶剂稀释后可刷涂
Ⅰ XM28	驼灰(T)、深灰(S)、钢灰(G)、咖啡(K)	对阳极化铝合金、氧化处理的镁合金、镀锌钝化钢不腐蚀	能对阳极化铝合金、氧化处理的镁合金、钢、不锈钢、有机玻璃和无机玻璃等表面有良好的黏附力。对密封失效的XM系列密封剂有黏附性。剥离强度不小于7.8kN/m	具有耐2号喷气燃料、耐空气老化性能。在-50℃~+100℃温度范围内长期使用，在130℃短期使用可保证密封。脆性温度不高于-38℃	在标准环境条件中为72~120h	在标准环境条件中为72~120h	有流动性，可刮涂、注射，用有机溶剂稀释后可刷涂
Ⅱ XM28							可刮涂、注射，在垂直面和仰面涂敷不流淌
Ⅲ XM28							不含增黏剂，适用于可拆卸密封

(续)

牌号	外观	腐蚀性、毒性、易燃性	黏附性能	密封性能	活性期	施工期	其他性能
XM31-1	红色黏稠膏状物	对铝合金不腐蚀，低毒	当使用配套的偶联剂处理被黏物表面时，能与金属、玻璃、塑料、陶瓷黏接。新配置的密封剂涂补在失效密封剂表面能成为整体材料。剥离强度不小于2.0kN/m	具有耐大气老化，耐水浸泡、耐湿热、耐盐雾。在-60℃~+230℃温度范围内长期使用可保证密封。脆性温度不高于-55℃	在标准环境条件为0.5~8h		在标准环境条件中不黏期不小于24h
XM31-5	橙色黏稠膏状物	对铝合金、钛合金、钢不腐蚀，低毒					
XM33-6	棕色黏稠膏状物						
XM40	咖啡色膏状物	对阳极化铝合金LY12、氧化处理的镁合金MB8、镀锌钝化45号钢不引起腐蚀，无毒，不易燃烧	对阳极化铝合金有良好黏附性能。经(50±1)℃和48h硫化后剥离强度不小于5.88kN/m	具有耐热空气老化耐煤油的良好性能。在-35℃~+120℃温度范围内长期工作能保证密封。低温柔软性温度不低于-54℃	在标准环境条件中为2~4h		具有极好的堆砌性能。可压注和刮涂
XM41	棕色、黑色膏状物						具有良好的堆砌性能。有良好的压注涂敷性能
XS1、XS1A	黑色黏塑性半固态	对阳极化铝合金不腐蚀。不易燃烧	对阳极化铝合金有一定黏附力。对XM系列聚硫密封剂有良好的黏接性。抗剥离强度不小于5.88kN/m	具有对耐喷气燃料、耐老化性能，在-50℃~+130℃温度范围内长期工作能保证密封。低温柔软性温度不高于-40℃	在20℃左右温度中为8h		易混炼，形成各种厚度的膜装密封带

2. 不硫化型密封剂的主要性能

表7-4 不硫化型密封剂主要性能

牌号	外观状态	腐蚀性	黏附、密封性能	工艺性能
XM17	绿色半固态	对去包铝LY12铝合金、氧化后涂漆的MB15镁合金不腐蚀，保持漆层完好	对铝、镁合金有良好的黏附性、耐久的气密性，使用温度为-55℃~+100℃，在130℃可短期使用	可塑性、可拆卸性能好，可进行堵填修理

(续)

牌号	外观状态	腐蚀性	黏附、密封性能	工艺性能
XM30	白色半固态	对去包铝的铝合金、氧化处理的镁合金、镀锌钝化钢无腐蚀	对金属的黏附性能良好。具有良好的耐高、低温性能,长期使用温度为-54℃~+200℃,在230℃可短期使用,在270℃左右可瞬时使用	可塑性、拆卸性好,可随时用于堵填
XM34	蓝灰色黏稠体	对铝、镁合金和钢不腐蚀	对金属有良好黏附性。具有良好的耐航空喷气燃料,与金属的密封性好,长期使用温度为-54℃~+130℃	可注射、拆卸,在载油情况下可用其及时修补
XM48	灰白色匀质黏稠状物	对去包铝的铝合金、氧化处理的镁合金、未经镀锌钝化的钢不腐蚀	对金属有良好的黏附性,使用温度为-55℃~+130℃	可塑性好
1601	绿色半固态	对氧化处理的镁合金无腐蚀	与阳极化铝合金、氧化处理的镁合金的黏接性和气密性良好。黏接剪切强度不低于14kPa。使用温度为-50℃~+70℃	可塑性、可拆卸性良好
CH102	灰色或灰褐色塑性体	对阳极化铝合金、氧化处理的镁合金不腐蚀	对铝合金表面黏接的剪切强度不低于14.7kPa,具有良好的黏附性能,工作温度为-35℃~+80℃	可塑性、可拆卸性良好,铺贴方便

3. 常用密封剂的主要用途

表7-5 常用密封剂的主要用途

类型	牌号		主要用途
硫化型密封剂	XM15		整体油箱密封
	XM16		变性不大的气密舱,防水渗漏结构的密封
	XM18		气密座舱密封
	XM21		整体油箱和气密舱缝内密封
	XM22		整体油箱,水密结构的密封
不硫化型密封剂	XM17	腻子	气密舱的缝内密封,座舱盖玻璃、舱盖前后弧形框处的密封
		腻子布	
	XM30	腻子	座舱的缝内密封和高温高压下耐水的电绝缘密封
		腻子布	
	XM34	腻子	整体油箱沟槽密封
	XM48	腻子	气密舱缝内密封
		腻子布	
	1601	腻子	气密舱缝内密封
		腻子布	
	CH102	腻子	油箱、气密舱玻璃密封及封严飞机管路等间隙和空洞密封
		腻子布	

7.2.4 密封剂的施工条件及硫化规范

1. 硫化型密封剂的施工条件及硫化规范

硫化型密封剂的施工条件及硫化规范见表 7-6。

表 7-6 硫化型密封剂的施工条件及硫化规范

牌 号	施 工 条 件	硫 化 规 范
XM15		(1) 部件硫化在室温(不低于15℃)下需 7~10d,或(70±5)℃下停放 24h,(100±5)℃下停放 8h。 (2) 工序硫化在密封剂不粘期到达后再停放 2~3d,或于(75±5)℃下停放 10h
XM16	(1) 温度为 18℃~28℃。 (2) 相对湿度不大于 75%。 (3) 环境中无尘、无油雾、无酸性气体和碱性气体	(1) 部件硫化在温度不低于15℃,相对湿度为 30%~85%中需 7d,或在(23±2)℃下停放 24h 后,再于 90±2℃下停放 6h。 (2) 工序硫化在室温停放至不黏期后,再停放 24h
XM18		部件硫化有 3 种: (1) 在温度 15℃、相对湿度 30%~85%的条件下需 14d; (2) (23±2)℃下停放 24h,再于 90℃下停放 11h; (3) 在(23±2)℃下停放 24h 后,再于 100℃下停放 5.5h
XM21A XM21B	(1) 温度为 15℃~35℃。 (2) 相对湿度不大于 85%。 (3) 环境中应无尘、无油雾、无酸性气体和碱性气体	部件进行密封性试验前硫化,在室温下 XM21A 需 7d,XM21B 需 15d
XM22A XM22B XM22C XM22D XM22E	(1) 温度为 18℃~28℃。 (2) 相对湿度不大于 75%。 (3) 环境中应无尘、无油雾、无酸性气体和碱性气体	工序间快速硫化 70℃下停放 6h
XM23		部件硫化有下述 3 种: (1) 在 15℃ 以上需 7~10d; (2) 在(70±2)℃下停放 24h; (3) 在 100℃下停放 8h,在 100℃高温中硫化次数不得超过 5 次
XM28 I XM28 II XM28 III	(1) 温度为 15℃~30℃。 (2) 相对湿度为 35%~80%。 (3) 环境中应无粉尘、无油雾、无酸性气体和碱性气体	部件硫化有 5 种: (1) 在 15℃ 以上需 28d; (2) 在 25℃下停放 14d; (3) 在 35℃下停放 7d; (4) 在 50℃下停放 48h; (5) 在 70℃下停放 24h
XM31-1 XM31-5 XM31-6	(1) 温度为 21℃~25℃。 (2) 相对湿度不低于 70%。 (3) 环境中应无粉尘、油雾、酸性气体和碱性气体	部件硫化最短时间为 3d;对于活性期较长的密封剂,硫化时间应增加 1 倍

(续)

牌 号	施 工 条 件	硫 化 规 范
XM33-1 XM33-2 XM33-4 XM33-6 XM40	(1)温度为18℃~28℃。 (2)相对湿度不大于75%。 (3)环境中应无粉尘、无油雾、无酸性气体和碱性气体	部、组件可在周转过程中自然硫化,或采取50℃下停放48h中硫化
XM41	(1)温度为18℃~28℃。 (2)相对湿度不大于85%。 (3)环境中应无粉尘、无油雾、无酸性气体和碱性气体	部件、组合件在周转过程中自然硫化
XS1	(1)温度为18℃~28℃。 (2)相对湿度不大于85%。 (3)环境中应无粉尘、无油雾、无酸性气体和碱性气体	部件、组合件硫化在室温(不低于20℃)需15d,或在70℃下停放24h

2. 不硫化型密封剂的施工条件

不硫化型密封剂的施工条件如表7-7所列。

表7-7 不硫化型密封剂的施工条件

牌 号	温度	湿度	环 境
XM17 XM30	室温		无粉尘、油雾、酸性气体和碱性气体
XM40			无粉尘、酸性气体和碱性气体
XM48	8℃以上	不大于80%	清洁
1601	室温		无粉尘、油雾、酸性气体和碱性气体

7.2.5 密封剂混炼与使用的一般要求

1. 对环境和人员的要求

(1)密封剂的混炼与施工应在清洁的环境中进行,否则会影响密封剂的机械性能。要求环境中无灰尘、无油污,所使用的压缩空气应经过去油、去水处理。

(2)对温度的要求如表7-8所列。

表7-8 密封胶混炼与施工温度

混炼温度/℃	施工温度/℃
23±5	15~30

密封胶混炼和施工的温度过低,会使其活性期延长且影响其黏附力;温度过高,密封胶的活性期缩短,影响施工。经冷冻存放的密封胶,其活性期和硫化期均缩短。

(3)除专门规定外,密封胶混炼和施工的相对湿度应控制在40%~80%内。空气相对湿度低于40%可以延长密封胶的活性期和常温硫化时间;相对湿度高于80%,可以缩短活性期,且影响密封胶的机械性能。

(4) 对人员的要求如下:

混炼和施工密封剂的工作人员必须经过培训,并取得操作合格证;施工人员的工作服、手套、脚套及使用的工具,不准有油脂、纤维附着。施工人员在表面涂敷密封剂的结构处操作时,在其工作服上不准有硬质纽扣和金属附加物裸露。

2. 对涂敷表面和密封剂使用的要求

1) 对涂敷表面的要求

涂敷密封剂的表面应清洁干净。在贴合面密封剂未达到硫化期之前,只要未被污染,可不经清洗而径直涂敷密封剂。聚硫型密封剂可涂敷在阳极化(在 6 个月内)的铝合金、氧化处理的镁合金、钝化处理或涂防锈漆的钢,或者涂与密封剂相容的底漆(如 SF-9)的表面上。涂敷与密封剂不相容的底漆表面,除设计上另有要求外,均应将底漆从涂密封剂的部位清除掉。清除方法是交替使用去漆剂退漆和砂纸打磨。如果氧化膜被擦伤,则用冷氧化液进行补充处理。对于难黏密封剂的表面,为了提高黏接力,在结构表面清洗后涂敷偶联剂。

2) 密封剂在使用中的要求

刷涂型密封剂调制后,在使用中不允许加溶剂稀释;刮涂用的密封剂调制后,不允许搅拌,以免混入空气;注射用的密封剂,在调制后应立即装入注胶枪塑料筒内。密封剂应从枪嘴的安装口注入;密封剂的涂敷必须在活性期内进行。刮涂密封胶时需经常检查,检查方法是每隔 15min 用刮刀以约 5m/s 的速度挑起密封胶,若出现明显回缩,即表示活性期结束。

3. 密封剂的涂敷工艺

密封剂施工是保证结构密封的重要环节。涂敷方法可按密封剂的状态确定。膏状的密封剂用刮刀刮涂或注胶枪注射,液态的采用刷子刷涂或喷枪喷涂,半固态的密封剂可制成胶膜进行铺贴或者直接堆砌。密封剂涂敷方法的分类及所用密封剂的类型、特性如表 7-9 所列。

表 7-9 密封剂涂敷方法的分类及所用密封剂的类型、特性

涂敷方法	密封剂特性	用　途	密封剂类别代号 (HB/Z106-86)
喷涂法	(1) 不挥发成分含量不大于 80%。 (2) 最大黏度不大于 30Pa·s	表面密封	D
灌注法			
刷涂法	(1) 不挥发成分含量不大于 80%。 (2) 最大粘度不大于 30Pa·s		A
刮涂法	(1) 不挥发成分含量不大于 97%。 (2) 流淌性不大于 20mm。 (3) 基膏黏度不大于 1600Pa·s	缝隙处封外密封,沟槽处的缝内密封	B
注射法	(1) 不挥发成分含量不大于 90%。 (2) 基膏黏度不大于 400Pa·s。 (3) 易流平但不流淌性,有较长的施工期	贴合面处密封	C
堆砌法	(1) 比重小于 1.3g/cm³,有高触变性。 (2) 流淌性不大于 5mm	填补大孔洞并保持形状不变	E
铺设法	(1) 永久变形不大于 15%。 (2) 相对伸长率	贴合面处密封	

7.3 密封铆接的工艺过程

密封铆接是一项技术要求高、施工难度大、环境控制严格、各工序较为繁琐和细致的工作。密封铆接技术的核心是堵塞气、油、水渗漏的路径。

密封铆接典型工艺过程如图 7-3 所示。

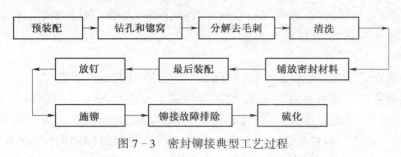

图 7-3 密封铆接典型工艺过程

7.3.1 预装配

通常在装配夹具中进行。把参加装配的零件、组合件按产品图样和装配指令在夹具上定位。

（1）零件与零件之间配合应协调，贴合面应平整，其间隙不大于 0.5mm，当工艺固定后其间隙不大于 0.2mm。

（2）凡需涂敷缝内密封材料的铆缝、零件贴合面之间应垫以同密封材料厚度相等的铝或纸垫片，以确保孔位的协调性，当密封材料的厚度不影响孔位（如平面密封铆缝、沉头窝深度小于蒙皮厚度）时允许不加垫片。

（3）按装配指令要求修配好零件余量。

（4）用足够的定位销或工艺螺钉将零件夹紧和固定。夹紧间距根据零件的刚度和装配的协调性来确定。

① 当零件厚度为 5~10mm 时，间距为 80~120mm。
② 当零件厚度在 10mm 以上时，间距为 220~250mm。
③ 曲面零件或带气动外缘的零件一般间距为 80~100mm。

7.3.2 钻孔和锪窝

所有铆钉以及所有连接件的孔均制至最后尺寸，同时制出所有沉头窝。用于定位夹紧的少量孔，允许在缝内涂敷密封剂后再进行扩孔和锪窝，但这类孔的间距不小于 300mm。

7.3.3 分解并去除毛刺

（1）按与装配相反的顺序分解出所有参加预装配的零件、组合件，依次摆放整齐，对难以辨别的零件，依装配关系可作出一定的标记，以免再装配时装错。

(2) 清除零件夹层中的金属屑和杂物。

(3) 清除所有孔边缘和零件端面的毛刺,并按规定要求制倒角或倒圆。孔边缘倒角的深度一般在 0.05~0.15mm 为宜。

(4) 清除镁合金零件的孔边毛刺时应采用非金属刮板,以免划伤孔窝的表面。

7.3.4 清洗

1. 清洗要求

(1) 涂敷密封剂的表面的清洗一般使用汽油、丙酮、乙酸乙脂清洗剂。在危险区可使用不燃性清洗剂。铺设密封腻子且涂有 H06-2 或 XY-401 胶的表面,只允许用汽油擦拭。

(2) 清洗宽度应大于涂密封剂的宽度,在两侧各宽出 10mm 以上。

(3) 涂敷密封剂前的最后清洗,除铺设密封腻子且涂有 H06-2 或 XY-401 胶的表面外,均应用浸有丙酮或乙酸乙酯的抹布重复更换、擦拭,直至最后一块白细布上无可见的污色(允许有底漆的本色)为止。最后一遍清洗距涂敷密封剂的时间,应不大于 1h 且不小于 20min。每次清洗的紧固件,要在一天内使用。

(4) 清洗干净的表面禁止与不干净的东西接触,不允许用手接触或用笔作标志,陈放环境应清洁。

2. 清洗方法

(1) 从溶液瓶内倒出清洗剂润湿抹布,如图 7-4 所示。

(2) 用湿抹布清洗结构表面时,只能顺一个方向擦拭,如图 7-5 所示。同时,用干抹布沿一个方向擦去已溶解污物的清洗剂。不允许清洗剂在结构表面自然干润。每擦洗一遍应更换一块新的抹布。不允许在结构表面喷洒、刷涂清洗剂,否则会造成溢流,致使油污溶解后广为扩散并渗透到缝隙内。

(3) 对于油污过多的表面,应先用抹布擦拭,然后用汽油润湿的抹布清洗。

(4) 对要密封的孔洞、下陷和小空间部位,应用合适盲径的去污布条清洗,如图 7-6 所示。

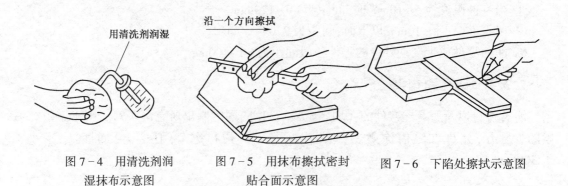

图 7-4 用清洗剂润湿抹布示意图　　图 7-5 用抹布擦拭密封贴合面示意图　　图 7-6 下陷处擦拭示意图

(5) 铆钉、螺钉等小件的脱脂清洗,系用清洗剂浸泡的方法并要求将清洗剂更换 1~2 次,浸泡用的容器必须加盖。

7.3.5 铺放密封材料

缝内所使用的密封材料种类较多,按产品功能(如气密座舱、整体油箱)不同所选用的密封材料不尽相同,故铺放的方法也不同,其方法有如下几种:

1. 贴合面涂胶法

用刮刀、硬板刷、涂胶辊或齿形刮板、齿形刮棒等,将胶液密封剂涂在贴合面尺寸较小的零件一侧,或刮在刚性较大的零件的贴合面上(图7-7)。刮涂时应顺着一个方向,禁止来回刮抹,以免因卷入气泡而形成空洞。在下陷、转角、空洞等处的密封剂,可适当加厚。

2. 贴合面铺胶膜法

(1) 将胶膜顺一个方向铺在刚性较大的零件的贴合面上(图7-8)。

(2) 胶膜长度、宽度不够或有气泡、空眼、局部不合格时,应将胶膜剪齐后搭接。

(3) 铺设胶膜时,不允许拉伸折叠,胶膜应平整,铺后允许用手压平或覆盖硅胶布,用1kg辗辊辗一次。

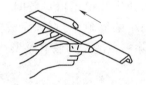

图7-7 贴合面处涂胶示意图

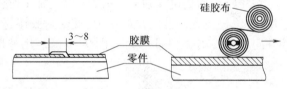

图7-8 铺设胶膜示意图

3. 贴合面铺密封带方法

(1) 将密封带铺在刚性较大的零件贴合面上。

(2) 若铺放密封带后立即铆接装配,则应将密封带从垫布上取下后再铺设。否则,应将密封带随垫布一起铺放,临铆接装配之前取下垫布。

(3) 当密封带不能与骨架零件良好定位贴合时,允许用XY-401胶将密封带局部粘贴在骨架上。

4. 贴合面铺腻子方法

铺设前用腻子挤出器将腻子制成直径为2~3mm的腻子条,铺放在骨架上。当不易挤出时,可将腻子预热。温度不超过30℃。

5. 可拆贴合面处密封剂涂敷方法

在可拆卸口盖、观察口板件等部位贴合面一侧涂隔离剂,如喷一薄层滑石粉,涂可剥性涂层或用含油脂棉纱擦涂一薄层油脂,如图7-9所示。

6. 沟槽注胶方法

注胶顺序应沿一个方向(图7-10)。由第二孔开始注射密封胶,待第一孔见胶时,堵住该孔,继续注胶直至第三孔见胶,抽出注胶枪嘴,用螺钉封闭第二孔,继续由第三孔注射密封胶直到第四孔见胶,封闭第三孔,以此类推,一直到全部沟槽注射完毕为止。

7. 沟槽注射腻子的方法

注射密封腻子的方法与注射密封胶的方法类似,注射XM34密封腻子的压力为4.41MPa。

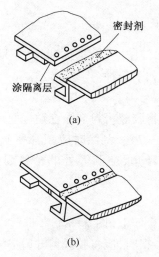

图7-9 可拆贴合面处密封胶涂敷方法

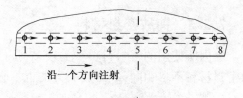

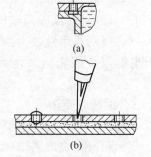

图7-10 沟槽注胶方法

8. 结构下陷处的注胶方法

将注胶枪嘴插进注射孔,一次连续完成注射密封胶,亦即当孔道出口见胶时,先将出口堵住,以提高孔内腔的注胶压力,使密封胶渗透到腔内细小的缝隙中,直到完成充满内腔并向外多渗出2~3mm为止(图7-11)。用整形工具剔除多余的密封胶并整形。

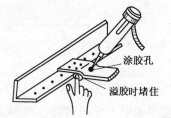 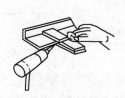 

图7-11 结构下陷处的注胶方法
(a)注胶孔注胶;(b)用下陷空隙注胶;(c)整形。

9. 结构内腔的注胶方法

(1)在结构内腔底部开注胶孔,其位置应保证注胶时不使内腔局部"窝气"而产生死角。

(2)用注胶枪由注胶孔注射密封胶,当溢胶孔出胶时边注胶边移出枪嘴,如图7-12所示。

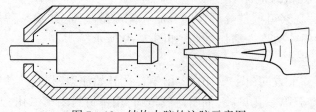

图7-12 结构内腔的注胶示意图

7.3.6 最后装配

将分解的零件重新按预装配的位置固定,优先选用胀套式定位销进行固定。根据产品结构形式和装配件的协调性来选择定位销的数量,结构简单协调性好的装配件可少选一些。

定位销间距一般按 150~200mm 为宜。

7.3.7 放钉

(1) 放铆钉前,首先清洗铆钉或所需的连接件。

(2) 用穿针通过铆钉孔找正零件位置,不允许零件来回移动,将所有零件重新组装并夹紧。

(3) 缝内敷设密封带的铆钉孔,在铆钉放入前应使用穿针从铆钉放入方向刺穿密封带,再插入铆钉。其中要求:

① 穿针表面要抛光,其直径与铆钉直径相同;

② 允许穿针蘸水穿铆钉孔,当穿针穿过铆钉孔黏上腻子时,应使用蘸丙酮的抹布将腻子擦净再拔出;

(4) 缝内涂敷密封胶时,可将铆钉直接插入孔内,并擦去铆钉杆端头上的胶,以保证铆钉镦头的成型质量。

7.3.8 施铆

(1) 在施铆前应插入部分铆钉,检查零件定位的正确性。

(2) 施铆操作要求:

① 先轻轻点铆,再在靠近铆钉杆的零件表面上轻击,消除零件夹层间的间隙;

② 应断续施铆,不允许铆枪连击,以防止镦头产生裂纹;

③ 经常擦拭顶把和冲头,清除黏在其上的胶和腻子;

④ 双排铆钉的密封铆接顺序如图 7-13 所示。先铆内排 3~4 个铆钉(图中 1~3 号铆钉),再铆外排 3~4 个铆钉(图中 4~6 号铆钉)。

(3) 工艺固定用铆钉孔处的最后铆接,要保证孔内有胶(涂胶铆接)。如果没有胶,则应涂胶铆接。

(4) 在铆接过程中不允许钻孔。若更换铆钉,可用扁錾把镦头錾去,冲出铆钉杆后,再涂胶铆接。

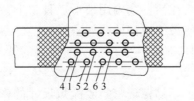

图 7-13 双排铆钉的密封铆接顺序

(5) 铆接工作必须在密封胶的施工期内完成。若超过施工期,则要更换新胶。

(6) 清理铆缝:

① 清除多余的密封带、胶膜、腻子和密封胶;

② 挤出的胶,如在施工期内可用刮刀按缝外涂胶要求制成倒角,并将多余的胶去掉;

③ 将蒙皮表面和非边缘处的余胶擦净。

7.3.9 铆接故障排除

对有一般缺陷的铆钉,尽量采用紧钉的方法排除。若必须更换铆钉时,应在密封剂硫化后进行,铆钉的分解只能用平錾錾去钉头或镦头。用冲子轻敲出铆钉杆,一般不允许用钻屑的方法去分解。重新铆接时应在铆钉杆上涂密封胶。

7.4 密封剂的涂敷方法

7.4.1 缝外密封密封剂的涂敷

(1) 用注胶枪涂敷缝外密封剂的要点,主要包括以下方面:
① 枪嘴应对准缝隙并使之基本垂直于注胶线路。枪嘴的移动速度应使挤出的密封剂的用量同缝外密封最后尺寸相适应,如图7-14(a)所示。
② 枪嘴应紧贴结构表面,不准悬空,如图7-14(b)所示。
③ 注胶时应始终保证挤出的密封剂超前于枪嘴移动方向,使密封剂向缝隙内有一定挤压力,并使可能裹入的空气自动爆裂,如图7-14(c)所示。

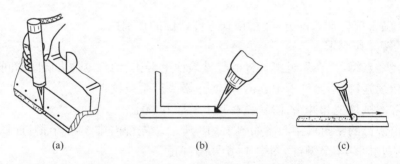

图7-14 用注胶枪涂敷缝外密封剂示意图

(2) 尺寸较大的缝外密封,应分两次进行,待第一道缝外密封剂整形并达到不黏期后再涂第二道。仰面涂胶或垂直面涂胶时,密封剂的涂敷量应适当,避免过量造成流淌或变形。

(3) 缝外涂敷的密封剂应在活性期内用整形工具整形,整形时工具应紧压结构表面并沿缝隙均匀、平行地移动,使最终成型的缝外密封剂光滑、流线、尺寸正确。不允许使用任何润滑的方法整形,整形时应随时注意用清洗剂湿润的纱布擦除粘污在工具上的密封剂,如图7-15所示。

(4) 对接缝、气动整流缝、不易保证密封胶涂敷尺寸的密封缝,在规定的胶缝两侧边缘贴隔离保护胶纸,如图7-16所示。涂胶、刮平后将胶纸揭掉,铲除多余的密封胶。

(5) 对可拆的缝外密封(如地板座椅道轨缝等)应在涂密封剂以前,在缝底部埋设细尼龙线,并将线头露在缝外密封剂的外面,以便拆除时撕开缝外密封剂,如图7-17所示。

(6) 空洞、嵌缝的堆胶,大的空洞和间隙的密封,应配制流淌性小的密封剂。深的空隙应在涂密封剂之前,先填充软质填料(如铝棉、海棉橡胶)或用密封剂浸渍后填充。

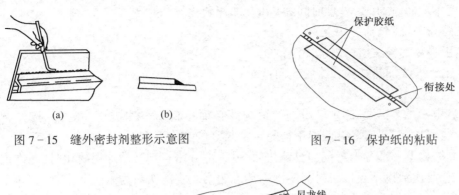

图 7-15 缝外密封剂整形示意图　　图 7-16 保护纸的粘贴

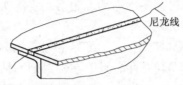

图 7-17 可拆缝外密封剂涂敷示意图

（7）缝外密封完成以后，应在活性期内检查涂敷质量，对缺陷、气泡或有异物夹杂的部位，及时补胶或排除。必要时允许部分铲除并重新涂敷。

7.4.2　表面密封密封剂的涂敷

（1）结构上已涂的缝外密封剂和紧固件密封剂的表面在清洗前，密封剂应达到硫化期。

（2）表面密封用密封剂，使用的稀释剂不应使已涂敷的胶层产生龟裂、起皱和脱落。

（3）刷涂密封剂时，应逐渐依次在表面上进行，不允许大面积拉开涂胶，其余的按紧固件头部刷涂密封剂的要求进行。

（4）喷涂密封剂时使用喷枪，喷枪嘴应距结构表面 80~100mm，倾角 70°~80°，移动速度约 1.2m/min。喷涂的密封剂应均匀、连续。

（5）灌涂密封剂时，密封剂灌入结构容积的 10%~15%，封闭灌胶口，在专用摇摆架上晃动或翻转结构，使容积内所有表面浸涂一层密封剂，保持 10~20min，倾倒出剩余的密封剂，通入干净无油的热空气（不高于 50℃），吹除溶剂。

7.4.3　紧固件密封

在铆钉螺栓等紧固件上附加密封材料或紧固件本身密封，以起到堵住紧固件与零件之间缝隙泄漏的作用。在紧固件上附加密封材料密封效果好，但施工复杂。紧固件本身密封是指干涉配合铆接，干涉配合铆接能提高结构密封性的原因在于它的铆钉杆与钉孔之间比较均匀的过盈配合，消除了钉杆与钉孔之间的环形缝隙。

7.4.4　密封剂的硫化和保护

1. 密封剂的硫化

（1）密封剂的硫化过程，是从混合配制后开始的，除非由于工序衔接上的需要，一般应在室温条件下自然硫化，不需要采取加速措施。

（2）加速硫化必须在密封剂不黏期后按各密封剂硫化规范进行。未规定的一般加速硫化温度不应超过50℃,处理时间为24h。加速硫化方法有：
① 提高环境(包括结构上)温度；
② 用湿热空气在结构内部环流；
③ 用红外线加热结构和涂胶表面；
④ 综合使用以上方法。

（3）由于工艺需要,涂敷密封剂的结构件必须在高于50℃温度中处理时,如有机玻璃的回火,可以提高处理温度,但不得超过密封剂的工作温度。

（4）结构上一部分密封剂加温硫化后,另一部分密封剂又须加温硫化时,允许重复加温硫化,重复次数以不超过密封剂使用工艺说明书规定的次数为限。

2. 密封剂涂敷后的保护

（1）在未达到不粘期的密封剂上方,不准钻孔、铰孔等操作。当难以避免时,应用聚乙稀薄膜覆盖密封剂。该保护膜的拆除,只能在密封剂不粘期以后进行。

（2）严禁滥用溶剂和清洗剂,不准在未硫化的密封剂上使用溶剂。在硫化的密封剂上涂敷含溶剂的涂料时,必须确认所含溶剂对底层密封剂无损害,方可使用。

（3）不准踩踏和重压已硫化的密封剂,受空间限制必须在涂敷密封剂的部位上操作时,应用海棉橡胶板或棉垫覆盖,工作人员应穿软底工作鞋和无扣衣服。来回踩踏区和停留区还应事先将金属屑、污物等用吸尘器清理干净。

7.5 密 封 试 验

密封结构装配和密封工作完成后,按设计要求,需作各种密封试验。即气密结构的气密性试验、油密结构的气密性试验、充气油密试验、停放油密试验、振动试验和晃振试验、水密结构的浸水试验和淋雨试验,以确保结构密封的可靠性。

7.5.1 气密舱试验

1. 抗压试验

抗压试验的目的在于检验结构的抗压强度。

1）试验前的准备

（1）检查试验设备工作状态是否正常。

（2）用工艺堵盖封闭气密舱上的工艺孔或系统通孔。

（3）关闭舱盖,锁闭牢靠,并套上防护网。

2）试验

（1）按一定的压力和充压速度向密封带充气,密封气密舱。

（2）打开试验设备上气源开关,向舱内充气,一般压力为最大工作压力的1.3~1.5倍,保压1~10min,此时检查气密舱结构有无变形或其他异常现象,并做记录。

（3）按规定的降压速度或时间逐渐地卸掉舱内压力。

（4）排除故障后不再做试验。

2. 气密性试验

抗压试验完成后,方可进行气密性试验,其目的在于检查气密舱的密封性,并查找渗漏的部位。

1）试验前的准备

准备工作与抗压试验相同,防护网允许不罩。

2）试验(以降压时间测量法为例)

（1）按一定的压力和充压速度向密封带充气,密封气密舱。

（2）按规定的充气压力和充压速度向舱内充气,当舱内余压达到规定值,且稳定1~2min后,关闭向舱内充气的开关。

（3）察看舱内压力下降情况及所需时间。当压降时间满足设计要求时,则气密试验合格,否则,应进一步查找漏源,排除后再重做试验直至合格为止。

7.5.2 整体油箱密封试验

1. 气密试验

整体油箱的气密试验目的在于检查油箱的气密性,以判断能否对油箱进行油密实验。

1）试验前的准备

（1）整体油箱装配全部完工,密封剂已完全硫化,油箱内表面擦洗干净。

（2）用工艺堵盖堵塞所有系统或工艺通孔。

（3）在油箱外表面的孔、铆钉、螺栓、对缝等渗漏可疑处涂上中性肥皂水。

2）试验

（1）接通试验设备,按产品技术要求规定的压力向油箱内充气。

（2）当余压达到规定值后,关闭充气开关。

（3）当持续一定时间后,其压力不变,则认定气密试验合格,否则应查找漏源,排除故障重新试验,直至合格为止。

2. 无压油密试验

目的在于检查油箱承受油压的油密封性。方法如下：

在油箱外表面涂白垩水并冻干,然后向油箱内注满煤油,停放、定时间,检查渗油、漏油情况,当白垩粉有显湿现象发生,则表示此处有渗漏。否则判定为合格。若有渗漏故障,则应排除,排除后需重做气密试验和无压油密试验。

3. 充压油密试验

目的在于检查油箱在使用状态下的密封性。方法如下：

无压油密试验合格后,放掉20%的煤油(即油箱内载入80%的煤油),接通试验设备,向油箱内充气,当压力达到一定时,并保持一定时间,检查有无渗漏现象。若有渗、漏应排除故障,并重做气密、无压油密和有压油密试验,直到合格为止。

4. 振动试验

振动试验的目的在于检查油箱振动对其密封性的影响。试验在气密、油密试验后进行。具体试验方法如下：

（1）用工艺堵盖堵住油箱工艺孔、系统孔,将油箱安装在振动试验台上,如图7-18所示。

（2）向油箱内注入煤油,按产品规定的振幅、振动频率、振动时间分级加载进行振动。

（3）涂白垩粉检查渗漏情况,如有渗漏,应予以排除,并按上述各种试验方法重复各项有关试验。

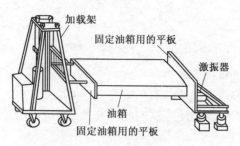

图 7-18 整体油箱振动试验台

5. 整体油箱的清洗和清洁度检查

整体油箱内部可能留有污物、油脂、切屑和胶末等杂质,需清洗干净,并达到一定的清洁度,否则,会影响使用安全。飞机的型别不同,其清洁度技术要求也不同。因此清洗方法有些不同,常用方法有擦洗、冲洗和摇摆清洗三种方法。

1) 擦洗法及清洁度检查方法

整体油箱的擦洗工作在整体油箱的装配工序间进行。在未安装可卸壁板及工艺口盖之前,去除油箱内多余胶膜,再用吸尘器清除油箱内较大的多余物,然后用麂皮、白细布蘸煤油或丙酮擦洗油箱内部。擦洗干净后,先目视检查油箱内各处有无杂物,对角落、缝隙等隐蔽区域用反光镜检查,不允许有多余物,接着用新的白细布擦拭检查油箱壁,当白布上没有杂物附着,布没有变色时,认为擦洗合格。

2) 冲洗法及清洁度检查方法

整体油箱的充油加压清洗工作,必须在整体油箱气密、油密试验合格后进行。

(1) 冲洗:向油箱注满清洁燃油,然后将油箱中的燃油通过油滤器全部放出,反复注油、放油,同时目视检查油滤网上有无杂物。为加快放油速度,在放油过程中可用经过滤的清洁压缩空气向油箱增压。

(2) 检查:向油箱内注满燃油,随后将燃油经过装有油滤器的管路全部放出。先检查油滤网上杂质的颗粒直径及纤维长度,其颗粒直径及纤维长度不应超过技术条件的要求。再收集全部杂质,装入医用注射器内,挤出燃油,测量杂质的总体积。

3) 摇摆清洗法及清洁度检查方法

摆摇清洗法也是在整体油箱密封性检查合格后进行。

(1) 清洗:将油箱固定在专用的清洗台上,清洗台可使油箱做纵向和横向摆动,从储油罐中向油箱注油,储油罐和油箱构成循环油路,清洗时油箱不断摆动,燃油冲洗油箱,然后经过油滤网回到油罐,如图 7-19 所示。

(2) 清洁度检查:更换清洗时的回油油滤网,确保油滤上无杂质无污染,然后按上述方法对油箱按规定的时间清洗,检查油滤网上的杂质。

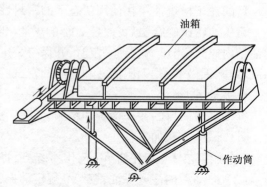

图 7-19 整体油箱摇摆清洗示意图

7.5.3 水密结构的密封试验

1. 浸水试验

水上飞机的密封舱船身部分需要做浸水试验,以检查其水密性程度。试验分两个阶段。

1) 机身初装后的浸水试验

(1) 用工艺堵盖堵住所有的工艺孔、结构孔,将机身放置在支承架上。

(2) 对每个机舱依次分别注入水,注水深度以达到吃水线为准。

(3) 检查漏水量,不符合要求的需排故,排故后重做试验,直至合格为止。

(4) 试验后清除机内积水,并将飞机表面擦试干净。

2) 飞行浸水试验

(1) 水上飞机首次下水,应检查船身部分的进水情况。

(2) 至少在正常总重状态下的 10 个起落后,使飞机舱身停留在水中 1h,在每个水密舱吃水线以下部位的进水量不应超过总排水量的万分之零点五。

2. 淋雨试验

淋雨试验的目的在于检查有水密要求的部位(如舱门、窗口、特设舱口盖)的水密程度。试验在人工降雨模拟装置的专门场地上进行。具体方法如下:

1) 试验前的准备工作

(1) 拆除怕潮的装置和怕湿的结构,不便拆除的用防水布加以保护。

(2) 检查漏水的工作人员进入座舱,关闭所有门窗,安装所有口盖。

(3) 座舱内按设计技术条件增压。

2) 试验

(1) 按规定的淋雨时间和水流速度,向需做淋雨试验的部位喷水。

(2) 目视检查有无漏水现象和排漏水系统是否通畅。

(3) 淋雨时允许用密封腻子堵漏,淋雨后用规定的密封材料排故。

(4) 排故后还需重作淋雨试验,直至合格为止。试验结束后用棉纱或抹布擦拭飞机表面并清理可打开部位的积水,淋雨试验装置示意如图 7-20 所示。

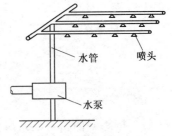

图 7-20 淋雨试验装置示意图

7.6 密封结构渗漏的排除

7.6.1 渗漏的原因

结构密封性能与选用的密封剂、所设计的结构形式、结构的刚度、密封缝隙的尺寸大小和形状,以及施工方法有密切关系。

在施工中应尽量减少接缝的宽度,如适当增加结合面的紧固力或提高被连接件的平整度,控制钉与孔间的配合公差等。还有下述不正确的施工方法也将造成渗漏:

(1) 密封面清洗不彻底，如表面残存腊、油脂、灰尘、杂物、金属屑等。
(2) 密封面准备不正确，如底漆黏接不良，阳极氧化层陈化。
(3) 密封剂调制不当或储存超期、密封性能下降和施工不佳等造成密封失效。
(4) 实施密封工序的操作不正确，致使密封层有空穴、针眼、间隙或虚涂、分层等。
(5) 紧固件松动引起密封剂脱胶、开裂。
(6) 密封剂在沟槽或下陷处未充满，通道内留有空间，造成无效密封。
(7) 密封剂未按规定保护，造成压伤变形、刺穿、磨胶、剥落等引起渗漏。

7.6.2　渗漏排除方法

1. 渗漏排除的一般要求

渗漏排除的一般要求主要包括：

(1) 对任何渗漏应分析渗漏原因，查找漏源。
(2) 修理用的密封剂必须同旧密封剂相容。
(3) 铲除失效密封层时，不应损伤结构。结构表面的氧化膜损伤时，应用冷氧化液处理后再进行密封。

2. 缝内密封渗漏的修理

缝内密封渗漏的修理要点包括：

(1) 渗漏范围不大的情况下，在贴合面密封可能渗漏的位置，增加铺设缝外密封胶，使损坏的贴合面密封层与密封介质隔离，如图 7-21 所示。

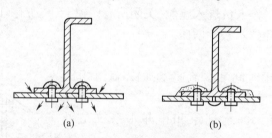

图 7-21　轻微渗漏的修补
(a)修补前；(b)修补后。

(2) 排除缝内密封较大渗漏故障，需分解已密封的结构，清洗贴合面，重新密封。分解的方法和步骤如下：

① 清除缝外密封胶。用刀将原密封剂切至距零件表面约 3mm。用浸泡过脱胶剂的白布或脱脂棉覆盖在密封胶上，待胶起皱后将其清除。

② 分解紧固件。其中，分解铆钉时可钻掉铆钉头，冲出钉杆。分解螺栓时，应先拧下螺母，用脱胶剂溶解螺栓孔和结合面上的密封剂，打出螺栓。

③ 用刮刀分解零件。

④ 用脱胶剂将所用的密封胶清除干净，允许结合面上有密封剂的斑点状痕迹。

(3) 采用注射 XM34 密封腻子的沟槽密封形式的油箱进行补漏修理时，可在载油情况下，用装有新 XM34 腻子的高压注射枪直接注射，将泄漏的那段沟槽内的旧 XM34 腻子从沟槽中挤出，油箱即可使用。

（4）结构下陷处的渗漏，可用钩状铁丝或小的切割工具，清除旧密封剂，将残胶清理干净，然后重新注射密封剂。

3. 缝外密封渗漏的修理

缝外密封渗漏的修理要点包括：

（1）对尺寸不够的缝外密封剂的表面应进行清洗，补涂密封剂并重新整形。

（2）局部密封不良的部位，如果密封层黏接良好，可以只进行局部切割清除，然后补涂密封剂，并将其与原密封剂搭接处加以整形。

（3）如果密封层的黏接不良，未黏在密封面上，则用锋利的塑料或硬木工具清除密封不良的密封剂，直到露出结构金属表面，两端的密封剂应切成斜面，涂敷密封剂使新旧密封剂连续搭接，整形应光滑，避免截面突然改变，如图7－22所示。

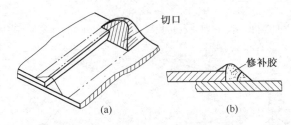

图7－22　缝外密封剂清除修补的形状
(a) 切口形状；(b) 补胶后的外观。

4. 紧固件密封修理

紧固件密封修理要点包括：

（1）对不严重渗漏进行修理时，可以使用专用压胶工具，由结构外侧钉孔周围注射密封剂，密封渗漏途径。压注工具可采用铆压注胶式或螺旋注胶式。具体方法如下：

① 压注胶式排漏方法。用浸有清洗剂的纱布清除钉周围的漆层，清洁注胶结构表面。用 A 类密封剂加满压胶工具内腔，将其活塞冲杆端部插入铆枪。将压胶工具上的 O 形密封圈罩住漏钉，保证工具始终垂直于结构表面，压紧后用铆枪锤铆活塞冲杆，连续压注几分钟，如图7－23所示。

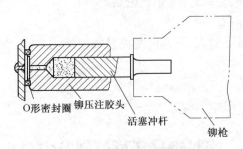

图7－23　铆压注胶示意图

② 螺旋注胶式排漏方法。用清洗剂润湿的纱布清除漏钉周围的漆层，清洁表面和注胶工具底座表面。用棉球棍浸快速冷固化胶液（如氰基丙烯酸胶液）薄涂在底座结合面上，然后以漏钉为中心将注胶工具底座压在结构表面上，经数十秒钟后松手，等胶液固化，如图7－24所示。

将注胶工具放气口螺钉拧松到只剩一扣即可取下的位置,由加胶口注入较稀的密封剂,直到放气口溢出密封剂为止,如图 7-25 所示。

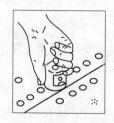

图 7-24 螺旋注胶工具的安装

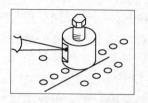

图 7-25 向压胶工具注密封剂

拧紧注胶口和放气口螺钉,以 49N·cm 的力矩拧紧压力螺栓,并保持 5min,如图 7-26 所示。

用木锤轻敲底座的侧面,取下注胶工具。清除漏钉周围多余的密封剂,如图 7-27 所示。

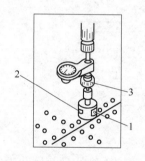

图 7-26 螺栓注胶示意图
1—加胶口;2—放气口;3—定力拧紧工具。

图 7-27 取下注胶工具

(2)紧固件端头注胶密封渗漏应清除包裹紧固件的密封剂层,使紧固件与结构金属表面完全露出(黏牢在紧固件上少量密封剂可不除去),重新密封。

(3)密封罩密封渗漏应用切割工具切开罩盖下部及周边,与结构完全分离,用钳子取下密封罩,切除紧固件上剩余密封剂,重新密封。

5. 注射排漏法

当结合零件的剩余强度较大、漏源清楚而且集中部位少时,可采用注射排漏法。方法如下:

(1)在渗漏部位钻孔。

(2)清洗后往孔内注射密封胶。

7.7 密封铆接环境控制及安全措施

7.7.1 环境控制

(1)施工的环境温度应控制在 15℃~30℃ 范围内,空气相对湿度应保持在 40%~80% 内。

(2)工作间应清洁。

(3) 所用的压缩空气应经过过滤处理,不含油、水和其他杂质。
(4) 施工人员的工作服、手套及工具等不准有油脂和纤维附着。

7.7.2 安全措施

(1) 施工现场特别是在狭小空间施工时,必须有通风、排气设施,防止施工人员吸入过量有机溶剂蒸气。

(2) 施工现场附近应备有肥皂、去污粉及洗涤设施。

(3) 施工人员应戴手套接触有机溶剂、密封剂。黏在皮肤上的密封剂,应及时擦掉并用水冲洗。有机溶剂及有害物质溅入眼、口腔时,应立即用水冲洗。

(4) 工作后离开现场应更换工作服,将手洗净。

(5) 施工现场应严禁烟火,必须配备干粉灭火器、灭火砂箱等消防器具。

(6) 浸有有机溶剂的废弃抹布和密封剂,必须分别投入专用容器中。

7.8 密封铆接常见的缺陷及排除方法

密封铆接常见的缺陷及排除方法如表 7-10 所列。

表 7-10 密封铆接的缺陷及排除方法

序号	缺陷内容	缺陷图示	缺陷原因	排除方法
1	定位压紧后胶液被挤出而贫胶或漏胶		(1) 胶液太稀。 (2) 定位压紧力太大	(1) 松开附近定位销。 (2) 将零件轻轻撬开间隙,进行压注。 (3) 重新固定,一般压紧力 2MPa
2	铆钉在组合工件之间敦粗		(1) 两工件间隙过大。 (2) 铆接时压紧力小或涂胶层过厚	(1) 分解铆钉。 (2) 扩孔加大一级铆钉。 (3) 加力压紧。 (4) 铆钉粘胶铆接
3	沉头铆钉有间隙		(1) 沉头窝角度过大。 (2) 沉头窝锪深。 (3) 铆钉直径选错	(1) 分解铆钉。 (2) 扩孔加大一级铆钉。 (3) 铆钉粘胶铆接
4	缝外密封局部有缺口		(1) 涂胶未涂到。 (2) 未按规程涂胶	(1) 用力切掉缺陷部分。 (2) 清理干净。 (3) 清洗。 (4) 补胶:补胶面要大于切削面,并与原胶搭配
5	呈现针状砂眼		(1) 胶液过浓。 (2) 涂胶方法不当	排除方法同上

(续)

序号	缺陷内容	缺陷图示	缺陷原因	排除方法
6	胶缝产生气泡	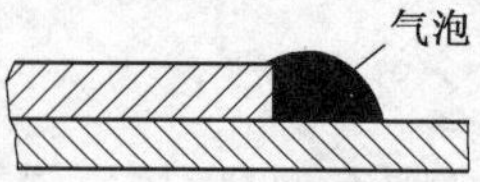 气泡	涂胶速度过快或往复刮涂	排除方法同上
7	缝外涂胶尺寸过小	 胶缝尺寸过小	未按技术条件要求涂胶	按涂胶前清洗方法洗净涂胶缝表面,然后补胶

作业：

（1）气体和燃油的泄漏途径有哪些？
（2）简述密封剂在使用中的要求。
（3）简述密封铆接典型工艺过程。
（4）加速硫化的方法有哪些？
（5）简述排除渗漏的一般要求。

训练项目 7-1 密封铆接(缝内密封)

1. 实训目的

（1）了解密封铆接的工艺过程。
（2）掌握实际操作能力。

2. 工具清单

序号	工具名称	型号	数量
1	气钻	φ6	1
2	铆枪	2KM	1
3	平铆卡		1
4	钻头	φ2.7	1
5	铰刀	φ3H9	1
6	顶铁		1
7	卡尺	0~150	1
8	孔量规	φ3H9	1
9	锪窝钻	φ3×100°	1
10	平板锉	8″	1
11	卡尺	150	1
12	千分表		1
13	铆钉卡规	φ3	1
14	塞尺		1
15	角度尺		1

3. 耗材名称

序号	名 称	材 料	毛料尺寸/mm	数 量
1	蒙皮	LY12CZ δ2	102×102×2	1
2	角材	LY12CZ	XC111-1, L=102	4
3	铆钉	MS20426A04-6		20
4	密封胶	XM-22B		100g

4. 图纸与技术要求

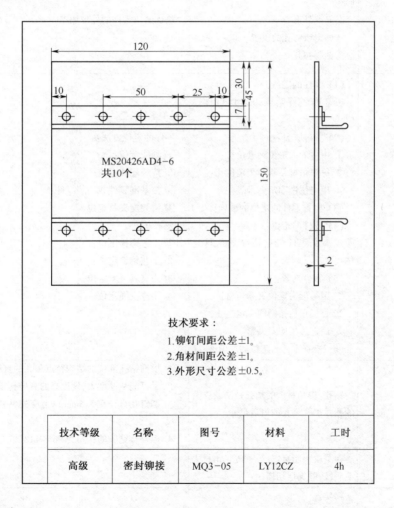

技术要求：
1. 铆钉间距公差±1。
2. 角材间距公差±1。
3. 外形尺寸公差±0.5。

技术等级	名称	图号	材料	工时
高级	密封铆接	MQ3-05	LY12CZ	4h

5. 注意事项

（1）操作者开工前必须穿戴好劳动保护用品。
（2）对容易造成零件损伤的工具压紧件的工作表面进行保护。
（3）工作所需物品、工具、量具应摆放整齐有序。

(4）严格按照图纸和工艺规范操作。

6. 工作内容(实施)

实训步骤	实训内容	能力要求
学习图纸	① 学习图纸、工艺规程、技术文件。 ② 了解该密封铆接件的零件组成及装配关系、铆接形式、密封形式和使用的密封剂。明确技术要求和使用的工量具	根据图纸,能分析并掌握零件的组成及装配关系
零件的初加工	① 按图划置蒙皮及角材的外形线。 ② 修锉外形。 ③ 确定铆钉孔的位置。 ④ 钻制初孔	熟练简单零件的外形加工
零件的定位与夹紧	(1) 零件的定位: 按基准零件蒙皮边缘划角材定位线。 (2) 零件夹紧: ① 用弓形夹定位夹紧角材; ② 每根角材钻制两个定位孔; ③ 用定位销固定夹紧。 (3) 检查零件的定位的准确性。 (4) 零件的定位: 按基准零件蒙皮边缘划角材定位线。 (5) 零件夹紧: ① 用弓形夹定位夹紧角材; ② 每根角材钻制两个定位孔; ③ 用定位销固定夹紧。 (6) 检查零件的定位的准确性	零件的定位方法: ① 划线定位; ② 按装配孔定位; ③ 按基准零件或工装零件; ④ 按装配夹具定位。 夹紧方法: ① 工艺螺栓定位; ② 工艺铆钉定位; ③ 用夹具夹紧定位; ④ 用橡皮绳定位
制孔	钻孔:按角材上的初孔钻制蒙皮上的孔并扩孔到孔的最后尺寸	① 根据钻孔部位的结构特点和孔的直径,选择风钻。 ② 尽可能从厚度大、硬度高的有导孔零件面钻孔。 ③ 铆钉孔直径在 3.5mm 以上应先钻初孔,再扩至最后尺寸。 ④ 铝合金钻头的锋角为 96°~118°
制窝	在蒙皮上制窝:分解蒙皮与角材去毛刺,清除夹层切屑	
施铆	铆接: ① 使用穿针从铆钉放入的方向穿插后放入铆钉。 ② 缝内涂密封胶时可直接将铆钉插入孔内,并擦去铆钉杆头上的胶,以保证镦头的成型质量。	铆接的操作要求: ① 先轻轻点铆,再在靠近钉杆零件表面轻击,消除零件夹层间隙。 ② 经常擦拭顶把和冲头,清除黏在其上的胶液。

(续)

实训步骤	实训内容	能力要求
施铆	③ 在铆接前应插入部分铆钉,保证定位准确性。 ④ 清理铆缝。 ⑤ 铆接质量与普通铆接基本相同。 ⑥ 将已清洗涂敷完密封剂的零件按原装配位置固定	③ 工艺固定孔处的最后铆接,要保证孔内有胶。 ④ 更换铆钉可用扁錾将镦头錾去,冲出顶杆,再黏胶铆接
对工件质量的评定	按照技术要求执行	

7. 质量评定(评估)

序号	项目	容差	工、量具	分配	评分标准与得分			扣分
					$S \leq T$ $C < 5\%$	$T < S \leq 1.5T$ $5\% < C < 60\%$	$S \geq 2T$ $C > 90\%$	
1	外形尺寸 120mm	±0.5mm	卡尺	4				
2	零件定位尺寸 15mm	±0.5mm	钢板尺	5				
3	零件定位尺寸 30mm	±0.5mm	钢板尺	5				
4	零件定位尺寸 40mm	±1.0mm	钢板尺	4				
5	零件定位尺寸 5mm	±1.0mm	钢板尺	4				
6	铆钉孔间距 20mm	±1mm	钢板尺	8				
7	铆钉孔边距 10mm	±0.5mm	钢板尺	6				
8	零件四角垂直度 90°	±30′	角度尺	4				
9	铆钉头部变形损伤		目测	5				
10	零件的清洗质量		目测	4				
11	铆钉头铆接质量	不大于 0.1mm	千分表	6				
12	铆钉镦头铆接质量		铆钉卡规	8				
13	铆钉镦头变形损伤		目测	5				
14	零件的平面度	小于 0.4mm	直尺	5				
15	未列尺寸或项目				每处不合格扣1分			
16	安全文明生产				按轻重程度,酌扣 2~10 分			
	总分				100 分			

8. 工卡

工 卡

序号	工作内容和技术要求	工作结果	操作者	检验者
	学习图纸			
	零件初加工			
1	在夹板-2上划出铆钉位置线			
2	钢板尺和铅笔实施,钻初孔 $\phi 3.0$			
	零件的定位与夹紧			
1	按图划蒙皮及角材的外形线			
2	修锉外形			
3	确定铆钉孔的位置			
4	钻制初孔			
	零件的定位和夹紧			
1	按基准零件蒙皮边缘划角材定位线			
2	零件夹紧			
3	检查零件的定位的准确性			
	制孔			
1	按角材上的初孔钻制蒙皮上的孔并扩孔到孔的最后尺寸			
	制窝			
1	在蒙皮上制窝			
2	分解蒙皮与角材去毛刺,清除夹层切屑			
	密封铆接			
1	使用穿针从铆钉放入的方向穿插后放入铆钉			
2	缝内涂密封胶时可直接将铆钉插入孔内,并擦去铆钉杆头上的胶,以保证镦头的成型质量			
3	在铆接前应插入部分铆钉,保证定位准确性			
4	清理铆缝			
5	铆接质量与普通铆接基本相同			
6	将已清洗涂敷完密封剂的零件按原装配位置固定			
	对工件质量的评定			

9. 训练项目实物照片
经过严格地按照图样和技术条件加工,训练项目实物照片如下图所示。

训练项目 7–2　密封铆接(缝外密封)

1. 实训目的
(1) 了解密封铆接的工艺过程。
(2) 掌握实际操作能力。

2. 工具清单

序号	工具名称	型号	数量
1	气　钻	$\phi 6$	1
2	钻　头	5KM	1
3	钻　头	$\phi 3.5, \phi 4.1$	各1
4	铰　刀	$\phi 5H9$	1套
5	铆　卡	平头	1
6	锪　钻	$\phi 3.5 \times 90°$	1
7	锪　钻	$\phi 3.5 \times 100°$	1
8	锪　钻	$\phi 5 \times 100°$	1
9	卡　尺	0~150	1
10	孔量规	$\phi 3.5, \phi 5$	各1

(续)

序号	工具名称	型号	数量
11	标准件		各1
12	塞尺		1
13	角度尺		1
14	铆钉卡规		1
15	环槽钉卡规		1
16	平板挫	8″	1
17	千分表		1
18	直尺		1
19	木榔头		1
20	铰刀	$\phi 3.6H9$	1
21	铅笔	2B	1
22	气动工具	环槽钉专用	1

3. 耗材名称

序号	名称	材料	毛料尺寸/mm	数量
1	底板-1	LY12CZ $\delta 2$	202×202×2	1
2	角材-2,-4	LY12CZ-XC111-1	$L=202$	2
3	角材-3(T型)	LY12CZZ	$L=202$	1
4	铆钉		3.5×8GB869.LY10	8
5	铆钉		Q15A996·3.5×7	8
6	沉头环槽钉	$\phi 5$		8
7	凸头环槽钉	$\phi 5$		8
8	密封胶	XM-22B,XM-21B		各100g

4. 图纸与技术要求
5. 注意事项
(1) 操作者开工前必须穿戴好劳动保护用品。
(2) 对容易造成零件损伤的工具压紧件的工作表面进行保护。
(3) 工作所需物品、工具、量具应摆放整齐有序。
(4) 严格按照图纸和工艺规范操作。

模块7 结构密封与密封铆接

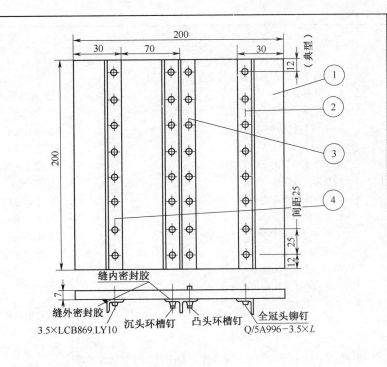

技术要求：
1. 制孔、制窝、铆接均按有关的技术条件要求。
2. 密封铆接按有关生产说明书进行清洗、去毛刺、涂胶、硫化和气密性检查，也可根据各单位具体情况进行检查或免试。
3. 环槽钉根据各单位条件自行选用标准或国外标准件。

技术等级	名 称	图号	材料	工时
中级	密封铆接	MQ4-13	LY12CZ	4h

6. 工作内容(实施)

实训步骤	实训内容	能力要求
学习图纸	按图纸结合明细表讲解零件的组成及装配关系，铆钉类型，封外涂密封胶的部位及相关的技术要求： ① 该工件是由底板-1，角材-2、角材-4、角材-3（T型）组成。 ② 角材-2、角材-4、角材-3 与底板-1 分别用点冠头铆钉、沉头、凸头环槽钉铆接连接。 ③ 角材与底板铆接及需进行缝外密封。	根据图纸，能分析并掌握零件的组成及装配关系
零件的初加工	① 按图 MQ44-13 划出底板-1 的外形尺寸线。 ② 按图 MQ44-13 划出角材-2、角材-4、角材-3 的余量线。 ③ 按划好的外形尺寸线和角材的余量线进行初加工	熟练简单零件的外形加工

(续)

实训步骤	实训内容	能力要求
零件的定位与夹紧	(1) 零件的定位： 按基准零件蒙皮边缘划角材定位线。 (2) 零件夹紧： ① 用弓形夹定位夹紧角材； ② 每根角材钻制两个定位孔； ③ 用定位销固定夹紧。 (3) 检查零件的定位的准确性。 (4) 零件的定位： 按基准零件蒙皮边缘划角材定位线； (5) 零件夹紧： ① 用弓形夹定位夹紧角材； ② 每根角材钻制两个定位孔； ③ 用定位销固定夹紧。 (6) 检查零件的定位的准确性	零件的定位方法： ① 划线定位； ② 按装配孔定位； ③ 按基准零件或工装零件； ④ 按装配夹具定位。 夹紧方法： ① 工艺螺栓定位； ② 工艺铆钉定位； ③ 用夹具夹紧定位； ④ 用橡皮绳定位
制孔	钻孔：按角材上的初孔钻制蒙皮上的孔并扩孔到孔的最后尺寸	① 根据钻孔部位的结构特点和孔的直径，选择风钻； ② 尽可能从厚度大、硬度高的有导孔零件面钻孔； ③ 铆钉孔直径在 3.5mm 以上应先钻初孔，再扩至最后尺寸； ④ 铝合金钻头的锋角 96°~118°
对零件、角材表面的清理及涂密封胶	① 按图纸 MQ4-13 及密封铆接有关生产说明书进行清洗、去毛刺、涂胶；硫化和气密性检查，其中气密性检查可根据实际情况免去此工作； ② 将已制孔的底板-1、角材-2、角材-4、角材-3（T 型）分解； ③ 分别用清洗剂对于进气密铆接的部位进行清洗，保证其表面干净、无污物； ④ 对待缝内密封铆接的部件，即角材-3，角材-4 与底板-1 相应部位涂底漆，此项工作根据实际情况可免去； ⑤ 按图纸及相关技术要求涂密封胶 XM21B	
施铆	① 按图纸及技术要求，用气动工具（环槽钉专用）进行铆接角材-3 与底版-1； ② 按图纸及技术要求，铆接气冠头铆钉 Q/5A996·3.5×7=8，铆钉 3.5×8GB869。LY10=8	铆接的操作要求： ① 铆钉头应贴紧零件表面，允许不贴合的单向间隙为 0.05mm，这种铆钉数应不大于铆接排总数的 10%； ② 铆钉不应有切痕等损伤； ③ 铆钉镦头一般应为标准镦头，标准镦头呈鼓形； ④ 镦头不允许有切痕、下陷、裂纹和其他损伤

(续)

实训步骤	实训内容	能力要求
涂封外密封胶	① 再次清洗角材-4与底板-1待涂胶部位,确保干净无污物; ② 对待涂胶部件涂底漆,根据实际情况此项工作可免去; ③ 按图纸及相关技术要求涂密封胶 XM22B; ④ 对已涂胶部位,按相关技术要求进行硫化和气密性检查,根据实际情况可免去	
对工件质量的评定	按照技术要求执行	

7. 质量评定(评估)

序号	项目	容差	工、量具	配分	评分标准与得分 $S \leq T$ $C<5\%$	$T<S \leq 1.5T$ $5\%<C<60\%$	$S \geq 2T$ $C>90\%$	扣分
1	外形尺寸 200mm	±1mm	卡尺	8				
2	零件-2mm,零件-3mm,零件-4mm定位尺寸 30mm	±0.6mm	钢板尺	6				
3	四角垂直度 90°	±30′	角度尺	4				
4	铆钉、环槽钉间距 25mm	±0.5mm	钢板尺	4				
5	铆钉、环槽钉边距 12mm	±0.5mm	钢板尺	4				
6	铆钉孔的质量 φ3.5	±0.1mm	孔量规	6				
7	冠头铆钉孔径 φ3.5	0.05mm	孔量规	6				
8	环槽钉的孔径		孔量规	6				
9	铺胶层的质量		目测	4				
10	沉头窝制作质量		标准钉	4				
11	铆钉头变形及损伤		目测	4				
12	铆钉头高出蒙皮表面	不大于 0.1mm	千分表	5				
13	沉头环槽钉头高出表面	小于 0.1mm	千分表	5				
14	凸头环槽钉与表面间隙	小于 0.05mm	塞尺	5				
15	铆钉镦头铆接质量		铆钉卡规	8				
16	环槽钉头成型质量		环槽钉卡规	6				

(续)

序号	项目	容差	工、量具	配分	评分标准与得分			扣分
					$S \leq T$ $C<5\%$	$T<S \leq 1.5T$ $5\%<C<60\%$	$S \geq 2T$ $C>90\%$	
17	零件表面波纹度	±0.4mm	直尺,塞尺	5				
18	外观表面损伤		目测	6				
19	未列尺寸或项目		真空机	4				
20	未列尺寸或项目				每处不合格扣1分			
21	安全文明生产				按轻重程度,酌扣2~10分			
	总分				100分			

8. 工卡

工　卡

序号	工作内容和技术要求	工作结果	操作者	检验者
	学习图纸			
	零件初加工			
1	按图 MQ44-13 划出底板-1 的外形尺寸线			
2	按图 MQ44-13 划出角材-2、角材-4、角材-3 的余量线			
3	按划好的外形尺寸线和角材的余量线进行初加工			
	零件的定位与夹紧			
1	按图划置蒙皮及角材的外形线			
2	修锉外形			
3	确定铆钉孔的位置			
4	钻制初孔			
	零件的定位和夹紧			
1	按基准零件蒙皮边缘划角材定位线			
2	零件夹紧			
3	检查零件的定位的准确性			
	制孔			
1	按角材上的初孔钻制蒙皮上的孔并扩孔到孔的最后尺寸			
	对零件、角材表面的清理及涂密封胶			

(续)

序号	工作内容和技术要求	工作结果	操作者	检验者
1	按图纸 MQ4-13 及密封铆接有关生产说明书进行清洗、去毛刺、涂胶;硫化和气密性检查,其中气密性检查可根据实际情况免去此工作			
2	将已制孔的底板-1、角材-2、角材-4、角材-3(T型)分解			
3	分别用清洗剂对于进气密铆接的部位进行清洗,保证其表面干净、无污物			
4	对待缝内密封铆接的部件,即角材-3、角材-4 与底板-1 相应部位涂底漆,此项工作根据实际情况可免去			
5	按图纸及相关技术要求涂密封胶 XM21B			
密封铆接				
1	按图纸及技术要求,用气动工具(环槽钉专用)进行铆接角材-3 与底板-1			
2	按图纸及技术要求,铆接气冠头铆钉 Q/5A996·3.5×7 的数量 8 个,铆钉 3.5×8GB869。LY10 的数量 8 个			
涂封外密封胶				
1	再次清洗角材-4 与底板-1 待涂胶部位,确保干净无污物			
2	对待涂胶部件涂底漆,根据实际情况此项工作可免去			
3	按图纸及相关技术要求涂密封胶 XM22B			
4	对已涂胶部位,按相关技术要求进行硫化和气密性检查,根据实际情况可免去			
对工件质量的评定				

9. 训练项目实物照片

经过严格地按照图样和技术条件加工,训练项目实物照片如下图所示。

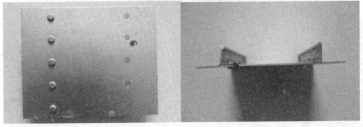

保护胶纸未干透，溶剂侵蚀玻璃炸

[故障概况]

某日，飞机进行大修，按冶金处临时工艺指示单对飞机进行退漆。按工艺指示单将全机玻璃用动物胶粘贴双层牛皮纸保护，然后用稀释剂退机翼漆。按文件要求机身用硝基漆稀释剂退漆，退漆完后，拆开玻璃保护纸检查，并未发现玻璃有异常现象。飞机进总装厂分解检查，也未发现异常。然而在几天之后发现驾驶舱12块玻璃（内有2块电加温玻璃）、客舱18块玻璃全部炸裂。

[原因分析]

在玻璃保护时，刷的动物胶连续贴上双层牛皮纸，在胶没有干透情况下，下午就退漆，其液体稀释剂渗入保护层接触到玻璃，2~3天后使玻璃炸裂。根本原因是退漆时未按规章操作，没有执行牛皮纸胶未干透，不能进行退漆工序的规定。

[纠正措施及经验教训]

全机玻璃报废换新。

这架飞机玻璃报废给公司造成几十万元的经济损失。其教训是深刻的，在以后给飞机退漆时，一定要按有关规定操作将玻璃保护好。在退机身油漆时一定要小心，不要将稀释剂流到玻璃上。

模块 8 螺 栓 连 接

【教学目标】

(1) 掌握螺栓连接的概念、分类及工序。
(2) 掌握螺栓连接的质量控制。
(3) 掌握螺栓、高锁螺栓和锥形螺栓分解技术要求。

【教学重点】

(1) 让学生熟悉螺栓连接接的种类及其应用。
(2) 让学生熟悉螺栓连接的加工与安装。
(3) 让学生掌握螺栓、高锁螺栓和锥形螺栓安装技术要求。
(4) 让学生掌握螺栓、高锁螺栓和锥形螺栓分解技术要求。

【教学难点】

(1) 高锁螺栓的连接过程。
(2) 螺栓连接安装要求,操作技能。
(3) 螺栓连接防松方法、失效判断及故障处理。

螺栓连接是飞机结构主要连接形式之一。它具有强度高、可靠性好、安装方便、易于拆卸等特点。所以螺栓连接技术发展迅速,应用范围更加广泛。

螺栓连接主要应用于飞机主要承力结构部位的连接。飞机大部件对接,如机翼与机身对接的连接多采用高强度的重要螺栓。还有一些需要经常或定期拆卸的结构,如可卸壁板、口盖、封闭结构的连接,以及易损结构件,如前缘、翼尖等的连接,广泛采用托板螺母连接形式,能很好地解决工艺性、检查维修和更换问题。甚至于飞机上的成品、设备、系统构件等都离不开螺栓连接。所以,学习螺栓连接技术,是十分必要的。

本章将按紧固件的类别介绍螺栓连接、锥形螺栓连接和高锁螺栓连接以及孔的冷挤压、压印技术等。

8.1 螺栓连接概述

8.1.1 螺栓连接

螺栓连接的示意图如图 8-1 所示,典型工艺过程如图 8-2 所示。

8.1.2 托板螺母连接

托板螺母连接如图 8-3 所示,典型工艺过程与螺栓连接的区别在于在制孔和制窝之

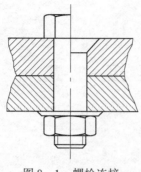

图 8-1 螺栓连接

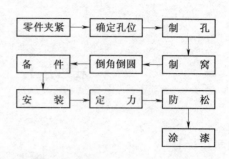

图 8-2 螺栓连接的典型工艺过程

间增加铆接托板螺母工序,而无定力和防松工序。在被连接件上分别制螺钉孔,制孔、铆接托板螺母工作包括:先在固定构件上制螺栓孔,铆接托板螺母,然后将活动构件定位安装在固定构件上,按固定构件上的孔(或样板)在活动构件上制螺栓孔,最后固定活动构件。

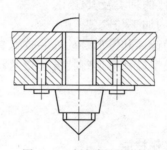

图 8-3 托板螺母连接

8.1.3 高锁螺栓连接

高锁螺栓连接如图 8-4 所示,典型工艺过程与螺栓连接的区别在于无定力和防松工序,对于双六角型高锁螺母安装后按需要再次拧紧定力。

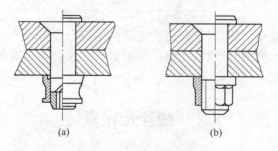

图 8-4 高锁螺栓连接

8.1.4 锥型螺栓连接

锥型螺栓连接如图 8-5 所示,典型工艺过程与螺栓连接的区别在于无定力工序,制孔与制窝同时进行。

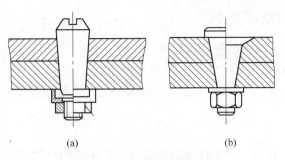

图 8-5 锥型螺栓连接

8.2 零件的定位及夹紧

8.2.1 螺栓连接

被连接件夹紧工序质量的优劣是提高制孔质量的重要环节。如果在零件之间存在间隙的情况下进行孔的加工，则孔壁在零件的贴合面处出现阶差，切屑易进入夹层中，容易划伤孔壁，若进行螺栓安装，零件会产生变形且内应力加大，降低了连接强度。夹紧的方法如表 8-1 所列。

表 8-1 零件夹紧方法

夹紧工具	方 法 说 明	工 艺 特 点
定位销	(1) 在零件钻孔后实施夹紧。 (2) 一般利用螺栓初孔，也可以利用加工到最后尺寸的孔。 (3) 压紧件数量取决于零件尺寸、形状和刚度。一般每隔1~5个孔装一个，必要时可以每个孔装一个。 (4) 工艺螺栓可以用标准件，也可以用特制件；可以用低精度的螺栓或螺钉，也可用图样上规定的螺栓	(1) 夹紧方便，装卸迅速。 (2) 适用于螺栓直径不大于 6mm，夹层厚度不超过 5mm。 (3) 夹紧力较小
工艺螺栓		(1) 装卸不方便。 (2) 不受螺栓直径和连接夹层厚度的限制，它是较常用的夹紧方法。 (3) 夹紧力较大，并可以用定力方法限制压紧力的大小。 (4) 适用接头等大型零件的夹紧。最适用于螺栓安装工序周转时间长，定位、制孔和安装螺栓不在同一工序进行的夹紧定位
型架压紧件	(1) 零件制孔前实施夹紧。 (2) 在型架内定位夹紧零件，架外安装螺栓时，可以与前两种夹紧工具同时使用，在制初孔后装定定位销或工艺螺栓。 (3) 夹紧的位置靠近螺栓孔，夹紧力的大小不应超过该处螺栓对零件所产生的压力。 (4) 弓形夹类压紧件包括普通弓形夹、夹紧钳、手虎钳等	一般与型架定位件配合使用，实现零件定位压紧，其可靠性较好
弓形夹类		(1) 夹紧位置的设置较灵活。 (2) 遇有振动，压紧件易松动，需要检查，保证压紧状态。 (3) 使用范围受弓臂限制。 (4) 夹紧力大

8.2.2 孔位的技术要求

（1）按产品图样上示出的螺栓位置确定螺栓孔位。
（2）螺栓孔边距、间距和排距的极限偏差为±1mm。
（3）螺栓孔的最小边距，按产品图样中的规定，当无明确规定时，螺栓孔的最小边距一般为螺栓直径的 1.5~2 倍。

8.3 制孔参数和加工方法的选择

8.3.1 孔的技术要求

（1）螺栓孔的技术要求，螺栓孔的技术参数与螺栓的精度等级有密切关系，常见螺栓孔的技术要求如表 8-2 所列。
（2）高锁螺栓孔的技术要求与普通螺栓孔的技术要求相同。

表 8-2 螺栓(钉)孔的技术要求

项目	孔 技 术 要 求			
配合制	螺栓光杆与孔的配合采用基孔制			
直径	(1) 公差带小于 H11 的孔径与螺栓直径相同。 (2) 公差带为 H11、H12 的孔径比螺栓(钉)直径大 0.2mm			
公差等级	(1) 高于或等于公差等级 IT8 的螺栓，孔公差等级比螺栓公差等级低一级。 (2) 对于公差等级低于 IT8 的螺栓，孔公差等级与螺栓公差等级相同。 (3) 螺钉孔的公差带为 H12			
圆度	在螺栓孔直径极限偏差内			
垂直度	螺栓孔应垂直于与螺栓头贴合的零件表面，孔的偏斜不大于 0.5°			
表面粗糙度 Ra 值 /μm	材料	孔公差带		
		H7	H8、H9	H11、H12
	铝	≤1.6	≤1.6	≤6.3
	钢	≤0.8		
	钢、铝夹层	钢：≤0.8 铝：≤1.6		
	30CrMnSiNiA	≤0.8		≤1.6
	LC4			≤3.2
表面允许的轻	尺寸 t 的范围			

212

(续)

项目	孔 技 术 要 求			
微划伤	划伤深度不大于0.04mm,在尺寸 t 范围内不允许划伤	环形划伤若 δ ≤ 16mm 则 t = 0.1δmm；若 δ > 16mm，则 t = 1.6mm	螺旋形划伤若 δ ≤ 6.4mm,则 t = 0.1δ；若 δ > 6.4mm，则 t = 1.6mm	纵向划伤若 δ ≤ 6.4mm，则 t = 0.25δ；若 δ > 6.4mm，则 t = 1.6mm。且划伤长度不大于 0.5δmm
外观质量	(1) 不允许有毛刺。 (2) 不允许有锈蚀现象			

（3）锥形螺栓孔的技术要求如下：

① 孔应垂直于工件表面,孔的偏斜不大于2°。
② 孔锥度极限偏差不大于孔深的1%。
③ 孔表面粗糙度及 Ra 值不大于 $1.6\mu m$。
④ 孔的公差等级与锥形螺栓光杆的公差等级相同。
⑤ 孔与锥形螺栓光杆接触的面积应不小于孔表面的60%。
⑥ 孔表面允许的轻微划伤、孔的外观质量与螺栓孔的相同。

8.3.2 孔加工方法的选择

选择孔加工方法时主要考虑孔的公差等级、孔直径、孔的深度,被加工的材料以及结构的开敞性。各种孔加工方法如表8-3所列。

表8-3 各种孔加工方法的特点及适用范围

加工方法	达到的公差带、表面粗糙度 $Ra/\mu m$	工具、设备	工艺特点	适用范围
钻孔	H12 3.2~6.3	钻头、风钻、台钻等	操作简单,容易掌握,切削量大,效率高	用于公差带 H12 孔的加工,或公差带 H8、H9 孔的初加工
用扩孔钻扩孔	H11 1.6~3.2	扩孔钻、风钻、台钻等	操作方法简单、效率高,采用带前导杆的扩孔钻易于保证孔的质量	用于公差带 H11、H12 孔的加工,或为了提高钻孔的精度和光度作为孔精加工前的加工
手铰	H7、H8、H9 0.8~1.6	铰刀、铰杆	灵活性强,不需要设备,但手工操作的劳动量大,效率低。要求工人的技术水平高,加工质量受人为因素的影响大	可达性最好,特别适用于不开敞部位。但孔的直径一般在30mm 以下,孔不宜太深
风钻铰孔	H9 0.8	铰刀、风钻	灵活性较强,效率高。要求工人的技术水平高,质量不够稳定	只适用于在薄件(10mm 以下)上小直径(8mm 以下)的孔。要求结构比较开敞
拉孔	H7、H8、H9 0.8~1.6	拉刀、拉削设备	操作简单、效率高、质量稳定。设备简单,移动方便、易接近产品。对于初孔的垂直度要求较高	适用于比较开敞的部位,在钢件或铝件上精加工直径在20mm 以下的孔。对于成排、成组的孔,更能发挥优点

(续)

加工方法		达到的公差带、表面粗糙度 $Ra/\mu m$	工具、设备	工艺特点	适用范围
自动进给钻制孔	钻孔	H12 3.2~6.3	自动进给风钻、钻头、扩孔钻、铰刀、镗刀	操作简单,效率高,能制出高质量光洁孔,基本上不产生毛刺,各种转速下的进给量按预定值,操作者较省力	适用于在坚硬材料或其他特种材料上制孔,孔径可达76.2mm(3in)。可以与装配型架的钻模配合使用
	扩孔	H11 1.6~3.2			
	铰孔	H7、H8、H9 0.8~1.6			
	镗孔	H6、H7、H8 0.18~1.6			
自动铆机制孔		H9、H10、H12 3.2	自动钻铆机	操作简单,效率高,但设备昂贵	能完成由两个元件组成的紧固件连接,如高锁螺栓连接的制孔、制窝及安装

8.4 孔的加工方法

8.4.1 制孔前的准备工作

制孔前的准备工作如下:

(1) 通过图样和有关技术文件,明确所要加工孔的孔径和公差。如钻初孔,要了解扩、铰孔的余量,还要了解工件的总厚度和金属材料的性质等。

(2) 要检查工件的间隙、孔的边距。制孔用的钻模、导具等定位是否正确。

(3) 检查所要用的钻机、刀具和量具等是否合格及适用。应定检的刀具或工具是否经过定检校验。

(4) 在正式制孔前,应先在试件上进行试加工,一方面检查工具、设备,另一方面熟悉和掌握制孔的操作要领。

8.4.2 钻孔和扩孔的技术要点

钻孔和扩孔的技术要点如下:

(1) 钻孔时应注意孔的垂直度。钻孔的垂直度不好,后面的扩、铰工序都难以纠正。手工钻孔时,保证钻孔垂直度的常用方法有采用垂直钻套、直角尺和钻模等,如图8-6所示。

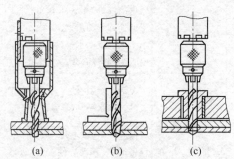

图8-6 保证钻孔垂直度的方法
(a)按垂直钻套钻孔;(b)按直角尺钻孔;(c)按钻模钻孔。

（2）手工钻制初孔的直径，对于钢件应不大于6mm，对于铝合金件应不大于10mm。

（3）手工钻孔时应依据工件材料、孔径和钻孔工具的性能来确定钻孔工具的工作转速。钻孔的进给量取决于施加在钻孔工具上的压力，其压力的大小应使钻头保持连续切削，压力过大，会使孔表面的质量超差，使钻头弯曲或损坏；压力过小，会使孔径超差，使钻头变钝。

（4）用风钻按初孔扩孔时，应尽量选用带前导杆的扩孔钻。

（5）用自动进给钻钻孔时的过程如下：

① 自动进给钻钻孔，是一种自动进刀的钻孔方法。在自动进给钻的轴转速恒定不变的情况下，钻头反复进入孔和完全撤离孔，钻头每次进入孔的深度逐次增加，直至达到要求深度为止。

② 使用自动进给钻钻孔时，应将其固定在钻模上（图8－7）。更换制孔刀具时，可依次完成钻孔、扩孔、铰孔。

③ 为了保证孔的精度和表面粗糙度，在允许条件下建议使用润滑剂。

（6）按钻模扩孔时，如果零件的初孔与钻模孔不同心，则可以用钻头予以纠正后再扩孔，也可以直接采用不带前导杆的扩孔钻扩孔。按钻模扩孔时，主要靠后引导来提高刀具的稳定性，也可同时采用前、后引导。

（7）对于深孔或空心零件上的孔（要求孔同心），可用带前、后引导的扩孔钻扩孔（图8－8）。

（8）构件的零件由不同材料组成时，钻、扩应从材料较硬的一面进刀。

（9）构件的零件由相同材料组成时，钻、扩应从材料较厚的一面进刀。

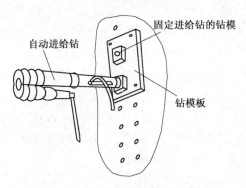

图8－7　自动进给钻钻孔示意图

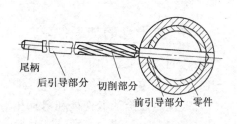

图8－8　空心零件的扩孔

8.4.3　手工铰孔方法及操作要点

1. 手工铰孔操作过程

手工铰孔操作过程如下：

（1）将铰刀沾上润滑液后插入初孔。

（2）将铰刀对正初孔，如无钻模或导具时，可用角度尺检查铰刀是否垂直于工件表面，如图8－9所示。

（3）用大拇指轻推铰刀尾部，旋转铰杠或棘轮扳手，铰刀往里切进，边铰边加润滑剂。

（4）铰深孔时，要常退刀排屑，退刀时仍要正转，不要反转，直至将孔铰完。

(5) 最后检查孔的精度、粗糙度和孔的垂直度。

2. 手工铰孔操作要点

手工铰孔操作要点如下：

(1) 工件装配夹紧要正确，铰刀要与孔端面垂直，对薄壁零件的夹紧力不要过大，以免将孔夹变形。

(2) 手铰过程中，两手用力要平衡，旋转铰杠的速度要均匀，铰刀不要摇摆，以保持铰削的稳定性，避免在孔的进口处出现喇叭口或将孔径扩大。

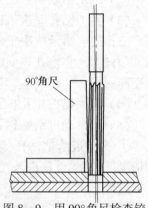

图 8-9　用 90°角尺检查铰刀垂直度

(3) 注意变换铰刀每次停歇的位置，以消除铰刀常在同一处停歇而产生振痕。

(4) 旋转铰杠进刀时，不要猛力压铰杠，应随着铰刀旋转均匀加力，以保证孔的精度和粗糙度，当孔快铰通时，不要让铰刀的校准部分完全通过孔，以免将孔壁划伤。

(5) 铰孔时，若铰刀被卡住，应将铰刀取出，清除切屑，查清原因后涂上润滑油再继续铰孔。不要强行铰孔，以防止铰刀折断而使孔径超差或报废。

(6) 铰刀绝不可倒转。倒转会使刀口磨损，而且孔壁容易划伤，退刀时一定要顺转退出。

(7) 当使用风钻铰孔时，一定要掌握好进刀方向，不要摇摆，不允许中途停机或交替开、关风钻。工件上的孔铰通后，不允许风钻带着铰刀来回运动。否则会在孔壁上留下刀痕及使孔产生喇叭状或超差。

(8) 用风钻铰孔应根据所加工材料，合理选择转速和进给量，一般转速约为钻孔时的 1/3~1/2 倍。

8.4.4　锥形孔的加工

锥型孔的加工步骤如下：

(1) 根据工件的夹层厚度将锥形螺栓分成组，以螺纹直径为锥形螺栓的基本直径。

(2) 选择与螺栓基本直径和组别相适应的专用锥形铰刀。对于沉头锥形螺栓孔，锥形铰刀上应带有锪窝钻，在铰孔的同时锪出沉头窝，如图 8-10 所示。

(3) 用比基本直径小 0.4mm 的圆柱钻头制锥形孔的初孔。

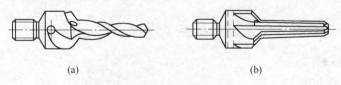

(a)　　　　　　　(b)

图 8-10　沉头锥形螺栓孔用的加工刀具
(a) 扩孔钻；(b) 铰刀。

(4) 用钻模或孔深限制器控制铰孔深度。

(5) 孔量规与孔表面接触痕迹未达到 60%时，可将直齿锥铰刀插入孔内，轻轻地转动，光整孔壁。

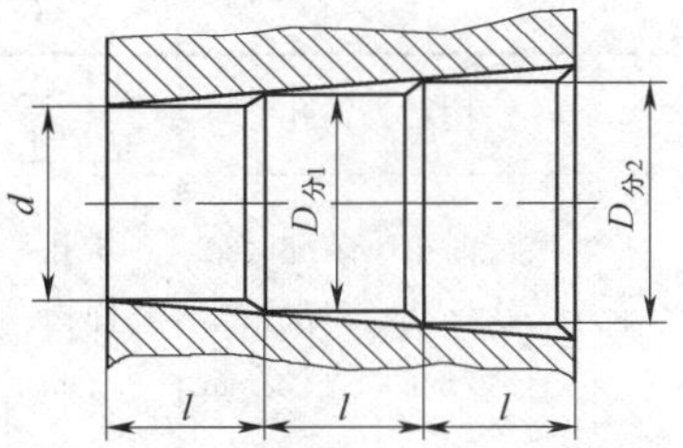

(6) 铰制锥孔时,底孔直径 d 应比锥铰刀公称直径 D 小 0.1mm,铰孔时,应根据切削阻力的情况,不断取出铰刀,清除切屑,然后涂上润滑油再进行加工。

当锥孔锥度较大时,为了铰孔省力,可将底孔钻成阶梯孔(图 8-11),阶梯孔的分段可视铰孔深度分成均等的几段,其各段钻孔直径按下式计算:

$$D_{分} = knl + d \quad (8-1)$$

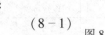

图 8-11 铰锥孔钻成阶梯孔示意图

式中　$D_{分}$——各段的钻孔直径,最小直径除外,单位为 mm;

　　　k——锥孔的锥度;

　　　n——分段次数;

　　　d——锥孔小端底孔直径,单位为 mm;

　　　l——分段长度。

如在管形工件上制锥度孔,可在管子两端面按锥度钻初孔,然后再铰孔,但要注意两孔的同轴度。

8.4.5　可调铰刀的使用

可调铰刀在刀体上开有六条斜底直槽,具有同样斜度的刀条嵌在槽里,利用前后两只螺母压紧刀条的两端,调节两端的螺母可使刀条沿斜槽移动,即能改变铰刀的直径,以适应加工不同孔径的需要。

目前,常用的可调铰刀直径范围在 6~54mm,主要用于修配、单件生产以及尺寸比较特殊的情况下的铰孔。

8.4.6　切削用量的选择

选择切削用量时,主要考虑被加工零件的材料和厚度、孔的直径大小和公差带、加工方法,以及操作者的技能水平,因此在加工时,切削用量按具体情况确定。

(1) 扩孔切削用量。对于直径较大的孔,在钻孔后铰孔前应增加扩孔工序,扩孔切削用量一般按表 8-4 选取。

表 8-4　扩孔切削量

初孔直径/mm		6~10	10~20	20~35	35~50	50~70
每次扩孔量/mm	不同心孔	0.5	0.5~1.0	0.5~1.5	0.5~1.0	0.5
	同心孔	1.0~1.5	1.5~2.5	0.5~1.0	0.5~1.0	0.5

(2) 手铰和风钻铰孔在铰孔过程中的切屑用量见表 8-5。

8.4.7　扩、铰孔过程中切削液的选择

在扩孔和铰孔过程中,为保证制孔的精度和表面粗糙度的要求,提高刀具的使用寿命,按被加工的材料,可选用不同的切削液如表 8-6 所列。

表 8-5 铰孔过程的切削量

螺栓直径/mm	用钻头钻孔		用扩孔钻扩孔	用铰刀铰孔				
	装配时第一次钻孔直径/mm	装配时第二次钻孔直径/mm	扩孔直径/mm	H7、H8			H9、H11	
				第1次铰孔直径(H9)/mm	第2次铰孔直径(H9)/mm	精铰孔径(H7)(H8)/mm	第1次铰孔直径(H9)/mm	精铰孔径(H9、H11)/mm
3	2	2.7		2.9	2.95	3	2.9	3
4	3	3.7		3.9	3.95	4	3.9	4
5	4	4.7		4.9	4.95	5	4.9	5
6	5	5.7		5.9	5.95	6	5.9	6
(7)	6	6.7		6.9	6.95	7	6.9	7
8	7		7.7	7.9	7.95	8	7.9	8
(9)	8		8.7	8.9	8.95	9	8.9	9
10	9		9.7	9.9	9.95	10	9.9	10
12	11		11.7	11.9	11.95	12	11.9	12
(13)	12		12.7	12.9	12.95	13	12.9	13
14	13		13.7	13.9	13.95	14	13.9	14
16	15		15.7	15,9	15.95	16	15.9	16
18	17		17.7	17.9	17.95	18	17.9	18
20	18		19.7	19.9	19.95	20	19.9	20
22	20		21.7	21.9	21.95	22	21.9	22
24	22		23.7	23,9	23.95	24	23.9	24
27	25		26.7	26.7	26.95	27	26.9	27
(33)	16	31	32.7	32.9	32.95	33	32.9	33
36	20	34	35.7	35.9	35.95	36	35.9	36
39	20	37	38.7	38.9	38.95	39	38.9	39
42	25	40	41.7	41.9	41.95	42	41.9	42
45	25	43	44.7	44.9	44.95	45	44.9	45
48	25	46	47.7	47.9	47.95	48	47.9	48
50	25	48	49.7	49.9	49.95	50	49.9	50

注：根据需要可以适当增加切屑次数

表 8-6 孔加工常用切削液

工件材料	切削液			
	一般钻孔	钻深孔	铰孔	拉孔
结构钢	皂乳	乳、混①	乳、皂、混①、混②	乳、皂、混②
铸钢	乳		乳、皂	乳、混①
铜	干、乳		乳	乳

(续)

工件材料	切削液			
	一般钻孔	钻深孔	铰孔	拉孔
黄 铜	干、乳	乳、混①	干	干、混①
青 铜	干、乳、煤		乳、矿、混①	混①
铝	干、乳、煤		乳、煤	煤、变压器油
硬 铝	乳、煤		乳、变压器油	混①、变压器油

① 矿物油和含脂肪酸油的混合油;
② 豆油加煤油,质量比为3:2;
注:1. 皂:皂水溶液;
　　2. 乳:乳化液;
　　3. 干:不加切削液;
　　4. 煤:煤油;
　　5. 矿:矿物油

8.4.8 铰孔中常见的缺陷和解决措施

铰孔中的常见缺陷、产生原因及其解决措施如表8-7所列。

表8-7 铰孔的常见缺陷、产生原因及其解决措施

常见缺陷	主要原因	解决措施
孔壁出现粗糙沟纹,表面粗糙度达不到要求	铰刀切削部分和修光刃部表面粗糙	对铰刀表面粗糙的切削部分和修光刃部分进行精磨和研磨等
	铰刀刃口不锋利,已磨损	刃磨铰刀刃口
	切削刃的偏摆过大	重新修磨切削刃的齿背
	出屑槽内切屑黏积太多	随时退刀并清除切屑
	刃口留有积屑瘤	用油石轻轻除去
	切削刃与修光刃部过渡处有尖棱	用油石将尖棱研磨成圆滑的过度切削刃
	铰孔余量过大	合理选择加工余量
	冷却切削液供应不足或选择不当	采用适当的、足够的冷却切削液
	对于韧性材料,不适宜用前角 $r=0°$ 或负前角铰刀	更换前角 $r=5°\sim10°$ 的铰刀
	刀齿上有崩裂缺口	将缺口磨去或换新刀
	退刀不当,划伤孔壁	注意退刀方法
铰孔后孔径扩大	铰刀修光刃部分的刃面径向跳动过大	修磨刃口,减少刃口的径向跳动量
	铰刀直径偏大	铰孔前应仔细检查铰刀直径
铰孔后孔径缩小	铰刀超过磨损标准	更换新铰刀
	铰钢件时,由于加工余量太大,退刀后内孔弹性复原	通过试验,留适当的加工余量
孔的端部出现喇叭形	铰刀与孔不垂直或铰孔过程中刀具摆动	振动铰杆的同时,稳定好刀杆。使用带前导杆的铰刀,稳定性好
	按钻模铰孔时,钻套松动而引起刀具摆动	注意钻套与钻模板,钻套与铰刀的配合精度,超过规定时予以更换
	切削锥角不适当	适当修磨锥角角度
	刃带已磨损	修磨韧带
孔壁局部未铰到	初孔椭圆或划伤过深	提高扩孔质量,铰孔质量选择应适当,不能过小
孔壁出现梅花型棱角	操作方法不当或夹层厚度小	提高技术水平,可选用螺旋铰刀
孔中心线和零件表面不垂直	初孔本身不垂直或铰孔时铰刀不正	采用必要的保证垂直度的方法

8.5 锪窝和倒角

8.5.1 锪窝

锪窝包括锪沉头螺栓的沉头窝和端面窝,如图 8-12 所示。

锪沉头窝和端面窝时,由于受产品通路的限制允许正锪窝和反锪窝,如图 8-13 或图 8-14 所示。

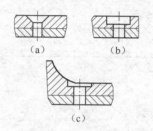

图 8-12 沉头窝和端面窝
(a)沉头螺栓的沉头窝;(b)六角头或圆柱头螺栓的沉头窝;(c)螺栓端面窝。

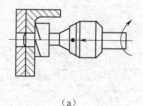

图 8-13 锪窝方式
(a)正锪窝;(b)反锪窝。

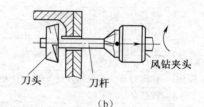

图 8-14 锪端面窝
(a)正锪窝;(b)反锪窝。

锪窝操作要点:

(1)锪窝速度一般是钻孔速度的 1/3~1/2 倍,在精锪窝时,可利用停机后钻轴的惯性来锪制,以减少振动而获得光滑表面。

(2)锪钻要装夹牢固,工件要压紧。

(3)锪钢件时,可在锪钻导柱和切削工件表面加些机油润滑。

(4)对于表面粗糙度值小于 1.6μm 的孔,应在孔径留有 0.2mm 余量时锪窝。

(5)当不能按第 4 条留余量锪窝时,应采用带球面导杆的锪窝钻锪窝,如图 8-15 所示。

(6)锪带螺纹的螺栓孔时,为避免导杆碰伤螺纹,可使用细导杆或带阶梯的导杆锪窝钻,如图 8-16 所示。

(7)反锪窝或反锪端面窝时,锪窝钻应先接触被锪面并拉紧风钻,再开动扳机进行锪窝。

(8)锪端面窝时,一般情况下锪平为止。如果必须锪至一定深度,应使用锪窝深度限制衬套,保证窝处的零件厚度不小于图样上规定的最小厚度,如图 8-17 所示。

图 8-15 带球面导杆的锪窝钻　　图 8-16 带阶梯导杆的锪窝钻　　图 8-17 用锪窝深度限制衬套锪窝

（9）在锪制完毕的端面应按图样规定涂上防腐保护层。

8.5.2 倒角与倒圆

1. 技术要求

倒角与倒圆的技术要求如下：

（1）安装凸头螺栓、高锁螺栓用的孔应在靠紧固件头部的一侧倒角或倒圆，其形状如图 8-18 所示，尺寸见表 8-8。

表 8-8 凸头螺栓孔倒角、倒圆的尺寸

螺栓直径/mm	4、5、6	8、10	12、14	16、18、20	22、24
倒角 C/mm	0.5±0.3	0.8±0.3	1.0±0.5	1.5±0.5	2.0±0.5
倒圆 R/mm	$0.5^{+0.4}_{0}$	$0.8^{+0.4}_{0}$	$1.0^{+0.4}_{0}$	$1.5^{+0.4}_{0}$	$2.0^{+0.4}_{0}$

（2）安装沉头螺栓、高锁螺栓用的孔在与沉头窝交接处制倒角，其形状如图 8-19 所示，尺寸由锪窝钻保证。

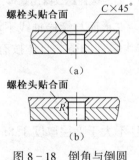
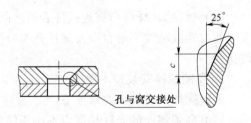

图 8-18 倒角与倒圆　　　　　　　图 8-19 孔与沉头窝交接处的倒角
(a) 倒角；(b) 倒圆。

（3）安装凸头锥形螺栓的孔，在靠锥形螺栓头的一侧应倒角。
（4）安装沉头锥形螺栓用的孔在与沉头窝的交接处（简称沉头窝底）制倒角，其形状和尺寸由锪窝钻来保证。

2. 倒角与倒圆的工艺方法

倒角一般采用倒角锪钻或使用直径大于孔直径顶角为 2 倍的麻花钻头锪制。
倒圆一般采用倒圆锪钻倒圆。或用整体式锪钻，锪窝与倒圆同时来完成。

8.6 螺栓安装

8.6.1 技术要求

1. 螺栓安装技术要求

螺栓安装的技术要求如下：

(1) 螺栓安装方向，一般按飞机航向由前向后、由上向下、由左向右插入安装。蒙皮表面的一字槽螺栓，其解锥槽的方向应顺航向安装。

(2) 螺栓的螺纹部分在夹层中的位置。承受拉力的螺栓，其螺纹部分(包括螺纹收尾)在夹层中的长度不限。承受剪力的螺栓，其螺纹部分(包括螺纹收尾)应尽量与夹层齐平，如图 8-20(a)、图 8-20(b)所示，允许螺栓光杆部分露出夹层的长度，如图 8-20(c)、图 8-20(d)所示，具体按有关技术条件要求执行。

(3) 螺栓的螺纹旋入端露出螺母的数值。螺栓与螺母连接的各种形式中，不管有锁紧和无锁紧螺栓的螺纹旋入端(有倒角或无倒角)露出螺母的数值 H(图 8-21)，应尽可能小，但不得小于一个螺距。对于打冲点防松的连接，端面打冲点露出螺母的螺栓部分的长度为 1~1.5 倍的螺距；侧面打冲点的应大于 1.5 倍的螺距。

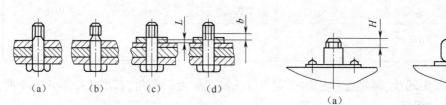

图 8-20 受剪螺栓螺纹露出夹层的位置　　图 8-21 螺栓螺纹露出螺母位置

(4) 螺栓头、螺母与被连接件表面之间由于螺栓头—支承面与螺栓轴线不垂直、螺母支承面与螺纹轴线不垂直以及螺栓孔本身不垂直而会产生单向间隙。具体按有关技术条件执行。

2. 高锁螺栓安装技术要求

高锁螺栓安装技术要求如下：

(1) 高锁螺栓的光杆长度应不小于结构夹层厚度，且不大于夹层厚度 1.8mm，即

$$\delta \leq L \leq \delta + 1.8 \tag{8-2}$$

式中　L——螺栓光杆长度，单位为 mm；
　　　δ——结构夹层厚度，单位为 mm。

(2) 高锁螺栓杆相对结构夹层的凸出量，如图 8-22 所示，数值见表 8-9。

(3) 高锁螺栓装配完毕，一般不再需要用定力扳手进行定力拧紧。

(4) 高锁螺栓头、螺母的支承面与被连接件之间允许存在不大于 0.1mm 的单向间隙。

3. 锥形螺栓安装技术要求

锥型螺栓安装及时要求如下：

（1）用手指将锥形螺栓压入孔时，螺栓头部的凸出量如表8－10所列。

表8－9　高锁螺栓杆伸出夹层量

螺栓直径/mm	凸出量 H_{min}/mm	凸出量 H_{max}/mm
5	9	11
6	10	12
8	13	15
10	16	18

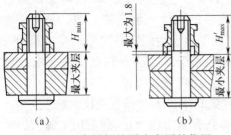

图8－22　高锁螺栓露出夹层的位置

表8－10　锥型螺栓的初装凸出量

基本直径/mm	凸出量 p/mm		基本直径/mm	凸出量 p/mm	
	最小	最大		最小	最大
4.8	1.83	4.39	12.7	3.66	8.05
6.4	2.18	5.13	14.3	4.01	8.79
8.0	2.57	5.18	15.9	4.39	9.50
9.5	2.92	6.58	19.0	5.13	10.97
11.1	3.30	7.32			

（2）锥形螺栓的螺纹部分（包括螺纹收尾）不允许位于夹层中。

（3）锥形螺栓头与被连接件表面的单向间隙按公差等级IT7螺栓的安装要求执行。

8.6.2　安装前的准备工作

安装前的准备工作如下：

（1）按产品图样核对紧固件的牌号、规格和标记。

（2）清除紧固件上和孔内的油污，并擦拭干净。

（3）对于重要螺栓，应检查螺栓上或合格证上是否标有炉批号。

（4）高锁螺栓安装前，需用夹层厚度尺测量夹层厚度，核实所选用的高锁螺栓长度是否满足要求。

（5）锥形螺栓安装前，用夹层厚度尺测量夹层厚度。用量具测量孔径，以确定螺栓组别和选择垫圈厚度。

（6）镁合金零件上的孔，内涂H06-2环氧锌黄底漆。

（7）在螺栓、锥形螺栓、不带有十六醇的高锁螺栓的光杆部分涂ZL7-2润滑脂。

（8）在无表面保护的铝合金结构上安装钛合金螺栓，用十六醇润滑，而干涉配合螺栓安装时，需在螺栓头上涂密封剂。

（9）在钛合金结构上安装钛合金螺栓采用干膜润滑剂，如二硫化钴润滑剂。

8.6.3　安装

1. 螺栓安装方法

螺栓安装方法如下：

（1）螺栓应沿孔的轴线推入。安装具有过盈配合的螺栓时，可采用铜棒沿孔轴线方向打入,不允许偏斜。

(2) 在材料为 30CrMnSiNi2A 和 LC4 的零件上安装过盈配合螺栓时,可采用温差安装法。温差安装方法包括螺栓冷冻收缩法、对装配件的螺栓孔加热膨胀法。采用冷冻收缩方法时,应事先测量好螺栓直径,靠冷缩温度来控制冷缩后的实际尺寸。在极短的时间内将螺栓装入孔中,最长时间不超过 15s。采用加热膨胀法时应在孔壁上涂一层二硫化钼润滑脂,将孔按规定加热到一定温度,并保温一定时间,安装螺栓。

(3) 由于夹层厚度而引起的厚度误差,允许加置垫圈补偿,具体按有关技术条件执行。

(4) 在安装定力螺栓时,用扳手手工拧紧螺母到有力矩感为止,然后用木锤或铝锤轻击螺栓,使夹层紧贴,再用定力扳手拧紧。

(5) 安装成组排列的螺栓时,不可按排列顺序依次拧紧螺栓,应按一定间隔顺序反复拧紧,如图 8-23 所示。

在拧紧排列成封闭形状的多个螺栓时,应按对角线次序反复拧紧,如图 8-24 所示。

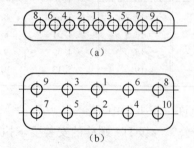

图 8-23 成组螺栓拧紧的顺序示例
(a)单排排列;(b)双排排列。

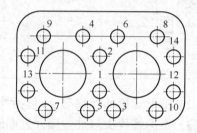

图 8-24 封闭形排列螺栓的拧紧顺序示例

(6) 螺母拧紧后,垫圈和螺栓头与夹层以及夹层各部分之间应紧密贴合,禁止用增大扭矩的方法排除夹层间隙。

(7) 过盈配合的螺栓不允许用扳手拧螺栓头,只许拧螺母。

(8) 螺母不应拧紧到螺纹螺尾处。

2. 高锁螺栓安装方法

安装高锁螺栓锁紧高锁螺母的方法有两种:一种是用棘轮扳手手动锁紧高锁螺母(图 8-25);另一种是用专用风扳机机动锁紧高锁螺母(图 8-26)。其工艺过程如下:

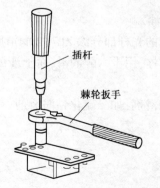

图 8-25 手动锁紧高锁螺母

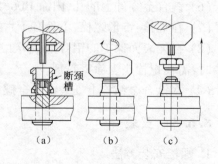

图 8-26 机动锁紧高锁螺母

(1) 将高锁螺栓沿孔的轴线压入或推入孔内。安装有过盈配合的高锁螺栓时,用铜棒沿孔轴线方向打入,不允许偏斜。

(2) 将高锁螺母拧在已放入螺栓孔的高锁螺栓上,一般拧上两扣螺纹。

(3) 一般不使用垫片。只在没有适合夹层厚度的高锁螺栓时,才允许使用垫片。

(4) 手动锁紧高锁螺母时,用棘轮扳手套在高锁螺母的六方头上,插杆插入高锁螺栓的六方孔内,左手握住插杆固定螺栓,右手握棘轮扳手拧高锁螺母,拧到高锁螺母上的六角头剪断(图8-25)为止。

(5) 机动锁紧高锁螺母时,应将风扳机的六方扳头套戴到高锁螺母的六角头上,调节风扳机的手持角度,使风扳机上的六角插杆插入高锁螺栓的六方孔内。开动风扳机,拧高锁螺母,拧到高锁螺母上的六角头(图8-26)剪断为止。

(6) 在任何情况下都不允许用旋转螺栓的方法将螺栓拧入孔中。

(7) 成组高锁螺栓的拧紧顺序与成组螺栓的方法相同。

3. 锥形螺栓安装方法

安装程序如图8-27所示。

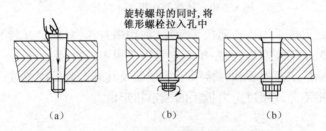

图8-27 锥形螺栓安装的典型程序

(a)用手指将锥形螺栓压入孔内;(b)锥形螺栓的拧紧;(c)拧紧后的锥形螺栓。

(1) 用手指的压力将螺栓压入孔中,再用工具打击螺栓使其就位,不开敞处可通过拧螺母使其就位,并按图样规定的拧紧力矩值拧紧螺母。

(2) 螺母拧紧后,螺栓下部支承面应与工件表面或沉头窝贴合。

4. 定力扳手使用要点

定力扳手使用要点如下:

(1) 按所需定力数值,选择相应的并经校验合格的定力扳手,不准使用没有经过校验的扳手。

(2) 要用平衡、缓慢的力扭转扳手,不能急扭,手握住扳手手柄的中间点,垂直于扳手中心线拉动手柄,直到达到所要求的力矩为止,不允许随意手握根部和端点,如图8-28所示。

(3) 不要施加大于定力扳手额定值的扭矩,不准用定力扳手拆卸螺栓或螺母,定力扳手只能顺时针转动。

(4) 用定力扳手拧紧螺栓时,应尽可能不使用转接器,非用不可时,必须遵守下列基本要求:

① 转接器有各种不同形状,如图8-29所示,可合理选用。

② 为减少拧紧力矩误差,转接器的长度应小于定力扳手的长度。

③ 连接转接器时,其中心线应和扳手中心线成一条直线,若需要也可使用轴线偏移的转接器,但最大不超过15°,如图8-30所示。

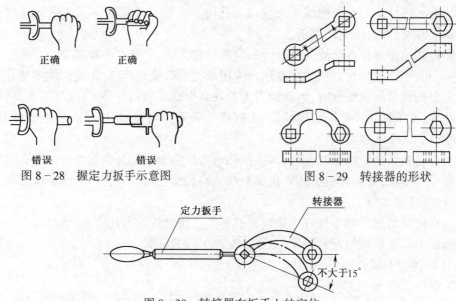

图 8-28 握定力扳手示意图

图 8-29 转接器的形状

图 8-30 转接器在扳手上的定位

④ 不允许将定力扳手当作普通扳手使用,如用来拧松螺母(或螺栓)等。
⑤ 扭矩定力扳手不能左旋,而左扭矩定力扳手也不能右旋。
⑥ 不能用镀镉的定力扳手和转接扳手接触钛及其合金制的螺栓或产品结构。
⑦ 施加的扭矩不允许超过定力扳手的额定扭矩值。

8.7 螺栓连接的防松

8.7.1 防松保险方法

螺栓、螺母、垫圈安装后,按图样规定进行防松保险,一般在装配中常见的防松方法如表 8-11 所列。

表 8-11 螺栓防松方法

防松方法	形式	简图	推荐用途
开口销	A	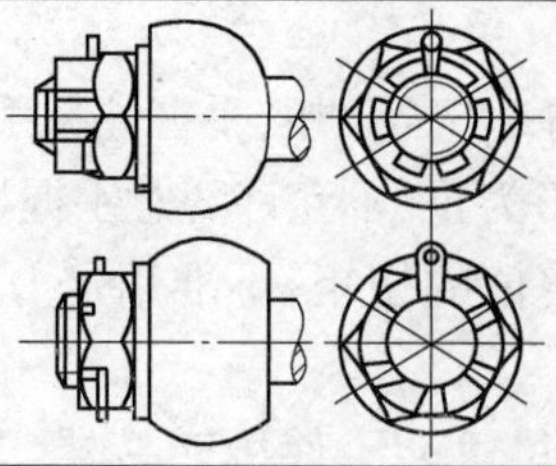	用于座舱内连接以及特别重要处连接的防松
	B	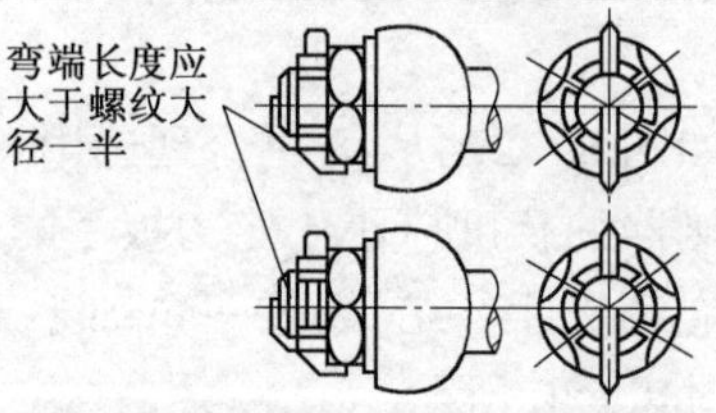 弯端长度应大于螺纹大径一半	用于座舱外连接的防松

（续）

防松方法	形式	简图			推荐用途
冲点	C	冲点深度 $(1\sim1.5)P$；$(1\sim1.5)P$；冲点中心在螺纹小径处	已冲点的端面：1.5；120°；（四点）	螺纹公称直径 /mm：3；4~8；>8	用于任何连接的防松
冲点	D	>1.5P 及不能作端面冲点的情况；冲点深度 $(1\sim1.5)P$；30~45°	已冲点的端面：>60°；≥60° >60°	螺纹公称直径 /mm：4~8；>8	用于任何连接的防松
冲点	E	冲点深度 $(1\sim1.5)P$			用于任何连接的防松
冲点	F	冲点深度 $h\approx$ 螺栓（钉）槽深；≈2b；≈0.9b			用于任何连接的防松
铆接	G	准备铆接处螺栓长度 $=(1\sim1.5)P$			用于不可拆卸连接的防松
自锁螺母					用于一般部位的防松
自锁螺母					用于活动部位的防松

（续）

防松方法		形式	简图	推荐用途
弹簧垫圈				用于非重要部位的防松
止动垫圈				用于高温部位任意连接的防松
双螺母				用于设备连接的防松
保险丝	单股	固定在螺母上		①适用于小范围排列的螺纹紧固件，其位置为规则封闭形状的防松；②可达性或频繁更换使保险丝双股扭绞的方法不能实现的防松；③松紧螺套防松
		固定在螺钉头上		
		两个螺塞上		
		松紧螺套上	A形接头　B形接头　D形接头　C形接头	

模块 8　螺栓连接

（续）

防松方法		形式	简　图	推荐用途
保险丝	双股	一个螺栓上		
		两个螺栓上		
		螺栓头上	向后或向下弯曲	①适用于螺栓、锥型螺栓与螺母的连接防松；②松紧螺套防松
		薄螺栓头上	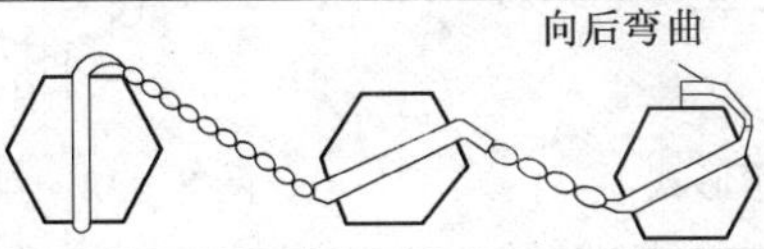 向后弯曲	
		槽型螺丝上	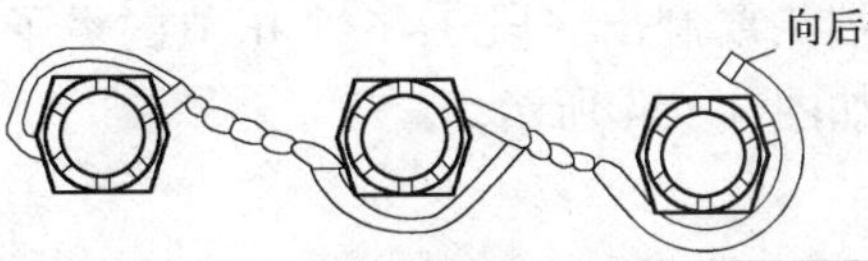 向后弯曲	
		带斜孔螺栓头上	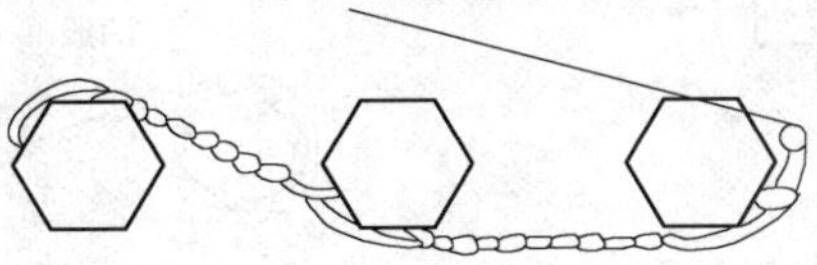 向下或向后弯曲	
		不在一条直线上的螺栓	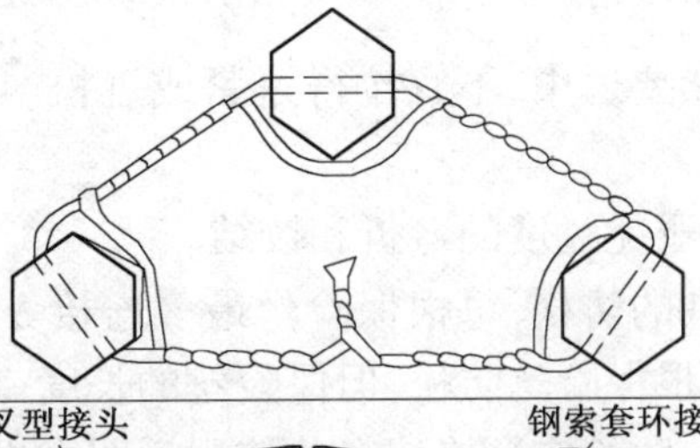	
		松紧螺套上	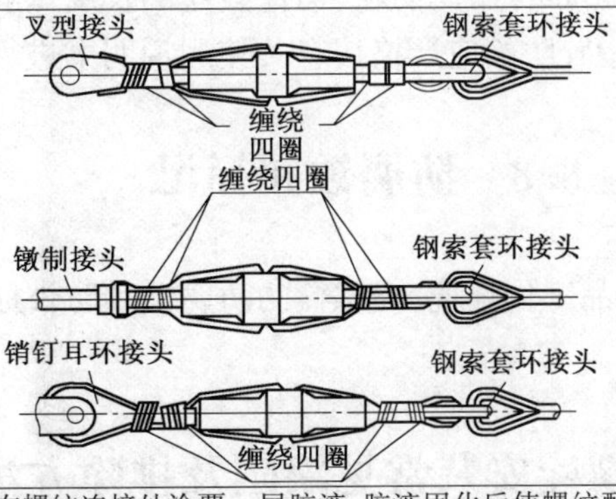 叉型接头　钢索套环接头　缠绕四圈　缠绕四圈　镦制接头　钢索套环接头　销钉耳环接头　钢索套环接头　缠绕四圈	
涂胶液			说明：在螺纹连接处涂覆一层胶液，胶液固化后使螺纹配合件相对固定	适用于螺纹孔连接或螺纹直径不大于5mm

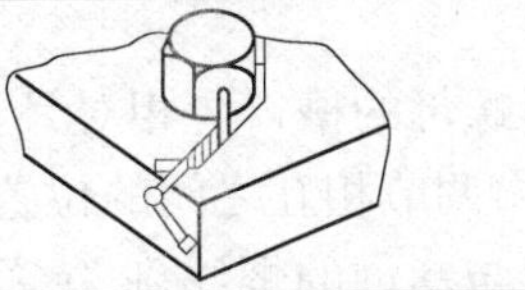

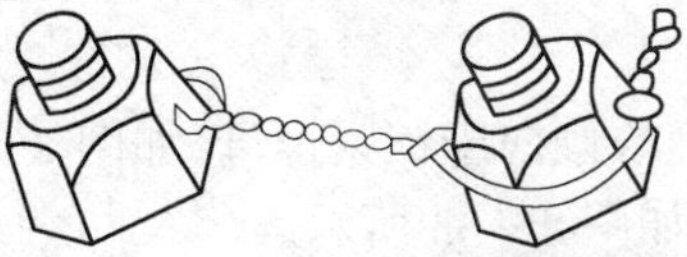

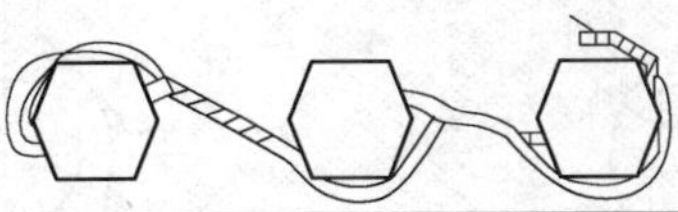

注：P 为螺距，b 为解锥槽宽度

8.7.2 防松工艺操作要点

防松工艺操作要点：

(1) 螺栓上的开口销孔与槽形螺母的槽口应相对且不高出槽顶面。对于需定力的槽形螺母，允许在规定的扭矩值公差内调节相互之间的位置。

(2) 用冲子制冲点会破坏螺栓与螺母的螺纹副关系。禁止在螺母上冲点，使螺母金属压到螺栓上。

(3) 弯折止动垫圈爪片的角度应倾向于锁紧螺母，如图 8-31 所示。其中，允许的倾斜如图 8-32 所示，不允许的倾斜如图 8-33 所示。

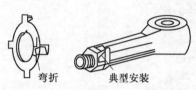

图 8-31 止动垫圈爪片的折弯形式

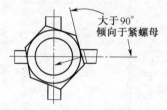

图 8-32 爪片折弯的倾斜角度

(4) 用保险丝保险，保险丝端头要制出一段 3~6 个扭节的辫子，将其向下或向螺纹紧固件趋向松动相反方向弯曲，如图 8-34 所示。

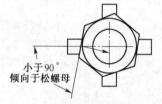

图 8-33 爪片折弯不允许的倾斜角度

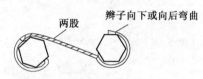

图 8-34 保险丝端头的扭接形式

(5) 安装后的保险丝的松紧要适中，不宜拉得过紧或过松。当螺纹紧固件趋向松动时，保险丝被拉紧。

(6) 保险丝不能重复使用，避免过度的弯折和铰结。

(7) 对于大间距螺纹紧固件的防松，每根保险丝最多连接 3 套螺纹紧固件。对于小间距多套螺纹紧固件，可以用一根保险丝防松，但保险丝的长度一般不大于 600mm。

(8) 用厌氧胶或环氧树脂胶防松应严格按有关使用说明书进行施工。

8.8 防腐蚀和标记

螺栓安装合格后，根据产品工作环境，对螺栓的防腐蚀和防松标记处理按有关技术条件执行。

8.9 螺栓安装常见缺陷及排除方法

螺栓安装常见缺陷及排除方法，如表 8-12 所列。

表8-12 螺栓连接常见缺陷及排除方法

出现问题	产生原因	排除方法
螺栓（螺母）没有拧紧	①工件间有间隙； ②螺栓光杆部分露出工件表面长度大，垫圈厚度不够	①排除工件间隙后拧紧； ②更换螺栓或加厚垫圈再拧紧
螺栓头、螺母和工件间有间隙	①没有拧紧； ②螺栓光杆部分长； ③螺孔中心与工件表面不垂直，产生单面间隙	①拧紧； ②更换螺栓或加厚垫圈； ③工件允许锪(锉)平或加斜垫片，扩大孔径
螺栓折断或脱扣	①拧紧力矩过大； ②螺栓和螺母、螺纹没有对正或螺距不符拧紧要求所致	①更换螺栓，控制拧紧力矩； ②更换螺栓和螺母重新拧紧
沉头螺栓头突出工件表面超差	①窝孔深度不够； ②窝孔中心线与孔中心线不同心	①更换锪窝钻，重新锪窝到合格深度； ②加大螺栓，重新锪窝(不允许锉修沉头螺栓头)
螺栓六角头棱角拧圆	①选用扳手不对或磨损； ②套筒扳手没有放到位，与六角头接触小产生滑动	①更换螺栓，选择合适扳手； ②更换螺栓，套筒扳手应放到位
定力力矩不合格	①拧紧力矩过大或过小； ②定力扳手使用不正确； ③定力后，开口销位置不合格	①按图纸给定矩值进行定力； ②正确使用扳手； ③更换垫圈
自锁螺母失效	①自锁螺母拆卸次数过多； ②自锁螺母缩紧部有缺陷	①更换螺母； ②更换螺母
开口销活动	①选用的开口销直径与螺栓开口销孔径不相同； ②开口销安装时，圆头没靠紧，折弯时没压紧或没扣住螺母凹槽内	①更换开口销，重新打紧； ②更换开口销，正确打紧开口销

8.10 分解与加大处理

当已安装的螺栓、锥形螺栓、高锁螺栓在制造过程中质量失控，如原材料用错，热、表处理失控等原因造成的质量失控以及孔加工精度、表面粗糙度超规范，经质量部门拒收审理、需加大的螺栓，都应进行分解，更换合格或加大的螺栓。分解的方法如表8-13所列。

表8-13 螺栓分解及加大处理

种类	简图	分解要点	加大要求
螺栓连接	铜棒 螺栓	①用普通扳手拧松螺母，并取下； ②用铜棒和手锤敲击螺栓尾部端头，将螺栓打出	①使用仅光杆尺寸加大的特制螺栓； ②推荐加大量尾数为0.2mm、0.5mm、0.8mm

(续)

种类	简 图	分解要点	加大要求
高锁螺栓连接	外六角扳手／夹钳	方法一：①适用于对应力集中敏感的材料制的工件；②用外六角扳手插入螺栓尾部内六角形内，固定螺栓；③用专用夹钳将高锁螺母拧松。	①可以用大一号标准高锁螺栓，也可以用特制加大螺栓组件代替；②高锁螺母、双六角高锁螺母均不能反复使用
	顶把／凿子	方法二：①适用于对应力集中不敏感的被连件材料；②用錾子将高锁螺母沿轴线切开	
锥型螺栓连接	锤击螺母	分解螺母，在螺栓端头安装一个工艺螺母，敲打螺母端面冲出，如果螺栓螺纹没有损坏，可以使用，但在使用前需要重新润滑	①加大螺栓的基本直径(螺纹直径)，与原螺栓规格的相同；②加大的螺栓光杆比原螺栓规格大一个组别，允许加大两次

8.11 孔的冷挤压强化及孔口、角倒圆压印技术

8.11.1 孔的冷挤压强化

孔的冷挤压是在室温下用比紧固件孔稍大的芯棒(或芯棒和衬套)，借助挤压工具强行通过孔(推或拉)。目的是使孔壁塑性变形胀大，产生残余应力，延缓直接围绕孔区域的裂纹出现和扩散，从而提高孔处的疲劳寿命。

1. 孔挤压方法

(1) 孔挤压方法按挤压工具分，比较常用的有不带衬套的芯棒挤压和带衬套的芯棒挤压(图8-35)。其中，衬套可以是开槽薄壁衬套和不开槽厚壁衬套。前一种衬套用于挤压量较大的情形，防止挤压棒损伤孔壁，孔挤压后将衬套去掉，衬套只能用一次；后一种衬套孔挤压后嵌在孔中。

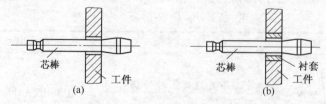

图8-35 孔挤压形式
(a)不带衬套的芯棒挤压法；(b)带衬套的芯棒挤压法。

(2) 挤压方法按挤压力分，有铆枪振动法、液压推或拉法、拉挤振动法三种，如表

8-14 所列。

表 8-14 冷挤压方法

种 类	方 法 说 明	适 用 范 围
铆枪振动法	选择具有足够功率的铆枪,将挤压棒慢慢地推入孔中,不得有停顿现象。推动力应是连续的,直到挤压棒工作部分末端通过孔	适用于铝合金或其与合金钢组合件中的直径小于 25.4mm(1in)孔的加工
液压推或拉法	采用液压设备推或拉挤压棒,一般采用每分钟 76.2mm(3in)进给量通过孔	适用于合金钢
拉挤振动法	使用设备拉挤压棒,拉力不应超过 2.22kN(500lbf),同时用铆枪冲击挤压棒	适用于铝合金件上直径大于或等于 12.7mm(1/2in)孔的加工

2. 冷挤压典型工艺过程

冷挤压典型工艺过程如图 8-36 所示。

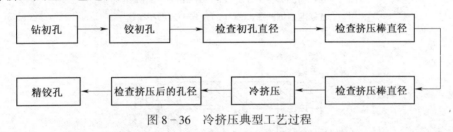

图 8-36 冷挤压典型工艺过程

根据被加工的材料选择孔的挤压量,一般铝合金为 2%～4%,合金钢为 1.5%～3.0%,当孔冷挤压后进行干涉配合连接(铆接或螺接)时,孔的挤压量取最小值。按挤压量确定铰孔直径。

冷挤压时,应夹紧固牢,防止工件变形。挤压时,按规定在挤压棒或孔内涂润滑剂。图 8-37 所示为挤压棒在铆枪上的定位。

(1) 将挤压棒的尾端套上橡胶垫圈,以防结构损坏,垫圈的内径应小于挤压棒尾端的大径,以便固定合适。

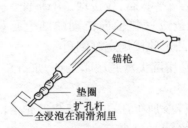

图 8-37 挤压棒在铆枪上的定位

(2) 将挤压棒垂直地放入孔中,不允许偏斜,然后开动铆枪,中途不允许停机,直到挤压棒的工作端穿过工件为止。为了防止损坏工件,可用一块布包住挤压棒的杆部,以防止挤压棒损坏工件。

(3) 用一块干净的布擦去挤压棒上的润滑油和脏物。

(4) 在每个孔挤压后,用不小于 5 倍放大镜检查挤压棒上是否积有金属瘤,可以先用手去除金属瘤,后用 500 号碳化硅金刚砂纸,然后用研磨布清除,待用。

(5) 挤压棒如果被划伤、磨损或表面粗糙度变差,应给予更换。

8.11.2 孔口、角倒圆及压印

经冷挤压的孔,其孔口或角需经特殊处理以提高结构的疲劳寿命。孔口、角倒圆压印有倒圆压印、沉头窝底倒圆压印和平底倒圆压印三种。

(1) 孔口、角倒圆压印是利用压印模(图 8-38 和图 8-39)对孔边缘进行冷加工而获得高度光洁的圆弧表面。此种压印方法适用于安装凸头紧固件的孔。

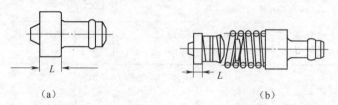

图 8-38 孔径小于 12.7mm(1/2in)的倒圆压印模
(a)标准型倒圆压印模;(b)旋转型倒圆压印模。

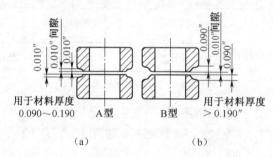

图 8-39 孔径大于或等于 12.7mm(1/2in)的倒圆压印模
(a)A 型倒圆压印模;(b)B 型倒圆压模。

① 产品在压印前,应作试片,待试片合格后,方可在产品上压印。
② 在每个孔压印前,应在压印模的圆弧处涂润滑剂,并注意保持工作面的光洁。
③ 压印时,保证压印模呈对准状态,缓慢地接触工件。
④ 倒圆压印前,冷挤压造成材料轴向流动的凸边孔如图 8-40 所示,应用细锉刀修去凸边并按规定制倒角。

(2) 沉头窝底倒圆压印是用沉头窝底压印工具,如图 8-41 所示。

降孔与沉头窝相交处进行冷加工压印,从而获得光洁的圆弧表面,沉头窝底倒圆压印如图 8-42 所示。

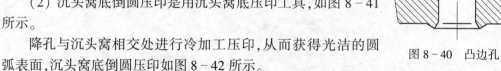

图 8-40 凸边孔

① 当用铆枪捶击法时,其顶把应垫橡皮以减缓冲击力,继而恒定地进行压印。
② 压印工具的工作面或沉头窝的底部应涂润滑油,并保持清洁。
③ 压印前,锪沉头窝时应使用不带倒角的锪窝钻,保留棱边。

(3) 平底倒圆压印(图 8-43)是用平底倒圆压印模,在进行倒圆压印的同时在被冷挤压孔的周围形成圆的平底压痕(图 8-44)。压印顺序应从零件一面每隔一个孔进行压印,然后从零件另一面压剩余的孔。压印引起的孔边凸唇(图 8-45),可以用铰孔的方法排除。

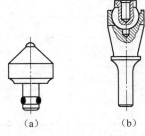
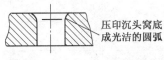

图 8-41 沉头窝底压印工具

(a)压印模；(b)压印模冲头。

图 8-42 沉头窝底倒圆压印

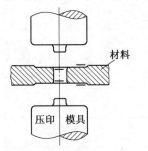
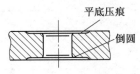
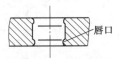

图 8-43 平底倒圆压印示意图　　图 8-44 平底倒圆压印　　图 8-45 唇口孔

作业：

(1) 锪窝的操作要点有哪些？
(2) 采用保险丝作为防松保险手段时应遵守哪些基本规则？
(3) 定力扳手使用要点有哪些？
(4) 防松工艺的操作要点有哪些？

训练项目 8-1　高锁螺栓的连接及复杂口盖修配

1. 实训目的
(1) 通过 MQ3-3 复杂口盖修配螺接，了解螺接口盖修合的工艺过程。
(2) 掌握螺接及口盖修合的操作能力。
2. 工具清单

序号	工具名称	型　号	数量
1	气　钻	φ6	1
2	铆　枪	5KM	1
3	铆　卡	平头	2
4	顶　铁		1
5	钻　头	φ3.6,φ4	2
6	铰　刀	φ6,H8	1
7	钢　锯		1

235

（续）

序号	工具名称	型号	数量
8	钢板尺	150	1
9	角度尺		1
10	卡尺	0~150	1
11	塞尺		1
12	孔量规		1
13	窝量规		1
14	铝锉	8″	1
15	平板锉	8″	1
16	什锦锉		1
17	划规		1
18	铅笔	2B	1
19	锪窝钻	$\phi 4.8\times 100°$	1
20	半圆锉	8″	1
21	直角尺		1

3. 耗材名称

序号	名称	材料	毛料尺寸/mm	数量
1	底板-5	LY12CZδ2	122×122×2	1
2	面板-1	LY12CZδ2	122×122×2	1
3	板-2,板-4	LY12CZδ2	84×42×2	2
4	板-3	LY12CZδ2	36×36×2	1
5	铆钉	HST10AP6-3		4
6	铆钉	HST11AP6-3		6
7	铆钉	HST79CY-6		10
8	铆钉	NAS6703-3		2
9	铆钉	NAS21042L3		2
10	铆钉	NAS620A10L		2

4. 图纸与技术要求

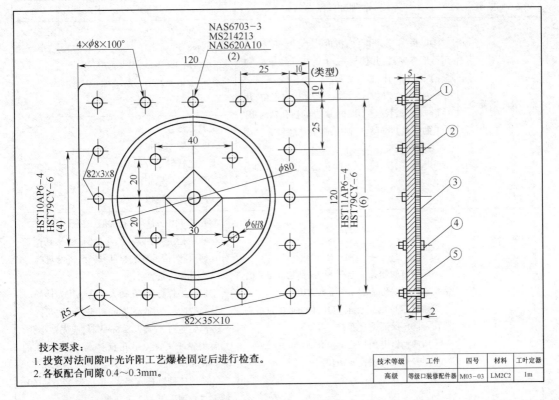

技术要求：
1. 投资对法间隙叶光许阳工艺爆栓固定后进行检查。
2. 各板配合间隙 0.4~0.3mm。

5. 注意事项

（1）操作者开工前必须穿戴好劳动保护用品。
（2）对容易造成零件损伤的工具压紧件的工作表面进行保护。
（3）工作所需物品、工具、量具应摆放整齐有序。
（4）严格按照图纸和工艺规范操作。

6. 工作内容（实施）

实训步骤	实训内容	能力要求
学习图纸	按图纸结合明细表弄清装配零件的组成及装配关系。 ①该工件是由面板-1，夹板-2 和底板-3 组成。 ②除夹板-2 是钢件外，板-1、板-3 均为铝板件。 ③板-1、板-2、板-3 外廓尺寸相等，搭接组成工件	根据图纸，能分析并掌握零件的组成及装配关系
零件的初加工划线钻孔	①图在夹板-2 上划出铆钉位置线。 ②钢板尺和铅笔实施，钻初孔 φ3.0	熟练简单零件的外形加工

(续)

实训步骤	实训内容	能力要求
零件的定位与夹紧	①以板-2为基准件,将板-1与板-2定位,用弓形夹夹紧,并按板-2上的初孔钻出板-1上的φ3.0初孔,松开弓形夹。 ②将板-3以板-2和板-1为基准定位,用弓形夹夹紧,找板-1以板-2上的初孔钻出板-3上的初孔共9件。并用φ3工艺螺钉夹紧固定,松开弓形夹。 ③按板-1与板-2上的孔钻出板-3上的初孔φ3.0	零件的定位方法: ①划线定位; ②按装配孔定位; ③按基准零件或工装零件; ④按装配夹具定位 夹紧方法: ①工艺螺栓定位; ②工艺铆钉定位; ③用夹具夹紧定位; ④用橡皮绳定位
制孔	①环槽钉的制孔工艺过程为:钻初孔φ3.0,钻孔φ4.0,扩孔φ4.8,铰孔φ5H10。 ②按已定位的工件上初孔,用φ4.0的钻头钻φ4.0(保证垂直度)。 ③用环槽钉专用扩孔钻扩孔φ4.8。 ④用专用铰刀铰孔φ5H10	制孔的工艺方法:钻孔、冲孔、铰孔。 影响钻孔主要因素:工件材料,钻头切削部分几何形状,刃的锋利程度、转速、进给量等。 钻头及铆钉选择: ①根据工件特点,孔径大小选钻孔工具; ②一般应以张度大、厚度高的一面钻孔; ③铆钉直径不大于3.5mm时,应先钻小孔,然后用钻头扩孔,小孔直径为铆钉直径的0.6~0.8倍; ④使用比铆钉孔直径大,顶角为120°~160°钻头或专用工具去孔边毛刺; ⑤根据被加工材料选择钻头锋角
制窝与制倒角	①按主视图,用900锪窝钻划出HB5504-5×15的沉头窝。 ②按主视图,用φ8.0钻头制出工件上的HB5506-5×15和HB5502B5×15的孔倒角R3。 ③不允许窝与倒角边缘有棱角、椭圆、裂纹和划伤	
施铆	①环槽钉连接分为A型、B型,A型为拉铆型,B型为锤铆型。 ②在工件上做好标记,拆掉工艺定位螺钉,清洗工件上杂物。 ③重新将工件定位,用工艺钉把紧。 ④按主视图,HB5504-5×15=21,并实施铆接,安装HB5506-5×15=14,钉套HB5510-5=14,并实施铆接,安装HB5502B5×15=14,钉套HB5508-5=14,并用锤铆的方法实施铆接。 ⑤按要求在钉套一边涂专用胶。	铆接的技术要求: ①铆钉头应贴紧零件表面允许不合的单向间隙为0.05mm,这种铆钉数应大于铆接排整数的10%; ②铆钉不应有切痕等损伤; ③铆钉镦头一般应为标准镦头,标准镦头呈鼓形; ④铆钉镦头尺寸公式; ⑤镦头不允许有切痕、下陷、裂纹和其他损伤
对工件质量的评定	按照技术要求执行	

7. 质量评定(评估)

序号	项 目	容差	工、量具	配分	评分标准与得分			扣分
					$S \leq T$ $C<5\%$	$T<S \leq 1.5T$ $5\%<C<60\%$	$S \geq 2T$ $C>90\%$	
1	外廓尺寸200mm	±1mm	卡 尺	10				
2	四角垂直度90°	±30′	角度尺	4				
3	铆钉间距30mm	±0.5mm	钢板尺	12				
4	铆钉边距10mm	±0.4mm	钢板尺	8				
5	铆钉孔径φ5mm	H10mm	孔量规	16				
6	沉头窝的质量		标准钉	5				
7	沉头铆钉头高出表面	小于0.3mm	千分表	8				
8	环槽钉头与表面间隙	小于0.05mm	塞 尺	10				
9	孔径的垂直度	小于0.02mm	垂直度量规	11				
10	未列尺寸或项目			每处不合格扣1分				
11	安全文明生产			按轻重程度,酌扣2~10分				
总分				100分				

8. 工卡

工 卡

序号	工作内容和技术要求	工作结果	操作者	检验者
	学习图纸			
	零件初加工			
1	在夹板-2上划出铆钉位置线			
2	钢板尺和铅笔实施,钻初孔φ3.0mm			
	零件的定位与夹紧			
1	以板-2为基准件,将板-1与板-2定位,用弓形夹夹紧,并按板-2上的初孔钻出板-1上的φ3.0mm初孔,松开弓形夹			
2	将板-3以板-2和板-1为基准定位,用弓形夹夹紧,找板-1以板-2上的初孔钻出板-3上的初孔共9件。并用φ3.0mm工艺螺钉夹紧固定,松开弓形夹			
3	按板-1与板-2上的孔钻出板-3上的初孔φ3.0mm			
	制 孔			
1	环槽钉的制孔工艺过程为:钻初孔φ3.0mm,钻孔φ4.0mm,扩孔φ4.8mm,铰孔φ5H10			
2	按已定位的工件上初孔,用φ4.0mm的钻头钻孔φ4.0mm(保证垂直度)			
3	用环槽钉专用扩孔钻扩孔φ4.8mm			
4	用专用铰刀铰孔φ5H10			

(续)

序号	工作内容和技术要求	工作结果	操作者	检验者
	制窝与制倒角			
1	按主视图,用900锪窝钻划出 HB5504-5×15 的沉头窝			
2	按主视图,用 ϕ8.0mm 钻头制出工件上的 HB5506-5×15 和 HB5502B5×15 的孔倒角 R3			
3	不允许窝与倒角边缘有棱角、椭圆、裂纹和划伤			
	施铆			
1	环槽钉连接分为 A 型、B 型,A 型为拉铆型,B 型为锤铆型			
2	在工件上做好标记,拆掉工艺定位螺钉,清洗工件上杂物			
3	重新将工件定位,用工艺钉把紧			
4	按主视图,HB5504-5×15=21,并实施铆接,安装 HB5506-5×15=14,钉套 HB5510-5=14,并实施铆接,安装 HB5502B5×15=14,钉套 HB5508-5=14,并用锤铆的方法实施铆接			
5	按要求在钉套一边涂专用胶			
	对工件质量的评定			

9. 训练项目实物照片

经过严格地按照图样和技术条件加工,训练项目实物照片如下图所示。

螺栓未打开口销,襟翼角度自动下掉

[故障概况]

某日,某飞机在下滑时右内襟翼下掉约 5°的角度,使飞机操纵困难,影响飞行安全。经地面检查右内襟翼收放作动筒盖上的固定螺栓上的螺帽脱掉,使螺栓脱出 50mm,轴承也带出。

[原因分析]

操作者工作粗心大意,螺栓安装后,未打开口销,检验漏检。

模块8　螺栓连接

[**纠正措施及经验教训**]

将螺栓按图纸重新装好并打上开口销,该故障消除。一个小小的开口销造成襟翼掉角度,严重影响飞机安全。我们必须要高度重视产品质量,千万不可马虎大意,今后必须在工人完成任务后,组长检查,最后专职检验检查,只有这样才会杜绝此类故障重复发生。

模块 9　飞机部件装配

【教学目标】

(1) 掌握部件装配工艺及工艺设计。
(2) 熟悉装配基准与装配定位。
(3) 掌握工装设计和制造。
(4) 了解工艺审查和装配工艺设计。

【教学重点】

(1) 让学生掌握部件装配工艺及工艺设计。
(2) 让学生熟悉装配基准与装配定位。

【教学难点】

(1) 工装设计和制造。
(2) 工艺审查和装配工艺设计。

9.1　部件装配工艺

飞机部件装配在飞机制造中占有较高的工作比例,是保证飞机质量和产量的重要环节。飞机部件装配工艺有很强的专业特性。

9.1.1　装配的定义

装配是指按工程图样和工艺技术文件将两个以上的零件使用连接件组合在一起的工艺过程。

飞机部件装配是大部件的装配过程,如某段机身、机翼、垂直安定面、水平安定面等部件的装配。部件装配也包括部件所包含各装配单元的装配,如壁板、隔框、肋、口盖等组合件的装配。

9.1.2　互换与协调

互换与协调是飞机制造业中常用到的专业词汇,作为专业术语,它与飞机的外形特性和结构特性要求有关。

1. 互换性

互换性是指飞机构件(包括零件、组合件、部件、成品)在单独制造时,其几何、物理等参数控制在规定的公差范围内,在装配和安装过程中,不需要选配和补加工,并在装配和安装后,能满足设计所规定的技术要求。符合互换性要求的称为互换件。比互换低一级的称为半互换件或替换件,它按需要留有一定的工艺补偿,通过少量补加工即可达到对互换性的技术要求。

2. 协调性

协调性是指飞机构件之间,工艺装备之间或构件与工艺装备之间在其配合部位的尺寸、形状所取得的有条件的一致性。

3. 互换性与协调性的关系

互换性是指同一种构件之间的尺寸、形状的一致性,是以制造精度体现的。

协调性是指两种或两种以上相邻构件配合部位的尺寸、形状的一致性,以协调准确度体现。

协调性是保证互换性的必要条件,只有在满足协调性的基础上,才有条件实现互换性的要求。实现协调性的构件并非都具有互换性,达到了互换性的构件必然具有协调性。

互换性和协调性通常都是通过工艺装备(简称工装)保证的。

9.1.3 装配协调方案

装配协调方案一般以部件为单元编写,其内容包括结构介绍、装配方案和协调方案。

1. 装配协调方案的制订依据

(1) 工艺总方案。工艺总方案中包含:研制成批生产规划;互换协调原则;工装选择、设计、制造原则;零、组件交接状态确定原则;新技术、新材料、新工艺的试验规划;新标准贯彻原则。

(2) 产品图样和技术条件。产品图样和技术条件包括:设计分离面的划分;工艺分离面的划分;飞机的外形技术要求;部件相对位置公差;全机互换、替换项目和互换、替换技术要求。

(3) 工厂生产技术基础和工艺技术水平。

2. 装配方案

装配方案的内容包括:装配单元的划分;指令性装配顺序;主要零件、组合件的定位基准及定位方法;主要工序的内容、安排和要求;零件、组件的支付技术状态;主要装配工装目录。

3. 协调方案

协调方案的内容包括:互换协调部位和协调方法;协调依据及其技术要求;对有主要协调关系零件的指令性状态要求;在以模拟量传递协调的情况下要确定标准工装目录。

4. 制定装配协调方案的一般原则

(1) 制订装配协调方案应侧重与装配过程和协调互换中的关键环节。

(2) 除考虑装配过程中各环节的协调,还要考虑装配、钣金、机械加工等各环节之间的协调。

(3) 在充分论证和分析的基础上利用工厂现有成熟的技术和工艺方法,根据以往的实践经验改进薄弱环节。

(4) 进行必要的误差分析和计算,采用最佳的装配协调方案。

(5) 积极采用先进的工艺技术。

9.1.4 工艺分解

飞机工艺分解是指合理地利用飞机结构的设计分离面和工艺分离面,将飞机机体划分为若干个独立的装配单元。

飞机设计分离面是为了满足产品结构和使用的需要,在部件之间、部件与可卸件之间形成的分离面。设计分离面采用可卸连接,如分段的机身之间、机身与机翼之间、机身与垂直安定面之间、垂直安定面与方向舵之间等。

工艺分离面是为满足飞机制造和装配过程的要求,将部件进一步分解为小的装配单元。工艺分离面一般为不可卸连接。如机身壁板、隔框、机翼壁板、梁、肋等。

工艺分解的目的是:

(1) 扩大装配工作面,使装配工作分散平行进行,以缩短飞机的装配周期。

(2) 改善装配工作的施工通路和劳动条件,利于装配工作机械化,提高生产效率和产品质量。

(3) 便于采用简单的定位方法(如装配孔、定位孔),简化装配用工装。

(4) 分散在总装配型架内的装配工作量,缩短在总装配型架上的工作周期。

(5) 将特殊装配环境或特殊试验要求的装配件分解出来,置于符合其技术要求的工作地,可避免对大厂房提出高的技术要求,降低投资费用。

9.2 部件装配工艺设计

装配工艺设计是接到新机研制任务后,遵循新机研制总方案的原则,通过精心设计编制一系列工艺技术文件,做好各项工艺准备工作,最终保证按这些文件执行后装配出合格的产品。随着工艺准备各阶段的推进,工艺设计也在不断完善。

工艺设计中工艺方法的确定要考虑其正确性、先进性、合理性、经济性和可检验性。工艺文件的编制应具有完整性、配套性和协调性。

工艺设计应紧跟生产技术和管理手段的进步而不断改进。

9.2.1 部件装配工艺设计的工作内容

1. 划分装配单元

根据飞机的结构工艺特征,合理进行工艺分解,将部件划分为装配单元,如壁板、框、肋等。

2. 选择保证准确度、互换性和装配协调的工艺方法

为了保证部件的准确度和互换协调要求,必须根据工艺总方案制订部件的装配协调方案。采取有效的工艺方法,合理选择工装,确定对工装的原则性要求及利用设计补偿和工艺补偿的措施。为保证工装之间、工装和产品之间以及产品与产品之间的协调,如果使用模拟量协调方法,就要确定标准工装及相应的协调路线和协调要求。随着数字化技术的发展,数字化加工和安装技术已逐步取代了通过标准工装实体模拟的协调保证方法。

3. 确定装配基准和装配定位方法

部件装配基准是指保证飞机外形准确度所采用的外形零件的定位基准,各装配单元

之间的定位基准以及该部件与相邻部件的装配基准。装配基准是根据飞机气动外形准确度和装配协调要求确定的。装配工艺设计的任务是采用合理的工艺方法和工艺装备来保证装配基准的实现。

装配定位方法是指确定装配单元中各组成零件、组件之间相互位置的方法。定位方法是在保证产品图样和技术要求的前提下，综合考虑定位可靠、质量稳定、操作简便、开放性好、工装费用低等因素而选定的。

4. 确定交付技术状态

交付技术状态是对装配单元中各组成元件在符合图样规定外而提出的其他要求，也就是对零件、组件、部件提出的工艺状态要求，如蒙皮余量、装配孔和导孔的要求，对不要求终孔尺寸的初孔直径要求等。

5. 确定装配过程中的工作顺序

装配工作顺序共包括：装配前的准备工作；零件、组件进入装配的先后顺序及其定位、夹紧和连接的要求；系统件、成品的安装；互换部位的精加工；各种调整、试验、检查；清洗、称重和移交，以及工序间的检验和总检等。

6. 选定所需要的工具、设备和工艺装备

其工作内容包括：

（1）编制通用工具清单；

（2）选择通用设备；

（3）申请工艺设备。

工装设备包括以下几类：

（1）装配工艺设备：包括装配夹具（型架）、精加工型架、安装夹具、补铆夹具、钻孔夹具等。

（2）检验试验工装：包括试验夹具、检验夹具等。

（3）地面设备：包括吊扎、托架、拖车、工作梯等。

（4）专用刀量具：包括钻头、扩孔钻、铰刀、锪钻、专用测量工具等。

（5）专用工具：包括专用钻孔、铆接工具、专用扳手、定力扳手等。

（6）两类工具：两顶把、冲头等。

7. 零件、标准件、材料的配套

主要内容包括：

（1）按工序对条件（含成品）、标准件进行配套；

（2）计算材料（基础材料、辅助材料）定额；

（3）标准件、材料汇总。

8. 工作场地的工艺布置

工艺布置包括所需工作总面积的概算、对相应厂房的平面工艺布置图。

9.2.2 部件装配工艺设计的主要工艺文件

1. 装配协调方案

装配协调方案由装配方案和协调方案组成。主要内容包括装配单元的划分，主要零件、组件的装配基准及定位方法，主要零件、组件的装配顺序，主要装配单元的技术状态，主要部位的协调方法。采用模拟量协调法要确定标工的品种、功能及其之间的协调关系，采用数字化技术要确定协调部位的协调数据要求。

装配协调方案是指令性工艺文件,是编制一系列装配工艺文件的依据。

2. 装配协调图表

它以框图形式表示,通过连线和箭头表示出标工之间的协调关系,装配工装和标工的关系以及装配工装所装配的产品,由此框图可一目了然地了解产品工装和标工之间的装配协调关系。

该图是有关工装之间协调制造关系的指令性文件,是有关工装设计、制造及生产组织管理的依据。数字化技术的应用逐步取消了复杂的标工协调,如图9-1~图9-3所示。

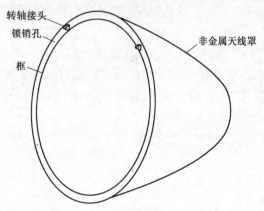

图9-1 机头天线罩结构示意图

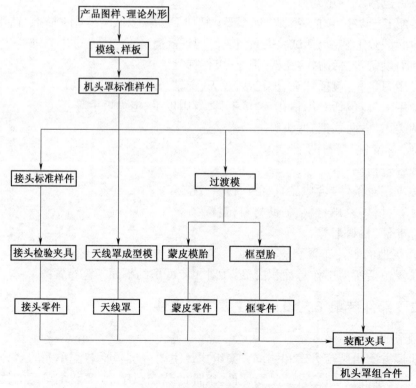

图9-2 机头天线罩标准样件法协调路线图

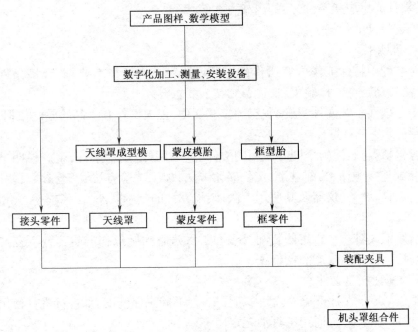

图 9-3 机头天线罩数字化协调线路图

3. 互(替)换技术条件

互(替)换技术条件包括各互(替)换件的类别,检查比例,互(替)换的部位、状态及检查验收的技术要求。

它是指令性工艺文件,是编制互(替)换零、组件制造、装配、检验与工装技术要求等工艺文件的依据。

4. 工艺容差分配

将产品的最终容许偏差分配到零件、组件制造装配和对工装要求的各环节。

工艺容差分配是指令性工艺文件,是各有关工艺环节的工艺设计的依据。

5. 指令性状态

根据协调要求,分配的容差贯彻落实到零件、组件并提出检验要求。

这是为保证装配协调而对零件、组件提出交付状态要求的指令性工艺文件。

6. 零件交接状态

零件交接状态是对零件提出的导孔、装配孔、定位孔和余量等提出的技术要求,交付用于装配的零件应符合交接状态。

交接状态确保了零件在装配过程中的定位、工艺补偿的工艺需要,也是编制 AO、工装设计技术条件、零件验收等工艺文件的依据。

7. 工艺装备中的清单

其内容包括工装申请单位,制造单位,申请工装所用于产品的图号、工装名称、工装图号、工装数量等信息。

它是工装建立档案及设计、制造的依据。

8. 工艺装备设计技术条件

提出对工装的功能要求并具体到工装的结构形式、产品的装配顺序、定位基准、定位夹紧方式、零件的供应状态、产品的出架方式等。

它是工装设计的依据。

9. 生产说明书

这是对装配中特殊工作内容所作的专题说明。它包括技术要求、环境条件、工艺过程、工艺方法、试验方法、检验手段、设备和技安要求等。

它属于基础性工艺文件，是编制有关工艺文件、工人操作和产品验收的依据。

10. 装配指令（AO）

其内容包括：与装配指令同时使用的文件（产品图样、技术条件、生产说明书、典型工艺规程）；装配连接顺序、装配基准、定位夹紧方法；加工试验方法、工艺参数；使用的工艺装备、工具、量具、设备、仪器及其使用方法；装配元件的技术状态；工序检验、总检的方法、内容、要求等。

它是指导工人对一个指定的装配（试验）过程进行实际操作的生产性工艺文件，也是检验人员进行检验和验收产品的依据。

11. 各种配套汇总文件

其主要包括零件工序配套、零件内部分工、标准间工序配套、部件标准件使用量、基本材料定额、辅助材料用量、通用工具消耗定额等。

配套文件是组织配套供应的生产管理性工艺文件。

12. 工作场地平面工艺布置图

其图形包括：墙、门、过道、立柱；场地规划；设备图形；方向标记、面积及技术说明等。

它是对生产现场根据分工并按工序安排对工装、设备、台架的排列，是工装和设备的安装、台架的摆放以及进行生产管理的生产性工艺文件。

技术在不断发展，管理制度和方法也在不断改善，所以文件的形式和内容也应与之适应。

9.3 装配基准与装配定位

将两个以上零件装配成组合件或将组合件装配成部件，都必须保证相互装配位置的准确。飞机结构从零件到组合件部件及部件之间有严格的外形和对接要求，要保证它们的装配准确度尤为重要。

要保证结构件之间相对为位置的准确就要有一些点、线、面作为基准。在飞机产品设计时，建立了必要的基准，如飞机水平基准面、飞机对称轴成面、翼弦平面、梁基准面、框基准面、肋基准面等，这些基准面相交以及基准面与结构件表面相交形成了相应的基准线。现在的数字化设计有建立坐标关系的 X、Y、Z 平面。由飞机设计建立的基准成为设计基准。

设计基准不一定存在于结构件上，在出产中往往无法直接利用。因此在装配过程中要建立装配工艺基准，可以用来定位结构件的装配位置。

9.3.1 确定装配工艺基准

要根据产品的结构特点、装配准确度要求、协调互换要求和工艺过程确定装配工艺基准。

确定装配工艺基准应遵循下述原则：

1. 装配定位基准与设计基准统一的原则

结构件定位应尽可能直接利用设计基准作为装配定位基准。如果不能直接利用，应通过工装间接实现用设计基准定位装配。

2. 装配定位基准与零件加工基准统一的原则

尽量做到装配定位基准与零件加工基准的统一。如将零件加工时的定位基准孔作为零件在装配夹具的装配定位基准。

3. 装配基准与定位基准重合的原则

将部件或组合件之间的协调对接形式作为部件或组合件自身装配的定位形式。如组合件之间是叉耳连接形式，叉耳连接是组合件之间的装配基准，组合件各自在装配夹具同样以叉耳接头作为定位基准。

4. 基准不变的原则

在基准不变的原则中，每道工序及每个装配单元，都用同一基准进行定位，即组合件本身的装配定位及组合件进入部件的装配定位，这二者定位，应采用同一定位基准。例如：机翼前梁装配时，以前梁接头作为定位基准，在后续的前梁与前缘对合，机翼总装时，均应以该接头作为定位基准。

9.3.2 装配定位

装配定位就是按装配工艺基准确定装配位置。常用的定位方法有如下几种：

1. 划线定位

划线法在基本条件上，按产品图样标准的装配位置尺寸用铅笔画出待装零件的位置。这种划线法的准确度要低于普通钳工用划针划线，只在装配位置要求不严格的情况下使用。

2. 按基准件直接定位

这种定位方法是用没有余量的零件边缘、平面或已装配好的零件直接定位。它也适用于部件之间按相互协调的孔、面、叉耳接头定位。

3. 装配孔定位

两个零件按装配要求分别钻出位置协调的两个孔，用此二孔作为两个零件相互的定位基准。装配孔定位法多用于两个平面之间，在曲面上孔位难以协调。装配孔多借用铆钉孔位。

4. 工装定位

这是最常用的保证装配精度和装配协调的定位方法。它是通过各种类型的工装定位器将被装配构件准确定位。例如：用内形板定位蒙皮内形；外卡板定位蒙皮外形；叉、耳式定位器定位组合件或部件对接对应的耳、叉接头；用长桁定位器定位长桁等。

5. 定位孔定位

定位孔定位是配合工装使用的定位方法。有两种主要类型如下：

1) 零件定位孔

用于零件在工装上的定位，零件的供应状态上就带有定位孔，零件的定位孔位置与工装上相应定位孔定位器的孔位是协调的。对于整体机械加工零件来讲,其定位孔与零件加工时的基准孔一致。对于蒙皮零件来讲常将定位孔取在蒙皮余量区域,或在工艺耳片上,用后切除。为防止装错,零件定位孔不选在对称位置上。

常用零件定位孔,如框腹板、肋腹板在夹具上的定位及蒙皮在夹具上的定位。零件定位孔示例如图 9-4、图 9-5 所示。

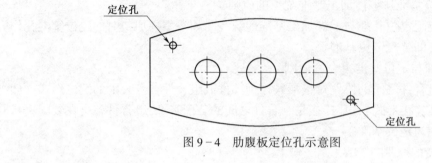

图 9-4 肋腹板定位孔示意图

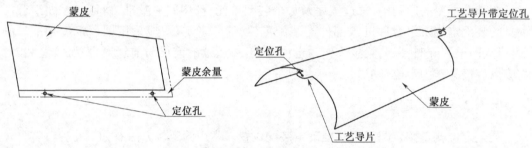

图 9-5 蒙皮余量、定位孔及工艺导片示意图

2) 组合件定位孔

用于组合件参加下一装配单元或进入部件总装定位之用。该孔在组合件装配夹具上按钻模钻制,其孔位于下一装配工序或部件总装夹具定位件的孔位协调。为了消除铆接装配应力的影响,都在铆接装配工作完成后才钻制此孔。如在框装配夹具上钻制框组件的定位孔,在下一装配单元中用定位孔定位框组件。在壁板装配夹具上钻制壁板组件中普通框缘上的定位孔,在机身总装型架中用定位孔定位置,定位壁板的装配位置。

定位孔的使用可简化装配工装的结构。定位孔的取制通常在产品图样的工艺评审中对产品设计员提出并要经其确认。飞机构件上的定位孔在用后一般都要用铆钉堵死。

6. 工艺接头定位

工艺接头是常用固定于产品外形外面,用于装配件的定位、调整或吊运。工艺接头也可作为部件对接时相互定位的基准。工艺接头相当于装配组件上其定位作用的临时结构件,用后拆除。工艺接头一般借用结构上的连接件孔固定,拆除后再装产品紧固件。产品上安装工艺接头处要有足够的强度和刚度,保证定位可靠,并不损伤产品。工艺接头涉及到产品紧固件,通常是由产品设计事先考虑,或在结构工艺评审时由工艺提出后由产品设计确认。吊运用工艺接头位置则由产品设计确认,因为它涉及结构强度、刚度重心。示例如图 9-6、图 9-7、图 9-8 所示。

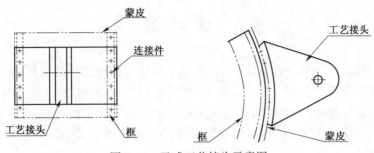

图 9-6　叉式工艺接头示意图

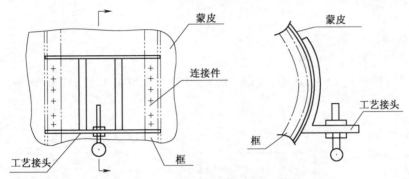

图 9-7　球头定位工艺接头示意图

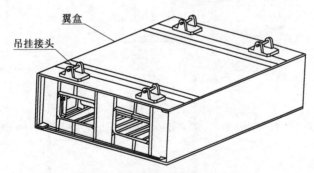

图 9-8　翼盒吊挂接头示意图

9.3.3　工艺余量与补偿

在装配过程中,零件的制造误差和装配定位误差所造成的累计误差会造成装配干涉或装配间隙。产品涉及考虑到这些环节会在产品图样中说明允许修配或加垫,修配或加垫是产品设计给出的装配补偿方法,称为设计补偿。

装配工艺为保证飞机构件之间的装配关系,要在构件上留有余量,在装配时进行修配。如壁板的蒙皮留有余量,在壁板对合时修配余量,保证壁板间对合间隙符合公差要求。叉耳对接的对合面留余量,最后在保证协调的精加工设备上铣切余量,清除以前工序的定位误差和铆接应力变形,保证最终的协调对接。

确定工艺余量时,要考虑有装机定位对合基准,还要考虑不影响产品的性能和易于修配施工。余量的大小按误差大小、加工方法和生产实践的经验而定。

9.4 铆 接 技 术

铆接是一种不可拆卸的连接方法,它适用于各种金属与非金属材料结构的装配连接。尽管飞机机体逐步扩大使用了新型结构材料,铆接仍然是一种广泛采用的主要连接方法。

为了延长装配连接的疲劳寿命,适应飞机性能和技术要求的不断提高,新型铆钉和铆接技术也在不断地扩大应用,如环槽铆钉、高抗剪铆钉、抽芯铆钉、钛合金铆钉和密封铆接、干涉配合铆接、特种铆接。

9.4.1 铆钉

1. 普通铆钉

普通铆钉种类如图9-9所示。

普通铆钉材料有 LY1、LY10、LF10、LF21、ML18、ML20MnA、1Cr18Ni9Ti 等。

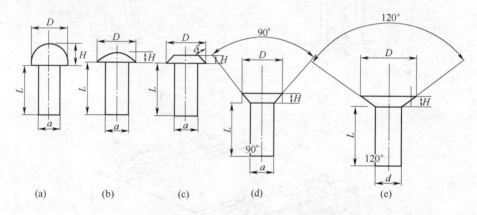

图 9-9 普通铆钉种类示意图

(a)半圆头铆钉;(b)扁圆头铆钉;(c)平锥头铆钉;(d)90°沉头铆钉;(e)120°沉头铆钉。

2. 特种铆钉

1) 环槽铆钉

环槽铆钉从受力角度有抗剪铆钉和抗拉铆钉,由钉套形成铆钉镦头。从铆接形式有拉铆型和镦铆型。拉铆型为单面铆接,使用拉枪和专用拉铆头拉铆成型并拉断尾杆。镦铆型用铆枪和顶把完成铆接,属双面铆接。

2) 高抗剪铆钉

高抗剪铆钉有螺纹轴芯型和镦铆型,由环圈形状铆钉镦头。抽芯型为单面铆接,转动拉出螺钉,施铆成型并扭断螺钉尾杆。镦铆型用铆枪和顶把完成铆接,属双面铆接。

3) 螺纹空芯铆钉

它用于单面铆接,相当于铆钉是螺母。铆接时,用抽钉钳工作螺钉和工作螺母,将工作螺钉拧入铆钉,抽动工作螺钉完成铆接,拧下工作螺钉后安装连接螺枪。

4) 拉丝型抽芯铆钉

它用于拉铆法,属单面铆接。铆接时,用抽钉拉枪拉芯杆,压钉套,形成镦头,拉断芯杆后完成铆接。

9.4.2 常用铆接方法及工具设备

1. 手铆法

用顶把顶住铆钉头,用冲头顶住铆钉杆,借助手锤鼓击冲头的敲击力形成镦头。这种方法在正规生产中基本不用。

2. 锤击法

这是借助手铆枪的锤击力和顶把的顶撞作用完成铆接的方法。按铆枪的锤击方向不同,可分为两种方法。

（1）正铆法：将顶把顶住铆钉头,铆枪的锤击力直接作用在铆钉杆上形成镦头。

（2）反铆法：将铆枪的锤击力作用在铆钉头上,用顶把顶住铆钉杆形成镦头。

用锤击法铆接时,铆枪、冲头和顶把的选择取决于铆钉直径和具体的铆接方法。

3. 拉铆法

用拉枪或转旋工具产生的轴向力拉铆钉或钉芯形成镦头的铆接方法。用于环槽铆钉、螺纹高抗剪铆钉、螺纹空心铆钉、拉丝型抽芯铆钉的铆接。

4. 压铆法

借助于压铆设备的静压力,通过上、下铆枪模压铆钉杆而形成镦头的方法。压铆法使用固定压铆设备和手提压铆设备。使用压铆法,钉杆能均匀地镦粗填埋钉孔,铆接质量稳定、表面质量好、效率高、劳动条件好,但应用范围受产品结构限制,用于开敞性好(如肋、框、梁、壁板等)的平头铆钉、沉头铆钉的铆接。

5. 自动钻铆法

可自动完成确定孔位、制孔、锪窝、放钉和施铆等全过程的铆接方法。它可适用于多种铆钉的铆接,但必须有一定的开敞性,多用于壁板类组件的铆接。随着数字化技术的广泛应用,自动钻铆法也在逐步扩大使用。

6. 密封铆接和干涉配合铆接

从严格意义上讲,密封铆接和干涉配合铆接不是具体施铆过程的方法,它是对铆接装配连接的特种工艺要求。

密封铆接是消除连接处的结构缝隙,堵塞泄漏途径,使铆接结构具有密封性。密封手段是在连接面铺放密封带、胶膜等密封介质,在铆钉上涂胶。

干涉配合铆接是指铆接连接后,钉杆和钉孔之间为干涉配合,它是一种强化连接技术,能显著提高结构的疲劳寿命,并具有密封性。干涉配合铆接对铆钉孔有严格的制孔要求。

9.4.3 铆钉孔

1. 铆钉孔位

（1）划线定位：按产品图样给出的尺寸和排列要求,划出孔中心线,要保证孔的边距、间距、排距符合图样的规定。

（2）按导孔：零件按供应状态要求已钻制导孔,可直接按导孔钻制。导孔常取在平直零件上,如长桁、加强型材。导孔多用于批生产。

(3)按工装:按专用钻孔样板或装配工装提供的钻模。

2. 钻孔

普通铆接主要钻孔工具是风钻,根据装配件的结构特点和铆钉孔经大小选择风钻的型号,如道路不畅处使用弯头风钻。

用麻花钻钻孔,普通铆接的铆钉孔直径一般比铆钉直径大 0.1mm。铆钉孔直径大于 4mm 时,先钻小孔,逐步用钻孔扩孔至中孔直径,钻孔后应去除毛刺。

3. 制窝

制窝为形成沉头铆接的沉头窝,有压窝和锪窝两种方法。

压窝在零件板材厚度小于 0.8mm 时使用。压窝使用成为压窝器的阴、阳模,将压窝器安装在压铆机或手提试压窝机等工具设备上对零件压窝。压窝是无切削的变形加工法。

锪窝使用窝锪钻。窝锪钻前面的导销直径应与铆钉孔直径相同。锪窝时一般在风钻上同时安装可调的锪窝限制器,以便准确地控制窝的深度和垂直度。

9.4.4　铆接顺序

按一定的顺序铆接可避免产生蒙皮鼓动,减少铆接应力。通常采用的方法是中心法和边缘法。如图 9-10、图 9-11 所示。

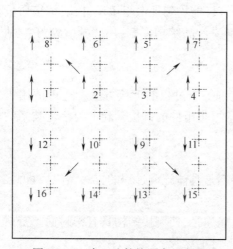

图 9-10　中心法铆接顺序示意图

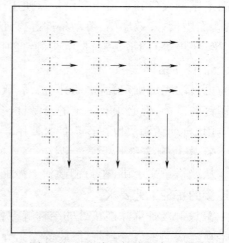

图 9-11　边缘法铆接顺序示意图

9.4.5　铆接的一般技术要求

1. 对铆钉头的技术要求

(1)铆钉头应紧贴零件表面,允许不贴合的单面间隙为 0.05mm,但这种钉的数量应不多于铆钉排总定数的 10%。

(2)铆钉头不允许有切痕、下陷、裂纹及其他机械损伤。

(3)沉头铆钉相对蒙皮的凸凹量应符合机型的设计技术条件。

2. 对铆钉镦头的技术要求

(1)标准的铆钉镦头一般成鼓形,不允许形成喇叭形,镦头偏离铆钉中心或镦头偏斜,铆钉头形状如图9-12所示。

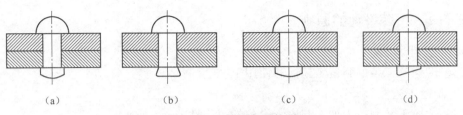

图9-12 铆钉头形状图
(a)标准镦头;(b)喇叭形;(c)偏离中心;(d)偏斜。

(2) 标准镦头的直径和高度应符合要求(车间有专用检验量具)。
(3) 镦头不允许有切痕、下陷、裂纹和其他机械损伤。
3. 对铆接件的技术要求
(1) 铆接后,铆钉处的被连接件之间不允许有间隙,铆钉之间的局部间隙应符合要求。
(2) 铆接后,带皮表面光滑流线,带皮下凹量应符合要求。
(3) 铆接件不允许出现被工具打出的凹坑、碰伤及划伤。
以上是对铆接的一般技术要求,详细的具体要求按不同机型的设计技术条件。

9.4.6 铆钉的分解、更换

1) 铆钉的分解方法和要求
(1) 用与铆钉孔直径相同的钻头钻掉铆钉头,钻孔深度不应超过铆钉头的高度。
(2) 分解半圆头铆钉时,在铆钉头中心处打冲点,以避免钻头打滑伤及蒙皮。
(3) 铆钉头分解后,用顶把在铆钉镦头一侧顶住铆接件,用与铆钉直径相同的铆钉冲从被分解的铆钉头一侧冲掉剩余的铆钉。
(4) 特种铆钉常用专用工具先拆除钉套、环圈、钉芯后再拆除钉杆。
2) 铆钉的更换
铆钉分解后,铆钉孔的实际偏差符合同号铆钉孔的要求,用使用原直径的铆钉铆接。
如果分解后,铆钉孔直径超差,应该用直径大一号的铆钉铆接,加大铆钉的数量要在规定数量范围之内,加大铆钉不得连续分布。

9.5 工装设计和制造

工装是工艺装备的简称,它是零件和装配件的加工、装配、检测所使用的专用装备。
工装从用途上可分为两类:一类是标准工装,另一类是生产工装。标准工装是生产工装的协调制造依据。生产工装直接用于工作现场。随着数字化技术的发展,数字化的模型传递过程取代了实体模型传递过程,所以标准工装也处于逐步淘汰的过程中。
工装从使用专业可分为机床夹具、焊接夹具、模具、装配夹具、试验设备、地面设备、专用工具以及相关专业所使用的检测设备。
工装是飞机研制生产中的重要装备。工装直接影响研制周期、产品质量和研制成本。

9.5.1 工装设计的原则

1. 工艺性好

工艺性包括工装的制造工艺性和使用工艺性

1）制造工艺性

（1）适应工装制造中加工与安装设备的工作性能。

（2）考虑工装制造及检测基准，正确合理标注尺寸。

（3）制造精度合理并考虑必要的工装装配工艺补偿。

（4）合理选用材料及热、表处理。

（5）考虑加工、装配过程中使用的工具及施工通路。

（6）使用光学设备安装工装时，应考虑光学视线的通路。

2）使用工艺性

（1）满足工装使用单位对工装设计提出的技术要求，保证生产出合格的产品。

（2）适应产品生产所用的工具和设备。

（3）尽量让工装使用者有舒适的工作状态和开敞的工作通路。

（4）便于产品的装、卸。

（5）尽量使工装结构简单、便于操作、维护和检修。

（6）对工装的可卸部件要方便其拆卸和搬运；设置必要的手柄、吊耳装置。

2. 性能稳定

（1）保证工装结构刚性和尺寸稳定性，不能因变形而影响工装功能。

（2）合理确定工装的支撑方式，大型型架要考虑地基变形。

（3）考虑温度变化因素对工装的影响。

3. 经济性

1）工装材料

（1）优先选用标准件和标准规格型材。

（2）合理使用材料，材料的性能与零件的功能适应。

2）工装制造

（1）在保证工装功能的前提下，选用合适的加工精度和表面粗糙度。

（2）尽量选用标准的尺寸、规格，便于使用适用的刀、量工具。

（3）便于加工并考虑装配工艺补偿，降低制造工时。

4. 安全性

安全性要考虑操作人员的安全和飞机产品的安全。

（1）相关工装图样和工装实体上应该注明工装使用说明和操作人员注意事项。

（2）工作梯台面应防滑并有保护装置，考虑操作人员的施工可达性，避免因身体重心偏离而有危险。

（3）承载工装（如吊挂）需进行强度校核，试验设备应注明试验压力要求或有安全卸载设施。

（4）翻转与运行机构应安全可靠，且有必要的保护设施。

(5) 尽量消除工装结构上的尖角,防止划伤人员或产品。
(6) 紧固件应考虑防止松动。
5. 先进性
(1) 采用新技术、新工艺、新材料并不断总结经验,提高工装性能。
(2) 不断优化工装结构,提高机械化和自动化水平。
(3) 学习国内外先进的工装结构和工装设计理念。

9.5.2 工装设计的依据

1. 工艺文件

(1) 工艺总方案:这是在飞机研制中首先编制的顶层工艺文件。它制定了产品零件加工和装配的工艺原则。

(2) 互换协调图表:工装设计应遵循图表中规定的协调关系。相对数字化技术则为确保协调的数字化坐标或尺寸等的数据要求。

(3) 工装申请单:这是工装项目的立项依据,据此具体安排设计任务。申请单明确了工装名称、工装图号以及对应的飞机产品图号。

(4) 工装设计技术条件:这是工装申请单位对工装的功能提出的具体要求,包括产品的定位夹紧要求、工作顺序与工装配合使用的工具及设备等。该技术条件由工装设计对其内容进行可行性审查并签字确认。其具体要求常由工装设计与使用工艺磋商确定。

2. 飞机产品文件

(1) 产品图样:飞机产品在未采用数字化技术设计时,产品图样是工装设计的唯一图形依据。采用数字化技术设计后,有些具体技术要求等信息还需通过图样表达,现在它已变成工装设计的辅依据。

(2) 产品数字模型:这是飞机产品采用数字化设计时,工装设计的主要依据。在工装结构设计时,首先就是要调取产品数字模型。如果数字模型中包含了全部技术信息,达到无纸化技术水平,产品数字模型将成为唯一的工装构型依据。

(3) 产品技术要求:根据不同机型的结构特点和性能要求,由产品设计编制,最终交付的产品必须符合这些要求,例如:飞机不同区域的外形要求,蒙皮对缝的间隙和阶差、水平测量要求、测压系统的流量和压力参数要求等。

9.5.3 工装设计的基本要求

1. 工装基准

工装设计首先确定工装的基准,工装基准是工装设计、制造、使用、检测的重要元素。工装基准的选择即为工装坐标系的建立,其合理性直接影响工装的制造、使用效果。

工装设计可以按产品的结构形式和在工装的工作状态建立认为合理的工装坐标系,但通常工装坐标系与产品坐标一致。工装坐标系确定了工装的装配基准,工装零件、组件还应建立其加工所必要的工艺基准,以确保其方便准确地加工。

2. 工装公差

工装是保证产品制造与装配质量的主要装备,工装的精度高于产品的精度。通常工装的制造公差按产品公差的 1/3 来设计。

3. 准确定位

工装的重要功能之一就是要准确定位被加工或被装配的零件。必须限制被定位件的空间六个自由度。限制六个自由度使用的是六点定位原则,也就是通过不在同一平面的六个点确定零件的空间位置。

限制自由度多于六点时,称为过定位;少于六点时,称为欠定位。一般情况下应避免过定位或欠定位现象,但对于刚性较差的零件(如蒙皮),需用过定位来增强其定位可靠性。

4. 可靠压紧

对零件可靠压紧既保证其定位的可靠性,又是对操作人员和产品零件的安全性保证。

5. 制造工艺

工装零件、组件的结构常用机械加工件、焊接件和铸件等。应根据其结构特点考虑工艺性,如机械加工件的加工方法及可加工性;焊接件的焊接性和合理的焊接结构;铸件的合理壁厚和分型面等。对于装配件,为了消除零件、组件制造误差装配后造成的误差积累,以及便于装配调整,要根据具体结构情况给予一定的补偿手段。

9.5.4　工装主要结构

不同类型的工装结构形式不同,例如:机床夹具服务于不同机床对产品的加工,其结构要与相应的机床相适应;冲模要与相应的冲床相适应;对成型模的主要要求是型面;试验设备主要是试验系统,仪表板和操作系统等各不相同。各类工装全部或部分包括以下结构,其中装配工装比较典型。

1. 基体

它也是工装的主体结构,是连接其他构件的载体,保证了工装的刚性和稳定性。

2. 定位、压紧件

这是完成工装功能的重要物件,按被定位零件的不同型式和不同要求达到定位与压紧的目的。通常定位件与压紧件对应设置,而且某些定位、压紧件是一体结构。

3. 检测系统

对于试验台类工装或检验类工装,它是对产品的检测,对于大型装配工装,它用于对工装的安装与检测。如大型装配工装 TB 点(工装基准点)和被安装物件的 OTP 点(激光测量点)。

4. 辅助机构

这是辅助实现工装功能的机构,如使工装物件产生移动或转动的机构;使工装按需要整体翻转的机构;对操作人员的保护机构等。

9.5.5　工装制造与安装

工装的普通物件通过焊接、铸造、机械加工等一般工艺方法完成,涉及到飞机外形等特殊型面,现在多使用数字模型在数控机床上加工完成。

大型装配工装现使用激光跟踪仪进行安装。激光跟踪仪利用工装基体上基准点(TB 点)的坐标值建立坐标系,通过测量被安装件上三个 OTP 点、九个坐标值中被要求的六个坐标值,准确定位安装工装构件。

9.6 工艺审查

1. 审查目的

(1) 工艺性审查是产品设计工作的重要组成部分,是改善飞机设计工艺性、保证设计方案顺利实施的重要环节。

(2) 工艺性审查是为了使产品具有良好的结构工艺性,使飞机制造获得最佳经济效果,即降低成本、缩短制造周期、节约原材料消耗、提高劳动生产率、改善工人的劳动条件等。

2. 审查原则

(1) 在满足产品性能、结构强度、维护性和飞机安全的前提下,审查设计的施工可行性和合理性。既要考虑工厂技术的发展,又要考虑到工厂现有技术水平和可能提供的技术、物资条件,将先进可行的工艺技术成果及标准纳入产品图样、设计技术文件。

(2) 一般应考虑成批生产的需要,并尽可能以经济的加工方法、较短的生产周期、高质量、低成本生产出满足设计要求的产品。

(3) 不仅要考虑满足产品在工厂生产的工艺要求,同时还要满足产品在外场使用、维护方面的要求,应具备检查、排故的良好通路机房差错的要求。

(4) 提倡采用新结构、新技术和新工艺、新材料、新产品,但要与工厂和国内的技术水平相适应,同时也要考虑技术改造的可能性。工艺应尽最大努力满足必要的设计要求。

3. 审查的过程

要从设计总体方案论证开始,贯穿在技术(打样)设计、详细生产图样设计、设计定型(或型号合格审定阶段)、生产定性和批生产阶段的设计修改完善工作中。

4. 审查范围

凡新设计的飞机、改进改型机、订货备件、一次性订货等生产图样、设计技术文件均要经过工艺性审查、会签。

(1) 全部打样图样;

(2) 全机水平测量图样;

(3) 全部生产、实验用的图样(含标准件图样)、设计技术文件;

(4) 设计工装返修、换新、冷热工艺方法有较大变动的图样,设计技术文件的更改图样、文件;

(5) 互换检查项目;

(6) 地面设备和随机工具图样;

(7) 有协调关系或需补加工的外购件、成品件的有关图样、设计技术文件。

5. 审查内容

1) 总体方案论证阶段

在设计总体方案论证阶段,工艺部门应参与了解总体方案的设想,结合工厂的工艺技术水平(能力)和发展,对总体布局、主要结构及系统等设计方案提出意见,对飞机外形是否满足设计制造一体化,便于数字化工艺设计及制造提出意见和建议,作为设计部门的参考依据。

2) 技术(打样)设计阶段

在技术(打样)设计阶段,工艺部门应组织有丰富经验的工艺技术人员,对设计方案的总体布局、设计(工艺)里面的划分、连接形式、主要部件、关键或重要零组件的结构形式以及新工艺、新技术、新材料的采用等较大问题提出工艺性分析意见,以使对于主要部件、关键或重要零组件工艺进行试验预研,避免详细生产图样设计阶段做较大更改。

3) 详细生产图样设计阶段

在详细生产图样设计阶段,工艺部门组织工艺对产品的结构设计、系统设计、设计技术文件进行全面详细的工艺性审查,并严格履行会签手续。审查内容如下:

(1) 结构、系统设计、工艺里面的布局、划分是否满足批生产的要求;

(2) 设计、工艺补偿是否充分;

(3) 主要部件连接形式力求简单、可靠、易于施工,尽量避免套合件;

(4) 尺寸标注、容差选择和分配、设计基准等要素能否满足加工、装配的可达性和开敞性;

(5) 按装配定位的需要提出定位孔的要求;

(6) 系统管路、电缆走向是否合理,拆卸和维修是否方便;

(7) 产品结构是否体现了继承性;

(8) 图样和技术文件中规定的技术项目、内容及技术要求是否合理;

(9) 互换项目及技术要求是否合理;

(10) 产品图样的图面布局和划分是否合理,是否有利于工艺准备和生产;

(11) 选用的生产说明书(或工艺规范)是否合理;

(12) 新工艺、新技术、新材料的采用,在国内及承制厂是否过关;

(13) 产品结构是否开敞,是否有利于预防多余物的产生和多余物的排除;

(14) 产品的详细结构、系统管路、电缆敷设及设计技术要求是否易导致生产中加工操作的判断失误,是否有利于操作失误的预防及纠正,如插座与插头是否具有防止反接插接匹配结构等;

(15) 从工艺性考虑,同类型的零组件尺寸、规格、形状是否满足标准化、通用化、系列化;

(16) 产品设计是否符合标准化要求,是否有利于工艺方法、工艺参数、工艺流程以及工艺装备的选择的标准化,如机加结构的转角半径、管子的直径及弯曲半径等参数的选用是否标准等;

(17) 选用标准是否合理。

4) 设计定型阶段(或型号合格审定)

设计定型阶段,因通过试生产、试飞、产品的设计要做较多的修改、补充或重新发图、设计技术文件。这些图样、设计技术文件同样需要按规定进行工艺性审查。该阶段的工艺性审查要注意涉及标工、工装、工艺方法、冶金方法的重大更改能否实施。

5) 生产定性阶段

设计定型中遗留的技术问题、生产定型中暴露的设计问题、设计定型的飞机经过用户使用所提出的设计问题仍会引起产品图样和设计技术文件的更改。该阶段的工艺性审查要注意更改的内容是否满足批生产的要求,所选成品、材料是否经过鉴定,是否有定点供应商。

6) 批生产阶段

该阶段所用的设计及工艺资料均已定性,所以对产品图样、设计技术文件的更改必须特别慎重。工艺性审查时应重点考虑以下问题:

(1) 是否涉及工艺装备的更改;

(2) 是否需要更改和补发指令性工艺文件;

(3) 在规定的批架次之前,生产准备工作周期能否满足规定的批架次、更改类别是否合理,已生产的零组件能否利用。

7) 问题处理

在工艺审查过程中,设计对提出的问题不能当面解决的,工艺部门必须填写"工艺性审查讨论记录"表,与设计师共同协商处理。

9.7 装配工艺设计示例

下列装配指令为一具体的组件装配过程示意,仅描述在装配单位进行零件的组合过程。

1. 产品简图

产品简图如图 9-13、图 9-14 所示。

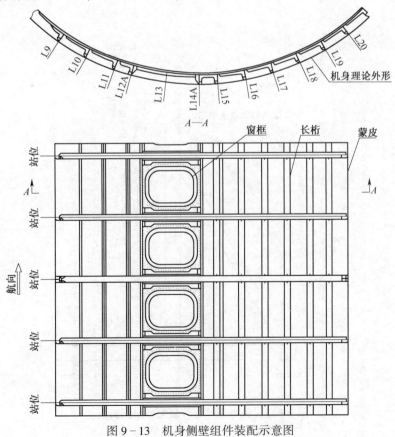

图 9-13 机身侧壁组件装配示意图

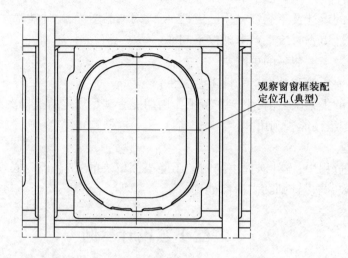

图 9-14　机身侧壁组件观察窗装配定位孔典型图

2. 装配工艺装备简图

装配工艺装备简图如图 9-15~图 9-17 所示。

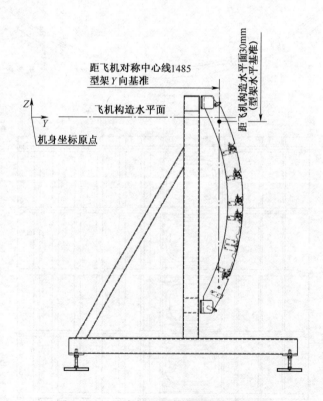

图 9-15　机身侧壁组件装配型架侧面图

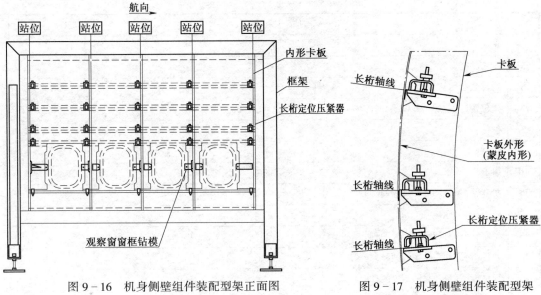

图 9-16 机身侧壁组件装配型架正面图　　图 9-17 机身侧壁组件装配型架卡板局部详图

3. 零件、标准件、材料、工具清单(表 9-1)

表 9-1 零件、标准件、材料、工具清单表

所有零件、标准件、材料表					
序号	零件号	数量	零件名称	材料	毛料尺寸
1		7	长桁		
2		1	蒙皮		
3		5	观察窗框		
4	NAS1097AD6-L	按需	100°冠头铆钉		
5	HSTIIAG6-6	按需	100°沉头高锁螺栓		
6	HST79CY6	按需	高锁螺帽		
7		按需	密封胶(风内用)		
8		按需	密封胶(缝外/封包用)		
所需辅助材料					
1			细白布		
2			清洗剂		
3			砂纸		
4			保护漆		
5			铅笔		
所需工具清单					
1			风钻(大、小)		
2			铣轮		
3			锉刀		

(续)

\multicolumn{2}{c}{所需工具清单}	
4	钻头
5	垂直钻套
6	锪窝限制器
7	定位销(定位螺钉和螺帽)
8	铆枪
9	顶铁
10	铆卡
11	扩孔钻(铆钉和高锁螺栓两种)
12	铰刀(高锁螺栓)
13	锪窝钻(铆钉和高锁螺栓两种)
14	塞规(铆钉和高锁螺栓两种)
15	窝量规(铆钉和高锁螺栓两种)
16	镦头样板(铆钉用)
17	英制套筒扳手
18	直尺
19	划针
20	注胶枪

4. 装配指令

所需产品图样:××××1300 - 000 - 001,D。

所需技术文件:ZPS0×××0 - 0000;ZPS0××00 - 1380。

工作说明:

(1) 操作人员必须是经培训且考核合格的持上岗证人员。

(2) 开工前的准备:按清单清点所需的零件、标准件、材料是否齐全;熟悉工具的型号、形式和使用方法;使用个人保护用品;对零件等采取相应的保护措施等。

装配步骤如表 9 - 2 所列。

表 9 - 2 装配步骤

项目号	项 目 内 容
10	长桁零件在型架上的预定位(长桁按交付状态钻制导孔)(型架定位)
20	蒙皮零件在型架上的预定位、调整、安装蒙皮拉紧装置与型架卡板贴和无间隙(蒙皮边缘按交付状态留工艺余量线)(骨架定位法)
30	长桁零件在型架上的精确定位(保证长桁与蒙皮贴和无间隙)
40	观察窗窗框零件按装配孔与蒙皮的定位,安装定位销(装配孔定位法)
50	钻制长桁零件与蒙皮零件的定位销钉孔,安装定位销(孔位:长桁上导孔,孔径:定位销孔径)
60	钻制观察窗窗框零件与蒙皮零件的定位销钉孔,安装定位销(孔径按定位销孔径)

(续)

项目号	项 目 内 容
70	钻制长桁零件与蒙皮零件的连接件初孔(孔径同定位销孔径)
80	钻制观察窗窗框零件与蒙皮零件的连接件初孔(孔径同定位销孔径)
90	分解观察窗窗框、长桁与蒙皮零件
100	使用直径大于定位销孔径的钻头去除孔边的毛刺以及长桁、观察窗窗框与蒙皮之间的多余物(材料钻削等)
110	重新定位观察窗窗框、长桁与蒙皮零件
120	按图纸和相关的制孔要求钻制长桁与蒙皮连接铆钉终孔。(孔径按图纸中铆钉的牌号确定) 注意:需在试件上先制终孔和锪窝,经检验合格后,方可进行制终孔和锪窝工作。 工具:扩孔钻(专用工具)、锪窝钻(专用工具)、锪窝限制器。 量具:孔塞规(专用工具)、窝量规
130	按图纸和相关的制孔要求钻制观察窗窗框与蒙皮连接高锁螺栓的终孔。(孔径按图纸中铆钉的牌号确定) 注意:需在试件上先制孔和锪窝,经检验合格后,方可进行制终孔和锪窝工作。 工具:扩孔钻(专用工具)、锪窝钻(专用工具)、锪窝限制器。 量具:孔塞规(专用工具)、窝量规
140	分解观察窗窗框、长桁与蒙皮零件
150	使用直径大于定位销孔径的钻头去除孔边的毛刺以及长桁、观察窗窗框与蒙皮之间的多余物(材料钻削等)
160	进行长桁、蒙皮、观察窗窗框贴合面的清理
170	使用长桁、蒙皮、观察窗窗框缝内涂胶密封(贴合面密封)
180	长桁、蒙皮、观察窗窗框的型架上再次定位(使用原定位销孔定位)
190	长桁与蒙皮的铆接(铆接安装)
200	观察窗窗框与蒙皮的连接孔内涂密封胶并湿安装高锁螺栓(螺栓安装)
210	拆除定位销,分别制铆钉和高锁螺栓孔
220	安装已制孔的定位销处铆钉和高锁螺栓连接件
230	安装已制孔的定位销处高锁螺栓连接件
240	按型架上蒙皮边缘位置线划余量线
250	分解型架上的个定位器和蒙皮拉紧装置,组件的下架
260	型架的检查、恢复
270	架下的补铆
280	按蒙皮边缘余量线位置修锉余量,修锉余量端面涂保护层
290	清洗长桁与蒙皮连接边缘、观察窗窗框与蒙皮的接触边缘、高锁螺栓端部
300	长桁与蒙皮接触边缘、观察窗窗框与蒙皮的接触边缘涂密封胶进行填角密封(缝外密封);高锁螺栓端部涂密封胶(标准件封包)或涂保护底漆(防腐蚀)
310	密封性的检查和排故
320	检查、清理组件上的多余物
330	按规定作组件标识
340	产品移交

模块 10　部件对接

【教学目标】

(1) 掌握部件对接的概念、分类及形式。
(2) 掌握水平测量对接方法。
(3) 掌握对接台和对接车对接方法。

【教学重点】

(1) 让学生掌握部件对接的概念及内容。
(2) 让学生掌握部件对接的形式及其适用场合。

【教学难点】

(1) 水平测量对接操作过程。
(2) 水准仪、经纬仪、对接台、对接车的使用。
(3) 对接质量控制。

部件对接是把构成飞机结构的各部件连接在一起,形成整个机身、机翼或整架飞机。部件对接工作视各机型的具体结构和各厂分工的不同,可作为部件装配工作的继续,也可作为总装配工作的一项重要内容。

10.1　部件对接概述

部件对接主要包括以下内容,如图 10-1 所示。

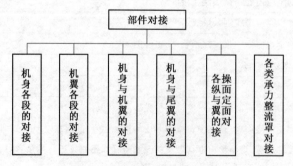

图 10-1　部件对接包括内容

其中:
(1) 机身各段的对接包括机身前、中、后段的对接;
(2) 机翼各段的对接包括中央翼、中外翼、外翼或者半机翼对接等;

(3) 各操纵面与定翼面的对接包括前缘缝翼、襟翼、副翼、扰流板、方向舵、升降舵的对接等；

(4) 各类承力整流罩对接包括机身、机翼整流罩、起落架短舱、发动机短舱等的对接。

部件对接包括结构部分的连接和各系统部分的连接等双重内容。部件结构部分的对接,一般可分为可卸和不可卸及两者相结合三种形式。而且有不可卸比重日益增大的趋势。

系统部分对接有两种形式：

(1) 分离面有固定的连接接头(如接管嘴、电缆插头或插座、拉杆接头等)；

(2) 分离面为导管的一端、拉杆的一端或导管、拉杆、钢索或电缆通过孔。

部件对接常用的对接形式,如表10-1所列。

表10-1　部件连接常用的对接形式

分类	常用部件	工艺特点	简　图
围框式平面对接	机翼、机身各段对接	①对接面需精加工,不留余量。 ②精度孔一般为H8~H9。 ③全部对接孔应按对接平板或钻模加工至最终孔径	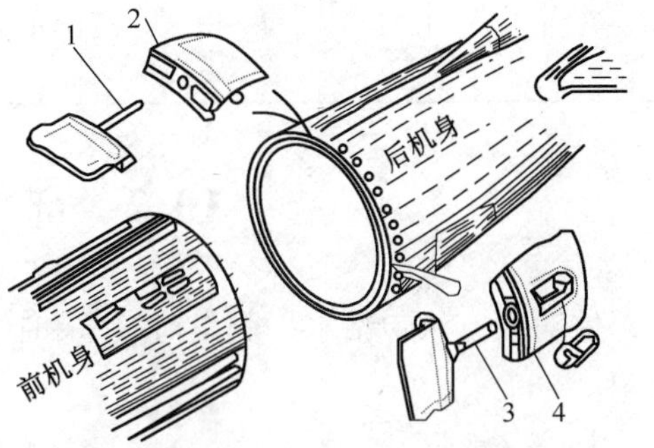1 2 后机身 前机身 3 4 1—导向销;2—导销孔;3—特种螺栓;4—凸缘垫片。
叉耳式接头对接	机身与机翼、尾翼对接	①孔不留余量时,需用互换协调工装制孔。 ②孔留余量时,余量视具体情况确定	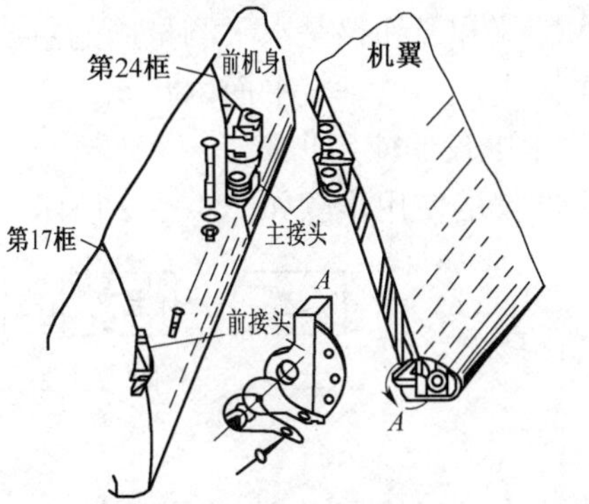第24框 前机身 机翼 第17框 主接头 前接头 A A
铰链式接头对接	各操纵舵面对接	①转动灵活。 ②与叉耳式接头一样,但是孔没有余量	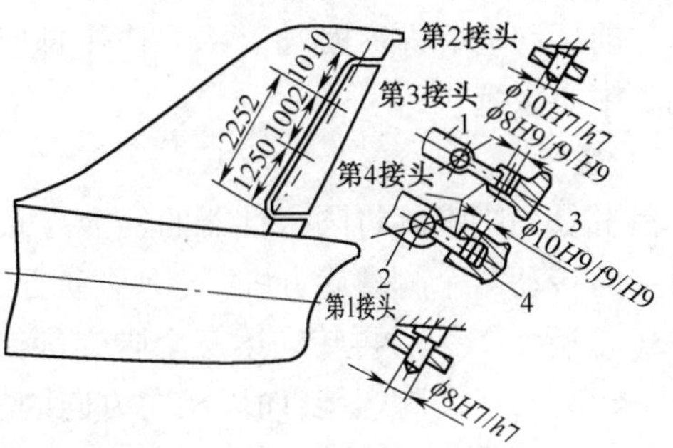第2接头 第3接头 第4接头 第1接头 2252 1250 1002 1010 φ10H7/h7 φ8H9/f9/H9 φ10H9/f9/H9 φ8H7/h7 1 2 3 4

(续)

分类	常用部件	工艺特点	简图
梳状式接头对接	机翼各段对接	①对界面和梳状接头的对接孔在对接时都需经过加工。 ②对界面和对接孔都留有余量	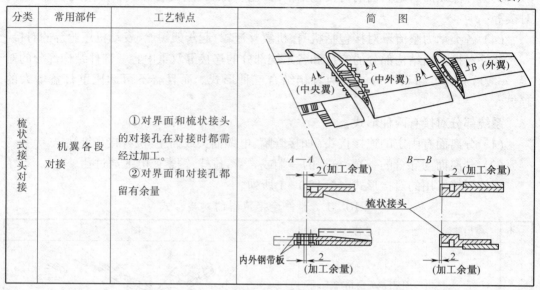

10.2 部件对接方法

部件对接方法包括水平测量对接法和在对接台或对接车内的对合法。下面将分别进行介绍。

10.2.1 水平测量对接法

水准仪和经纬仪是水平测量用的主要仪器。水准仪用于测定产品的水平状态,经纬仪用于测定产品的垂直平面内状态。

1. 水准仪的使用步骤

水准仪的使用步骤如图10-2所示。下面将对各步骤进行详细介绍。

图10-2 水准仪的使用步骤

1) 安置

安置水准仪的方法,通常是先将脚架的两条腿取适当位置安置好,然后一手握住第三条腿作前后移动和左右摆动。一手扶住脚架顶部,眼睛注意圆水准器气泡的移动,使之不要偏离中心太远。

2) 粗平

粗平是用脚螺旋将圆水准器的气泡导致居中。方法如下(图10-3):用两手分别以相对方向转动两个脚螺旋,此时气泡移动方向与左手大拇指旋转时的移动方向相同,如图10-3(a)所示。然后再转动第三个脚螺旋使气泡居中,如图10-3(b)所示。实际操作时可以不转动第三个脚螺旋,而以相同方向同样速度转动原来的两个脚螺旋使气泡居中,如图10-3(c)所示。在操作熟练以后,不必将气泡的移动分解为两步,而可以转动两个脚螺旋直接导致气泡居中。

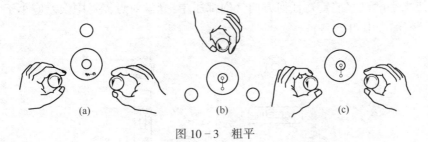

图 10-3 粗平

3) 瞄准

在用望远镜瞄准目标之前,必须先将十字丝调至清晰。瞄准目标应首先使用望远镜面的瞄准器,在基本瞄准水准尺后立即用制动螺旋将仪器制动。若望远镜内已经看到水准尺,但成像不清晰,可以转动调焦螺旋至成像清晰,注意消除视差。最后用微动螺旋转动望远镜使十字丝的竖丝对准水准尺的中间稍偏一点以便读数。

4) 精平

读数之前应用微倾螺旋调整水准管气泡居中,使视线精确水平。由于气泡的移动有惯性,所以转动微倾螺旋的速度不能快,特别在符合水准器的两端气泡影像将要对齐的时候尤应注意。只有当气泡已经稳定不动而又居中的时候才达到精平的目的。

5) 读数

仪器已经精平后即可在水准尺上读数。为了保证读数的准确性,并提高读数的速度,可以首先看好厘米的估读数(即毫米数),然后再将全部读数报出。

2. 经纬仪的使用步骤

经纬仪的使用步骤如图 10-4 所示,下面将分别就各步骤进行详细说明。

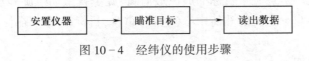

图 10-4 经纬仪的使用步骤

1) 安置仪器

将经纬仪正确安置在测站点上,包括对中和整平两个步骤。

(1) 对中。

指将仪器的纵轴安置到与过测站的铅垂线重合的位置。首先据观测者的身高调整好三脚架腿的长度,张开脚架并踩实,并使三脚架头大致水平。将经纬仪从仪器箱中取出,用三脚架上的中心螺旋旋入经纬仪基座底板的螺旋孔。对中可利用垂球或光学对中器进行。

① 垂球对中:挂垂球于中心螺旋下部的挂钩上,调垂球线长度至垂球尖与地面点间的铅垂距≤2mm,垂球尖与地面点的中心偏差不大时通过移动仪器,偏差较大时通过平移三脚架,使垂球尖大致对准地面点中心,偏差大于 2mm 时,微松连接螺旋,在三脚架头微量移动仪器,使垂球尖准确对准测站点,旋紧连接螺旋紧。

② 光学对点器对中:调节光学对点器目镜、物镜调焦螺旋,使视场中的标志圆(或十字丝)和地面目标同时清晰;旋转脚螺旋,令地面点成像于对点器的标志中心,此时,因基

座不水平而圆水准器气泡不居中;调节三脚架腿长度,使圆水准器气泡居中,进一步调节脚螺旋,使水平度盘水准管在任何方向气泡都居中;光学对点器对中误差应小于1mm。

(2) 整平(如图10-5)。

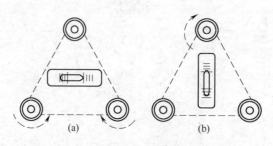

图10-5 整平

整平指使仪器的纵轴铅垂,垂直度盘位于铅垂平面,水平度盘和横轴水平的过程。精确整平前应使脚架头大致水平,调节基座上的三个脚螺旋,使照准部水准管在任何方向上气泡都居中;方法如下:"左手螺旋法则"。

注意上述整平、对中应交替进行,最终既使仪器垂直轴铅垂,又使铅垂的垂直轴与过地面测站点标志中心的铅垂线重合。

2) 瞄准目标

测量角度时,仪器所在点称为测站点,远方目标点称为照准点,在照准点上必须设立照准标志便于瞄准。

瞄准目标方法和步骤:

(1) 将望远镜对向明亮的背景(如天空),调目镜调焦螺旋,使十字丝最清晰。

(2) 旋转照准部,通过望远镜上的外瞄准器,对准目标,旋紧水平及垂直制动螺旋。

(3) 转动物镜调焦螺旋至目标的成像最清晰,旋竖直微动螺旋和水平微动螺旋,使目标成像的几何中心与十字丝的几何中心(竖丝)重合,目标被精确瞄准。

3) 读出数据

读出数据步骤如下:

(1) 打开反光镜,调节反光镜镜面位置,使读数窗亮度适中。

(2) 转动读数显微镜目镜对光螺旋,使度盘、测微尺及指标线的影像清晰。

(3) 根据仪器的读数设备进行读数。

3. 用水平测量法对接某机身、机翼的工作程序

用水平测量法对接某机身、机翼的工作程序如下:

(1) 测量前熟悉飞机水平测量图样,了解各测量点的分布位置、机翼和尾翼的安装角、上下反角及后掠角、各动翼舵面偏转角度的大小及容差值、起落架的轮距及相对飞机轴线的位置尺寸及容差。

(2) 将对接部件通过托架、千斤顶等支承安放在对接工作场地。水平测量工作场地周围应无风源和振动源,如在外场应在无风天气测量。

(3) 安放调整水准仪。一般水准仪安放离飞机5~6m处,水准仪镜筒视野能观察到对接部件上的各个水平测量点;水准仪安装要平稳可靠,按水准仪的调平方法,调整水准仪至水平。

(4)利用调整好的水准仪,观测挂在机身上的刻度标尺,测定机身测量点的高度值读数,调整测定机身各段纵轴在同一个水平面内。

(5)利用经纬仪测定机身对称面上的测量点,调整测定机身各段纵轴在同一个垂直平面内。机身纵轴同轴度不对时,可通过托架和千斤顶调整飞机的安放位置。

(6)利用水准仪及刻度标尺,测量机翼和尾翼各测量点的高度,得到安装角及上反角等的实际值。不对时用托架和千斤顶调整机翼和尾翼的安放位置。

(7)在部件对接处安放连接螺栓、垫圈和螺母,按图样规定对螺母定力及锁紧。图10-6所示为用水平测量法对某机身前段、中段和后段进行对接的实例。

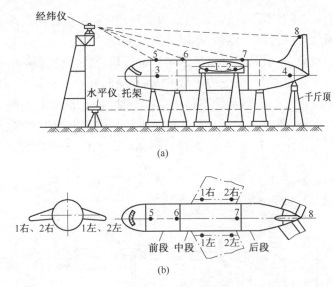

图 10-6 水平测量示意图

对接时以机身中段为基准,将中段用千斤顶和托架托起,把水准仪调整安装在水平位置。利用三点成一平面的原理,水准仪观测中段上点 1 左、1 右和 2 左(或点 2 右),并调在同一个平面内,就是用刻度标尺或钢板尺顶在测量点 1 左、1 右和 2 左上,水准仪扫描在刻度尺上,读出同一数值为水平,如不平时用千斤顶或托架调整达到三点读数一致,确认机身中段处于水平位置,随后用经纬仪观测点 6 和点 7 并调装在同一个垂直平面内。中段测完安放好后,用同样的办法测前段和后段上的测量点 3、4、5 和 8,就可以确定机身的同轴度。

机翼的安装角、上(或下)反角和舵面转角也可用同样方法测量安装。如图 10-7 为机翼的水平测量,用水准仪及刻度标尺测量差值 a、b 来检查机翼的安装角和下反角。动翼的开启角通过 c、d 值来检查。

机翼的后掠角、起落架的位置,仅测量其对称性(图 10-8)。用皮尺或卷尺测量机翼两端处测量点至机身测量点间的距离 L_1、L_2、L_3、L_4,是否符合水平测量图给定的尺寸差值。对起落架,用皮尺测量三点的位置尺寸 L_1、L_2 是否符合水平测量图给定的尺寸差值。

4. 水平测量注意事项及常见问题的处理方法

水平测量注意事项及常见问题的处理方法如下:

(1)千斤顶和托架支承飞机的安放位置,应按飞机水平测量图的规定,不得随意支承。

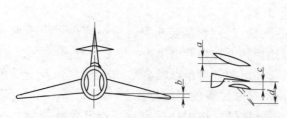

图 10-7 机翼和舵面水平测量示意图

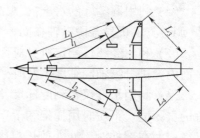

图 10-8 机翼和起落架对称性检查

(2) 水平测量时,飞机上不得上人工作。

(3) 机身水平状态的测量点按对称呈双数设置(一般是左右侧各两点),应按装配指令规定选用三个测量点进行水平测量,不得随意变动。

(4) 直升机的装配,一般是通过水平测量先进行机身各段的对接装配,然后安装主减速器及旋翼。安装主减速器时,按受力平台的纵向、横向调平要求复查飞机的水平状态。

(5) 部件对接后进行水平测量达不到规定要求时,对于围框式分离面的部件连接处,可用加垫重新调整安装,图10-9为某直升机的机身与尾梁上翘角的准确度,由水平测量点3和点4的高度尺寸 A 和 B 来保证,而在对接面(图中 $A—A$ 处)出现间隙,可加相应的斜垫片。

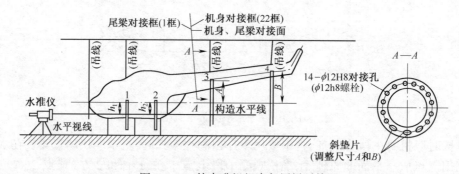

图 10-9 某直升机机身与尾梁对接

对于部件的叉耳式连接处,可采用加大螺栓办法,即卸下对接处的连接螺栓,按水平测量要求调整部件的相对位置,然后扩铰叉耳上的连接孔。

(6) 对于留有余量的部件对接时,应先水平测量,符合要求后再扩铰孔。如果是处于试造或小批量生产的飞机,对接部件只要求替换,即部件铆接装配后在对接部件上均留有余量,总装配时先用水平测量法对两个部件调整,处于准确的相对位置后,将两个部件定位,然后用配钻的方法,对连接接头的初孔进行扩铰孔,到图样规定的尺寸,然后螺接。

(7) 围框式分离面的连接螺栓安放顺序,应对称地先上四个固定螺栓,然后上其余的所有螺栓、垫圈和螺母;用力矩扳手拧紧螺母也应遵循对称的拧紧顺序。

(8) 水平测量实测数据超过允许数据时,应提请有关技术部门批准。

10.2.2 在对接台和对接车内的对合法

1. 用对接台装配对合法

图 10-10 所示为某机发房与机翼对合的对接台。对接台内装有支承机翼和发房用

的托板、接头定位器及水平测量指示器。

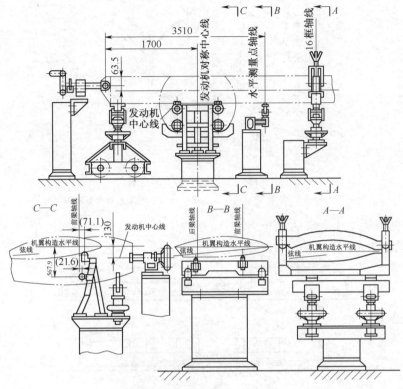

图 10-10 机翼和发房对接台

对接工作程序如下：

（1）将已铆接装配完的机翼放在对合台内，用机翼上的水平测量点，按机翼安装角，上反角的规定值通过对合台内的水平测量指示器测定调整机翼的准确安放位置（参见切面 A—A），然后用托板、上下外形板（参见切面 A—A）及机翼接头定位器等对机翼定位固紧。

（2）将发房安放到对合台中，通过对合台中的发房端面检验板及发动机架接头定位器对发房进行调整安装（参见切面 C—C），使发动机中心线与飞机轴线的位置关系正确，并用托板固紧。

（3）在对合台中，对发房与机翼的交点进行连接，对其他部位进行铆接。图 10-11 所示为在对接台内通过工艺接头对机身前段、中段进行对合连接的装配情况。

工艺接头是为了装配定位和夹持对合件的需要，加在飞机结构的较强部位上的暂时性接头。工艺接头可以突出部件表面，飞机对接装配完成后，即可卸下。大型飞机上工艺接头连接孔常取在蒙皮的铆钉孔或螺栓孔处。

2. 对接车装配对合法

图 10-12 表示出了机身各段在对接车内的对接装配情况。对接车内有支承机身的托板和必要的接头定位器等。将机身各段定位固定在各自的架车内，各架车沿同一导轨移动到要求的位置上（图 10-12(b)），先用锥形定位销将各段间的连接孔彼此对准重合，然后进行螺接。

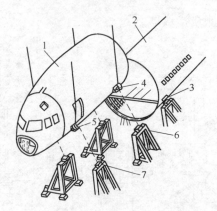

图 10-11 工艺接头用于部件对接

1—机身前段;2—机身中段;3、4、5—工艺接头;6、7—型架上的工艺接头定位件。

各段对接成为一个完整的机身后,把前后的架车撤出,剩下中间的架车支承整个机身,沿着导轨推出车间(图 10-12(c))。

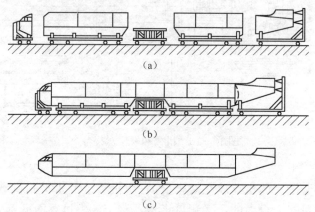

图 10-12 架车式对接车

(a)机身各段在架车上准备对接;(b)进行对接;(c)对接完毕。

10.2.3 定翼面与动翼面的对接

动翼面一般为互换件,是可拆卸的连接。动翼面与定翼面的对接,通过可补偿的万向铰连接头用螺栓连接。

动翼面安装于定翼面上,首先检查各铰接点的同轴度。为便于螺栓的插入,可用导向销校验叉子与耳片的同轴度,并作引导,安装螺栓并打保险。

检查动翼面与定翼面的活动间隙和相对位置的准确度,按规范做吻合性检查。对接后,动翼面转动应灵活,不允许有任何响声存在。

作业:

(1)简述水准仪的功用及使用方法。
(2)简述用水平测量法对接某机身、机翼的工作程序。
(3)部件对接主要包括哪些?请详细说明。

(4) 部件对接常用的对接形式有哪些？详述其常用部件及工艺特点。
(5) 简述水平测量注意事项。

训练项目 10-1　运 5 大部件对接

1. 实训目的
(1) 通过运 5 飞机大部件对接的实际训练，了解运 5 飞机主要构造。
(2) 了解飞机大部件对接的工艺过程及其相关知识。
(3) 掌握飞机大部件对接的实际操作技能。

2. 运 5 飞机简介

运 5 飞机是我国第一种自行研制的运输机，由南昌飞机制造公司制造，双轮气动布局，后三点起落架，它飞行稳定，运费低廉，广泛应用在训练、跳伞、体育、运输和农业任务中。其主要由机身、机翼、尾翼、起落架、发动机等组成。

翼展 110.176m，机长 12.688m，机高 5.35m。

最大载重 1500kg。

航程 845km。

3. 工作内容

实训步骤	实训内容
起落架的安装	前起落架与机身连接采用插耳与螺栓连接。 前起落架由 2 个机轮、2 根主支撑杆、4 个斜撑杆组成。 ①安装斜撑杆。 ②安装主撑杆
机翼和机身的对接	(1) 安装上翼撑杆： ①运 5 飞机采用双层机翼的气动布局，上下机翼用撑杆和斜拉线连接。 ②撑杆与机身采用插耳与螺栓对接。 (2) 调整好位置。 (3) 安装螺栓。 (4) 机翼与机身的对接： ①机身与机翼采用接头式插耳与螺栓对接。 ②调整好位置。 ③安装螺栓。 (5) 机身与下机翼的对接： ①机翼与撑杆的连接。 ②连接软撑杆。 (6) 对接另一侧机翼。 (7) 在机翼上安装副翼、襟翼，连接传动拉杆等
尾翼的安装	尾翼与机身的连接采用插耳螺栓对接。 ①安装水平尾翼。 ②安装垂直尾翼。 尾翼舵面安装
发动机的安装	发动机动力装置的安装
各对接处整流罩的安装	机翼机身连接处整流罩蒙皮连接

4. 注意事项

(1)操作者开工前必须穿戴好劳动保护用品。

(2)对容易造成零件损伤的工具压紧件的工作表面进行保护。

(3)工作所需物品、工具、量具应摆放整齐有序。

(4)严格按照图纸和工艺规范操作。

模块 11　飞机机体修理

【教学目标】

(1) 掌握机体修理结构损伤检查的方法。
(2) 掌握蒙皮常见故障的修理方法。
(3) 掌握梁和长桁常见故障的修理方法。
(4) 掌握隔框和翼肋常见故障的修理方法。

【教学重点】

(1) 让学生掌握蒙皮的修理。
(2) 让学生掌握梁和长桁的修理。
(3) 让学生掌握隔框和翼梁的修理。

【教学难点】

(1) 机体修理的准则。
(2) 蒙皮破孔的修理。
(3) 梁和长桁裂纹的修理。
(4) 隔框和翼梁变形的修理。

11.1　飞机结构的损伤及检测

飞机修理与改装工作基本上是按图 11-1 所示的工作流程执行,其中,每个工作环节都有严格的程序。在完成飞机的接收与故障检查并做好各项记录后,对飞机进行大部件拆装,送交各专业部门按照严格的修理规范进行检查与维修,然后就是重新装配,最后进行试飞排故合格后,交付用户。

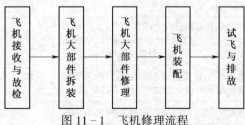

图 11-1　飞机修理流程

11.1.1　飞机结构损伤检测

飞机在使用过程中,由于使用过载、操纵错误或维护不当等原因,常常会造成结构的损伤,如飞机结构产生裂纹、变形、撞伤和烧伤等。这些损伤降低了飞机结构的强度、刚度,影响了飞机的气动性能。因此,必须对飞机结构的损伤进行及时的修理,以保证飞机处于良好的使用状态。

飞机结构损伤检测是指对损伤飞机进行损伤程度的检查和鉴定。其目的是为制定修理方案和实施修理提供依据。飞机结构的损伤,有些用肉眼观察,并辅以简单检查工具,便可发现;有些则必须用专门仪器进行检测。本模块首先介绍飞机结构一般损伤的检测,然后介绍飞机结构大范围损伤后的水平测量方法。

1. 损伤的基本类型

损伤的基本类型如表 11-1 所列。

表 11-1 损伤的基本类型

	基本类型名称	定　　义	补　充　说　明
按损伤程度分类	可允许损伤	不需要做任何修理或仅做简单修理的损伤	如轻微的变形、划伤和擦伤
	可修理损伤	结构损伤较严重,并且能够进行修理的损伤	需局部或整体更换损伤件,起到排除故障的目的
	不可修理损伤	结构损伤严重,不可修复,或者进行修理在经济上不合算的损伤。	
按损伤原因分类	飞机正常使用所造成的损伤	主要包括交变载荷引起的疲劳损伤,使用环境所造成的腐蚀损伤和结构设计不合理、制造工艺粗糙而产生的损伤等	这类损伤在日常修理工作中占有很大比例
	飞机非正常使用维护所造成的损伤	非正常操纵驾驶、维护不当或飞行中机件突发故障等原因所造成的损伤	这类损伤大都是撞伤、擦伤和烧伤。机身上较多,机翼次之,尾翼部分较少

2. 紧固件的损伤模式与检查

飞机结构件之间通常采用铆钉或螺栓连接在一起。这些紧固件长期在交变载荷、腐蚀环境以及振动环境影响下,可能产生松动损伤。紧固件的损伤模式与检查如表 11-2 所列。

表 11-2 紧固件的损伤模式与检查

类型	故障模式		故　障　原　因	表现形式	检查方法
铆钉	静载破坏模式	剪切破坏	被连件的相对滑移	铆钉杆的破坏	损伤铆钉的最明显特征是铆钉在铆孔中发生松动现象。修理时如发现下列现象可确定铆钉已松动: 1. 当压动铆钉头旁边的蒙皮时,蒙皮离开铆钉头并形成肉眼可见的明显间隙。 2. 铆钉周围有黑圈或黑色尾迹。 3. 铆钉头已突出构件表面,或者发生卷边翘起现象。 4. 铆钉头周围的油漆层出现碎裂或裂纹
		挤压破坏	当蒙皮较薄时,铆孔在挤压的作用下,容易扩大成椭圆形,造成铆钉松动,产生挤压破坏	铆钉松动	
		铆钉头破坏	铆钉在复合拉伸应力的作用下,其边缘容易产生弯曲而翘起;对于厚板来说,引起铆钉头撬动的作用力,也可能破坏铆钉头	铆钉头的破坏	
	疲劳损伤		由于承受交变应力而产生的。通常发生在结构振动环境严重或气动吸力高的部位	铆钉头断裂	
	应力腐蚀损伤		在受到拉应力和周围腐蚀环境的共同作用下发生的变质损伤。通常出现在埋头铆钉的头部和镦头部位	铆钉松动	
螺栓	与铆钉相同		螺栓、螺钉拧的过松、过紧或松紧不一致。疲劳损伤和应力腐蚀损伤与铆钉相同	断裂和裂纹	与铆钉相同

3. 含裂纹构件的检测

飞机结构件的裂纹,多发生在受力大、撞击剧烈、容易振动和容易受高温影响的部位。构件产生裂纹后,其强度、刚度随之降低,而且由于应力集中的影响,裂纹还会迅速扩大。因此,在修理工作中应加强检查,及早发现,及时修理。

1) 裂纹的类型和特征

飞机结构件的裂纹,按其形成和扩展的原因,可分为:疲劳裂纹、应力腐蚀裂纹和腐蚀疲劳裂纹三类;此外,还有振动或意外撞击引起的裂纹。按照裂纹形态特征分类,裂纹可分为宏观裂纹和微观裂纹两大类。宏观裂纹是指大于用无损伤检测方法所能探测的最小长度的裂纹。微观裂纹是指用放大倍数和分辨率优于光学显微镜的方法所能观察到的裂纹。

2) 构件裂纹的检测

检查构件裂纹有两种方法:一种是用放大镜进行目视检查。这种方法的优点是简单方便,随时随地可以检查,而且不受被检测材料性质的限制。另一种检测方法是使用专门的探伤设备进行无损检测。它包括射线检测、超声波检测、磁粉检测、涡流检测和渗透检测等。各种检查方法的灵敏度如表 11-3 所列。

表 11-3 各种检查方法的灵敏度

检查方法		能发现裂纹的最小尺寸/mm		
		宽 度	深 度	长 度
目视检查	用肉眼看	0.1	/	2~3
	用放大镜	0.01~0.1	/	2~3
着色探伤		0.0006	0.01	0.1~0.3
萤光探伤		0.01	0.03~0.04	0.5~1
磁力探伤		0.001	0.1	0.5~1
超声波探伤	表面波	0.1	0.3	10
	纵波	0.001	0.1	1
涡流探伤		0.001	0.3~0.5	1.5~5
X 射线探伤		0.1	透视厚度:1.5%~3%	2~3

4. 蒙皮鼓动的检查

飞机蒙皮固定在梁、桁、肋、框等构件上,除和这些构件一起承受机件结构的扭矩和弯矩外,还承受着空气动力载荷或其他分布载荷。在这些载荷作用下,如果蒙皮上的应力超过该材料的屈服极限,就会产生永久变形,使蒙皮伸张,形成鼓起或下陷(图 11-2)。这种蒙皮如果在交变载荷或冲击载荷作用下,容易时而鼓起,时而下陷,在鼓起与下陷的过程中,常常会发出"咕咚"的响声。这种现象,通常叫做蒙皮鼓动。

图 11-2 蒙皮鼓动

蒙皮鼓动是蒙皮伸张变形的结果。在修理中一般用按压法检查。用一个大拇指或手掌心按压蒙皮,若蒙皮产生下陷或产生下陷后他处鼓起,松开手后,蒙皮立即自动弹回(或弹不回来)并伴有响声,则说明该处蒙皮产生了鼓动。

5. 飞机撞伤的检查

飞机在起飞、着陆以及牵引过程中,由于机件发生故障或操作错误等原因,可能遭到撞伤。下面叙述四种典型情况的检查方法。

1) 飞机强迫着陆撞伤的检查

飞机未放下起落架在泥地强迫着陆(图11-3)时,机身下部直接撞击地面,并擦地滑行,使机身下部擦坏。同时,机身接地不稳,还可能擦伤机翼翼尖。当飞机撞伤情况不严重时,通常主要是机身下部和机翼翼尖的蒙皮擦坏,隔框、翼肋、桁条等构件产生局部的变形和破裂;当飞机撞伤严重时,不仅会出现上述损伤,而且可能使机身下部大梁弯曲,产生裂纹,许多下部框板严重损坏。

对于强迫着陆飞机的检查,应以机身下部为重点。检查时,应检查机身结构是否变形,机身下部大梁和主要加强框的损坏情况;然后,进一步检查机翼翼尖以及其他构件的损伤情况。检查方法如下:

(1) 机身结构是否变形,可通过飞机水平测量的方法判断。

(2) 大梁是否有裂纹,通常用放大镜检查即可发现,对钢制大梁,可用磁力探伤机探伤。

(3) 大梁是否弯曲,可以从与大梁连接的蒙皮和铆钉进行判断。如果蒙皮发皱,铆钉松动较多,表明大梁已弯曲变形。

(4) 各加强框下部的变形情况,框板上接头位置是否改变,加强型材是否损坏等,可用飞机水平测量及目视观察等方法检查。

(5) 其他框、肋、桁条和蒙皮的损伤,通过细心察看,即可判断。

2) 飞机用一个主起落架和前起架着陆后撞伤的检查

当飞机的某一主起落架未放下,利用另一个主起落架及前起落架着陆(图11-4)时,未放主起落架那边的机翼翼尖部分,将撞击地面并与地面摩擦。这种情况发生后,轻则伤及翼尖部分,重则使整个机翼弯曲变形。如果飞机转弯过急,还可能使起落架产生裂纹或折断。检查方法如下:

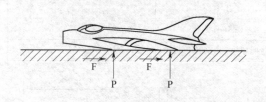

图11-3 飞机强迫着陆

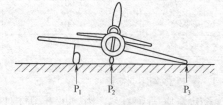

图11-4 飞机一个主起落架未放下着陆时的情形

(1) 机翼翼梁是否产生弯曲变形,通常可用飞机水平测量的方法检查。如果机翼的下反角减小,说明大梁已产生弯曲变形。根据翼梁沿翼展方向为一直线的特点,可用直尺检查,找出具体的变形部位。图11-5为用直尺检查翼梁的情况。如果直尺与翼梁表面贴合,说明翼梁没有弯曲;如果直尺与翼梁表面之间有间隙,则说明翼梁有弯曲变形,间隙越大,弯曲变形的程度也越大。

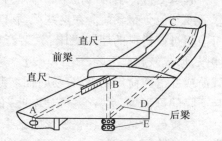

图11-5 用直尺检查翼梁的情况

(2) 机翼是否有向后的弯曲变形,可以通过与机身连接接头的情况判断。首先检查强度、刚度较小的前接头是否有变形、裂纹或拉断。如果前接头被拉断,则应检查后接头及固定螺栓的损伤情况。用磁力探伤法检查钢质零件是否裂纹,用目视或借助其他工具检查接头及其周围的变形情况。

3) 飞机着陆冲出跑道后撞伤的检查

飞机冲出跑道后,通常会造成前起落架和机身前部的损伤。由于跑道外的土质松软,前起落架受到的阻力急剧增加(图 11-6),轻则使固定前起落架的机身框板变形,重则使前起落架构件产生裂纹或折断。机身前部的损伤主要是下部蒙皮和构架的破损、变形和裂纹等损伤。

对于这类损伤主要检查损伤部件的破损、裂纹和变形情况,重点是前起落架的检查。检查方法可采用目视检查、探伤检测和水平测量等。

4) 飞机着陆不良尾部擦地后撞伤的检查

飞机着陆不良,引起尾部擦地(图 11-7),通常只伤及机身尾部下面的蒙皮和构架擦地严重时,还可能使后机身产生向上的弯曲变形。后机身是否产生向上的弯曲变形,通过飞机的水平测量进行检查;机身尾部下面的蒙皮、隔框等构件的损伤情况,通过目视观察便可判断。

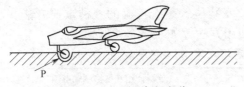

图 11-6 飞机冲出跑道

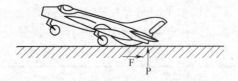

图 11-7 飞机尾部擦地

6. 飞机烧伤的检查

飞机的烧伤通常是由于接头漏油或油料导管爆破遇到高温而引起的。飞机在烧伤过程中,由于各部位所受到的温度不同,烧伤的程度也不一样。检查的目的,就是要划分未烧伤、轻微烧伤和严重烧伤的区域与范围。根据其烧伤程度,分别采用不同的修理方法。

1) 飞机烧伤的检查方法

检查飞机的烧伤情况时,首要任务是确定轻微烧伤区与严重烧伤区以及未烧伤区的分界线。由于严重烧伤区存在着起泡、变形、裂纹或烧溶等特征,因此,严重烧伤区与轻微烧伤区的分界线容易判断,而轻微烧伤区与未烧伤区的分界线往往需要通过以下方法进行确定。

(1) 色泽比较法。根据试验,罩光漆层的颜色在温度升高时将发生变化。因此利用罩光漆层的颜色变化,可以迅速划出轻微烧伤区与未烧伤区的大致界线。

(2) 硬度测定法。色泽比较法虽然能迅速划出轻微烧伤区与未烧伤区的大致界线,但是,罩光漆层的颜色变化是逐渐过渡的,再加上其他因素的影响,往往难以准确判断。因此,还必须通过测定硬度的方法确定。测量硬度时,可选用便携式硬度计或锤击式布氏硬度计进行测量。首先在根据色泽比较划出来的界线的 A 处(图 11-8)进行测量,如果该处的硬度合乎规定,说明该处的硬度没有降低,根据颜色变化划出的界线 $ABCD$ 是正确的。如果硬度低于规定,说明根据颜色变化划出的界线有出入,这时,需要在 A 以外的正点处重新测定硬度。如硬度合乎要求,则根据正点重新划定轻微烧伤区与未烧伤区的界线为止。

2) 确定烧伤范围时应注意的一些问题

(1) 试片硬度的测定,需在飞机烧伤 72h 以后进行。

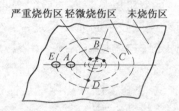

图 11-8 蒙皮烧伤的检查

(2) 在划定烧伤区域时,应考虑飞机是在空中燃烧,还是在地面燃烧。空中燃烧,散热条件好,热影响区就小;地面燃烧,散热条件差,热影响区就大。如果燃烧的部位具有内、外两层蒙皮,由于夹层间的空气具有隔热作用,在划定内外蒙皮的烧伤范围时,应有所区别。

(3) 飞机燃烧时间的长短,对烧伤区域的判断也有影响。

(4) 对飞机框、桁条、梁的烧伤进行处理时,如果它们的材料与蒙皮相同,则可按蒙皮烧伤的程度处理;如果材料与蒙皮不同,应区别对待。在机体结构具有内、外两层蒙皮的部位,隔框与内外蒙皮相连,一般认为隔框的烧伤程度与内蒙皮相同;桁条、梁的烧伤程度与连接它的蒙皮相同。

11.1.2 飞机水平测量

飞机水平测量是检查飞机各部件是否变形、安装位置是否正确的一种重要方法。水平测量适用于何种情况、使用何种仪器及仪器使用方法等如表 11-4 所列。

表 11-4 飞机水平测量使用情况和使用仪器简介

适用情况	使用何种仪器	使用方法	仪器使用和维护注意事项
①飞机进行大修前后; ②飞机遭到严重的损伤; ③飞机有性能故障; ④飞机要更换较大的部件	①水准仪 ②光学经纬仪	见模块 10	①仪器的取出或放入,应该用双手扶持照准架和基座(经纬仪),不能抓望远镜筒; ②开关箱子应轻,尽量减少仪器的振动; ③仪器在使用过程中,无论转动哪一部分,都应柔和、均匀; ④应尽量避免仪器受到太阳光的直接照射; ⑤镜片上有灰尘时,须用脱脂软毛刷小心拂去,用毛刷不能除去的污迹,最好用擦镜纸或蘸有酒精和乙醚混合液的脱脂棉擦净; ⑥使用后,小心地放入仪器箱内,并将各种手把放在制动位置

1. 飞机水平测量的基本方法

飞机制造出厂后,各主要部件上设置了许多测量点。这些测量点通常用红色圆圈表示,并在飞机的技术说明书中附有水平测量图,以及有关测量点之间的数据关系。不同型号的飞机,其测量点的数量、位置和数据也不相同。飞机水平测量的目的就是根据飞机原始水平测量图,检查损伤飞机上有关测量点之间的数据变化情况,从而判断飞机损伤后的变形情况和各部件的安装情况。

尽管各型飞机测量的内容不同,但各型飞机水平测量的基本方法是相同的。现以某型号飞机为例,介绍飞机水平测量的基本方法。某型号飞机的测量点分布如图 11-9 所示。

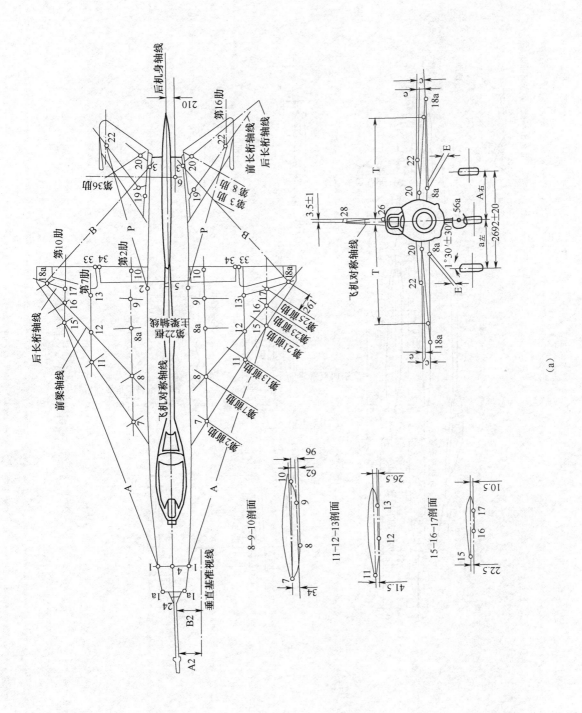

(a)

283

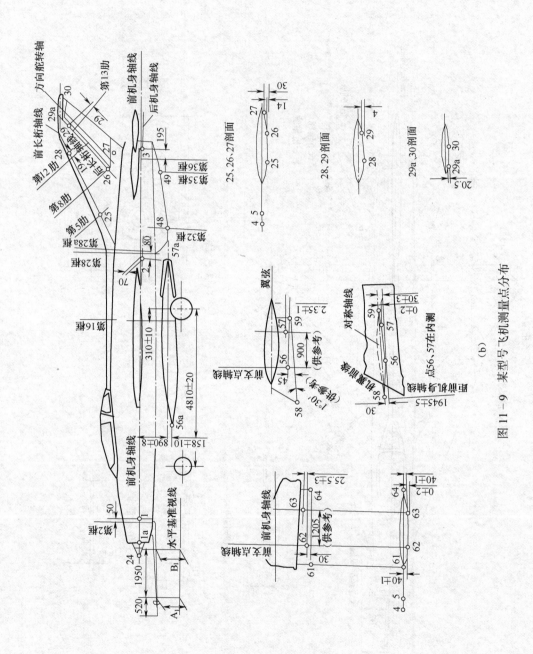

(b)

图 11-9 某型号飞机测量点分布

1) 飞机水平测量前的准备工作

飞机各部件水平测量前的准备工作,是直接关系到能否测量准确和测量中能否避免事故的重要问题。其主要工作是:选择场地与顶起飞机,安装与调整水准仪(经纬仪),将飞机调整至水平状态。

(1) 选择场地与顶起飞机。测量场地应避风、平整、土质坚硬,以防止测量中飞机及测量工具晃动和飞机位置发生变化,产生测量误差。若土质松软,可在飞机的千斤顶(架)下面放置木板,以弥补土质硬度的不足。对于顶起飞机的要求是:保持飞机结构的刚度,减少顶起后飞机结构产生的弹性变形,缩小测量误差。所以,顶起飞机前,应放尽燃料,消除机体因受燃料质量的影响而产生的变形;装好受力舱盖,防止该处结构刚度降低。用千斤顶顶起飞机,在机身中部顶好托架,松开机翼千斤顶,由千斤顶和托架受力,防止机翼在千斤顶的作用下产生弹性变形,影响测量的准确性。

测量前还应采取如下安全措施:卸去弹药,防止意外;在机身尾部和左、右机翼下面安放托架或千斤顶(但不得顶着飞机),防止飞机后坐或倾斜。

(2) 安装与调平水准仪或光学经纬仪。水准仪或光学经纬仪安装在什么位置、什么高度,能对飞机进行有效的水平测量,这要根据具体的飞机和具体的测量部位来定。基本原则是:通过望远镜能清晰地看到所有测量点处的标尺,测出读数。实际工作中,主要是防止标尺被千斤顶、托架或其他部件挡住,影响望远镜的观察。

根据经验,飞机水平测量时,水准仪或光学经纬仪一般安放在如图 11-10 所示的位置。水准仪或光学经纬仪距飞机尾部 3~4m,偏离飞机纵轴 1~2m,水准仪望远镜轴线距地面的高度约为 0.5m。然后,将水准仪或光学经纬仪调整至水平。

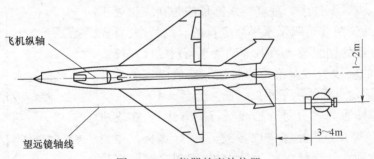

图 11-10 仪器的安放位置

(3) 飞机水平状态的检查与调整。飞机水平状态是指飞机的纵轴和横轴处于水平状态,简称纵横水平。飞机是否处于纵横水平,是根据飞机上的测量点来判断的。检查和调整的方法按照飞机的水平测量图进行。如某型号飞机的横水平用左右机翼上的第 8a 测量点检查,即测得的左右 8a 点的高度相等,否则调整机身 28 框下面的支承托架使之相等。纵水平是用机身左侧的第 1 测量点和第 2 测量点检查,即 $h_1 = h_2 + 70mm$,若不满足此条件,可调前千斤顶。

飞机在使用过程中,由于弹伤、撞伤等原因使确定飞机纵横水平的某一测量点损坏,或者由其他原因缺少某个测量点时,可选用其他测量点来确定飞机的纵横水平。如左 8a—右 8a 损坏时,可选用机身左 2—右 2 或机翼左 9—右 9 代替。第 1 测量点损坏时,可选第 2 测量点、第 3 测量点调纵水平。

2) 水平测量方法

水平测量方法包括水平视线测量法、垂直视线测量法、张线测量法和投影测量法。下面将对各个方法进行介绍。

(1) 水平视线测量法。水平视线测量法如图 11-11 所示。调整水准仪或经纬仪,使其望远镜的轴线在水平位置。当飞机的纵轴和横轴处于水平状态时,从望远镜中得到一条基准水平视线,这条基准水平视线与飞机的水平基准面平行。将标尺顶到测量点中心,并使其自然下垂,通过望远镜观察标尺上的刻度值,该值即为测量点至基准水平视线的垂直距离。现以图 11-11 为例进一步说明,图中 A 测量点与基准水平视线的垂直距离为 h_A,B 测量点与基准水平视线的垂直距离为 h_B,两点的相互关系(即高度差)可用 h_A-h_B 表示。如果高度差符合规定,说明安装是正确的;如果高度差不符合规定,说明安装不正确。

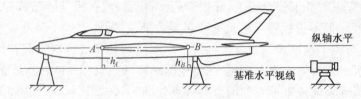

图 11-11 水平视线测量法

水平视线测量法是飞机水平测量工作中最基本的测量方法,主要用于飞机纵横水平的测量、机翼和水平尾翼的测量。另外,在后机身、发动机及全静压管的测量工作中,也要用到水平视线测量法。

(2) 垂直视线测量法。垂直视线测量法是在飞机处于水平状态,经纬仪照准架调至水平后进行的。测量中,首先使经纬仪望远镜的轴线与飞机对称轴线平行(图 11-12),这时,望远镜的轴线为一基准垂直视线。然后以这条视线为标准,检查测量点间的水平距离。

使望远镜轴线与飞机对称轴线平行的方法是:在飞机纵轴上的 C 点和 D 点沿水平方向各放一标尺,该标尺垂直于飞机的对称面。从经纬仪望远镜中,分别观察这两根标尺,测出读数,设 C 点处的读数为 L_C,D 点处的读数为 L_D,当 L_C 等于 L_D 时,说明经纬仪望远镜的轴线与飞机对称轴线平行;当 L_C 不等于 L_D 时,说明经纬仪望远镜轴线不平行于飞机的对称轴线,需要转动经纬仪的水平微动螺旋进行调整。

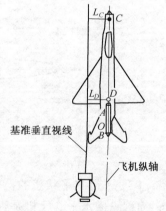

图 11-12 垂直视线测量法

望远镜轴线与飞机对称轴线平行以后,便可检查测量点 A 和点 B 的水平距离(图 11-12)。测量时,分别在点 A 和点 B 处沿水平方向各放一标尺,标尺与飞机对称面垂直,通过经纬仪分别观察两根标尺,测出读数,假如点 A 处的读数为 l_1,B 点处的读数为 l_2,点 A 和点 B 的相对关系可用 l_1-l_2 来表示。如果 l_1-l_2 的数值符合要求,则说明所测部位的形状正确。

垂直视线测量法主要用于垂直尾翼和方向安定片的测量。另外,在后机身、发动机和全静压管的测量工作中,也可用垂直视线测量法。

(3) 张线测量法。张线测量法如图 11-13 所示。测量前仍应将飞机置于水平状态。测量时,在飞机的前后放置张线支架,支架的上端拉张线,张线上挂几个铅锤,张线的根数根据测量的需要确定。如测量某型号飞机垂尾时,需要拉两根互相平行的张线,其中张线 1 处于飞机的对称面内。此时,张线 2 就相当于经纬仪的基准垂直视线,利用其上悬挂的铅锤和标尺即可对垂尾进行测量。

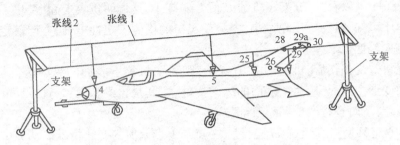

图 11-13 张线测量法

张线测量法与垂直视线测量法的使用范围基本相同,可测量垂直尾翼。另外,在发动机、后机身及全静压管的测量工作中,也可用张线测量法。张线测量法的精确度低于垂直视线测量法。采用张线测量法时,必须认真细致,才能获得较准确的测量结果。

(4) 投影测量法。投影测量法,就是将空间的测量点投影到地面,然后用尺子检查地面各有关投影点的相对距离。图 11-14 所示就是投影测量法的一个例子。从图中可以看出:在机轮胎的中间挂有铅垂线,铅垂线两端的铅锤向地面各作一投影点,将这两点连成直线,并在直线的正中间找一点 C,C 点即为机轮中心在地面的投影点。如果在三个机轮下面都找出中心投影点,便能量出主轮间距及前轮、主轮间的垂直距离。投影测量法也应在飞机处于水平状态以后进行。投影的地面应比较平整,如果有条件,最好在地面放置层板。用层板时应压稳,不使其移动。

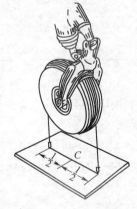

图 11-14 投影测量法

投影测量法的精确度,与张线测量法相同。投影测量法通常用来测量起落架的安装情况,有时,在测量发动机、全静压管、方向安定片和后机身的工作中,也用到投影测量法。

2. 水平测量的数据分析

飞机水平测量后应填写水平测量报告表,同时,应根据实测结果进行数据分析,以便准确判断损伤情况,查找损伤原因,为实施修理提供理论依据。下面结合两个实例讲述数据分析的一般方法。

表 11-5 为某型飞机经 600h 飞行后 E 值的变化情况。该型飞机的 E 值规定为 177^{+20}。E 值通常是由位于机翼前梁根部和翼尖部位的某两个测量点来确定的。如歼七飞机的 E 值是由 8a 和 18a 两个测量点确定的。E 值是反映机翼下反角的一个重要参数。

表 11-5 E 值的变化情况

飞机号码		1214		0309		0201		1211		1175	
		左	右	左	右	左	右	左	右	左	右
E 值	出厂值	188	188	185	186	187	190	194	187	195	193
	实测值	170.5	169.5	175.5	173	170	178	179	171	170	175

从表 11-5 可以看出，五架飞机的 E 值普遍减小，这说明机翼上翘，产生了永久变形。从飞行力学中可知，机翼下反角过小，容易使飞机的横侧安定性增强，方向安定性减弱，使飞机出现侧向飘摆现象。

如果飞机遭受损伤后，机翼的 E 值减小，则说明机翼下表面的纵向构件可能产生了向上的弯曲变形。因此，应对下表面的纵向构件，尤其是翼梁和机翼与机身的结合部位等进行重点检查，及时查找变形和裂纹部位。

表 11-6 是某型飞机经 600h 飞行后，3 点与 1 点差值的变化情况。从表中可以看出，3 点下沉，使 3 点与 1 点的差值增加。这说明飞机的后机身向下弯曲产生了塑性变形，同时，后机身还产生了扭转变形（如 1013 号机）。

表 11-6 3 点下沉的情况

飞机号码	1211		0209		0506		1014		1013	
	左	右	左	右	左	右	左	右	左	右
出厂值	62.5	63.5	59.5	59	60.5	60	63.5	63	61	64
实测值	65.5	66	62.5	62.5	61.5	62	65	63	64	62.5

3 点下沉过多，后机身向下弯曲变形严重，增大了平尾偏角，使平尾有效迎角增大，此时作用于平尾上的负升力减小，飞机将会受到一个附加低头力矩的作用，影响飞机的俯仰平衡。

如果飞机出现尾部擦伤等损伤后，其 3 点下沉，则说明尾部的上下纵向构件可能产生了变形，因此，应对这些部位进行重点检查。

11.2 飞机结构的铆接修理

飞机的机体结构通常是由蒙皮、纵向构件、横向构件等组成。蒙皮用来构成机翼、机身的外形，承受局部空气动力载荷，以及参与抵抗机翼、机身的弯曲变形和扭转变形。纵向构件主要由梁和桁条组成，其作用主要是承受机翼、机身弯曲时所产生的拉力和压力；横向构件包括翼肋、隔框等，它们主要用来保持机翼、机身的截面形状，并承受局部的空气动力。有些加强框、肋还要承受集中载荷。

飞机结构损坏后，轻则降低结构强度，破坏结构的外形；重则造成飞机解体，危及飞行安全。因此，必须掌握飞机结构损伤的各类修理方法，及时恢复飞机的结构强度。

11.2.1 飞机结构修理的一般准则

飞机结构修理的基本原则是：在确保修理后的强度、刚度和空气动力性能的基础上，尽可能控制飞机结构质量的增加,并力争快速。本节主要介绍飞机结构修理过程中应该遵循的等强度、刚度协调和抗疲劳修理准则,如表 11-7 所列。

表 11-7 飞机结构修理的一般准则

准则名称		基本思想	注意事项
等强度修理准则	局部等强度修理准则	构件损伤部位经修理以后,该部位的静强度基本等于原构件在该部位的静强度	首先要知道构件损伤处横截面上的最大承载能力,然后才能确定加强件的几何尺寸和连接铆钉的数目
	总体等强度修理准则	根据总体结构的构造特点和受力情况,找出最严重的受力部位;然后根据其极限受力状态,确定该总体结构能够承受的最大载荷;最后,其承载能力所确定的最大载荷,考核修理部位的强度储备	应对结构传力情况和受力状态进行准确的分析,并确定损伤部位修理后的强度储备大于结构中另一个其他部位的强度储备
刚度协调修理准则		构件损伤部位经修理以后,构件所在的部件的刚心位置和平衡状态应保持不变,同时,构件之间(或部件各部位之间)的刚度和变形要协调一致	①修理时不允许改变机翼薄壁结构的闭合性。 ②对于有平衡要求的部件,修理时不能随便增加修理部位的质量,修理后进行平衡检查。 ③应避免过分加强受损伤构件或用刚度过高的新件更换损伤件。 ④避免在刚性较强的传力路线附近平行地布置较柔性的传力路线。 ⑤应避免同一连接接头上或同一传力路线上,混合使用紧固件
抗疲劳修理准则		损伤构件经修理以后,应尽可能使其恢复到未损伤前的抗疲劳强度	①当需要更换或加强损伤的结构件时,新的替换件或加强件一般应与原结构件的材料相同。切忌单从静强度上考虑,而采用刚性较强、强度较高的材料,过分地加强损伤部位,致使结构上产生"过硬点",降低疲劳强度 ②修理中应尽可能避免应力集中现象出现,在无法避免时,应尽量减小应力集中系数

在按抗疲劳修理准则进行修理时,避免和减缓应力集中的措施主要如下:

(1) 修理部位应尽量避免横截面有急剧突变出现。在构件横截面尺寸或形状改变的地方尽可能采用较大圆角光滑过渡,防止截面面积突然增加。

(2) 在飞机结构修理中,应避免切断主要传力构件,如梁缘条等;同时切割几根构件时,应使切割线彼此错开。

(3) 接补修理损伤构件时,应尽量不采用单侧加强方案,优先选用两侧加强方案。

(4) 开工艺孔时,要避免在主要受力构件上开孔,特别是受拉构件尽量不开孔。如机身加强框的腹板和机翼梁腹板都是承受剪力的主要构件,一般应避免在这些部件上开孔。无法避免时,应在开孔四周采用边框加强或做成补偿式开孔。并且应根据构件的受力状态和工艺要求,确定合理的开孔形状。

（5）修理部位的构件边缘不允许有尖角，并保证有足够大的圆角过渡，这样可避免从尖角处产生裂纹。

（6）避免在主要传力构件的高应力区域或应力集中部位装置辅助构件，防止出现复合应力集中。连接在主要结构上的辅助接头不应承受主要载荷。

（7）铆钉和螺栓孔布置，要尽量避开高应力区。最好将各个应力集中部位错开一个小距离或避开应力集中的叠加。

（8）尽量减少接头和接缝，并将它们置于低应力区。避免过长的对接缝，以免传载不均匀。同时，接缝最好安排在受力骨架上。

飞机结构修理的一般准则除以上三个外，还包括抗腐蚀修理准则，保持飞机气动外形修理准则等。在对飞机结构进行损伤修理时，应以这些修理准则为依据，正确地制定修理方案。

11.2.2 铝合金蒙皮的修理

飞机蒙皮的主要作用是构成飞机的外形，保持飞机的良好气动性能以及承受和传递载荷。飞机在飞行训练中，由于过载或非正常使用、维护等原因，可能使飞机蒙皮产生变形、裂纹或破孔等损伤。飞机蒙皮损伤后，不仅破坏飞机的良好气动外形，影响飞行性能，而且还会使损伤部位的蒙皮强度降低，承载能力下降，危及飞行安全。因此，要及时修理飞机蒙皮上出现的各类损伤。

飞机蒙皮的材料主要有铝合金、复合材料和蒙布等。不同的材料、不同的损伤，其修理方法也不相同。下面主要阐述飞机铝合金蒙皮的损伤修理方法。

1. 飞机铝合金蒙皮的类型

飞机上使用的铝合金蒙皮主要有单板蒙皮和整体壁板两种类型。其材料主要有LY12、LC4和LC9铝合金等。单板蒙皮根据其厚度不同又分为薄板蒙皮和整体厚蒙皮两种。如果按照形状分类，单板蒙皮还可分为：平板蒙皮、局部单曲度蒙皮、单曲度蒙皮、双曲度蒙皮和复杂形蒙皮等（图11-15）。

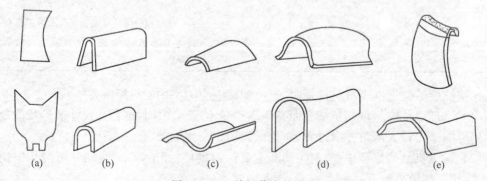

图 11-15 单板蒙皮的形状

(a)平板蒙皮；(b)局部单曲度蒙皮；(c)单曲度蒙皮；(d)双曲度蒙皮；(e)复杂性蒙皮。

整体壁板通常由腹板、筋条、孔及其周边加强凸台、搭接边等四部分组成，如图11-16所示。按筋条在腹板面上的分布特点分类，整体壁板可分为平行筋条类、放射筋条类、网格筋条类、平行放射筋条类和点放射筋条类五种。各种类型的平面形状如图11-

17 所示。整体壁板的剖面形状主要有 T 形、I 形和 Ⅱ 形三种,如图 11-18 所示。整体壁板的搭接主要有内搭接边、外搭接边和内、外搭接边三种形式。各种形式的搭接边形如图 11-19 所示。

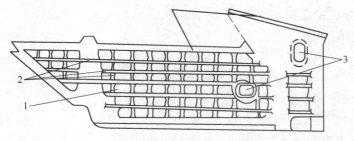

图 11-16 整体壁板示意图
1—腹板;2—筋条;3—孔及周边加强凸台。

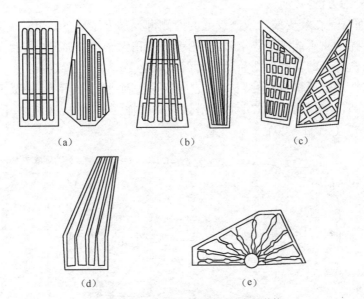

图 11-17 各类整体壁板的平面形状
(a)平行筋条类;(b)放射筋条类;(c)网络筋条类;(d)平行放射筋条类;(e)点放射筋条类。

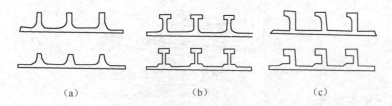

图 11-18 整体壁板的剖面形状
(a)T 型;(b)I 型;(c)Ⅰ 型。

内搭接边　　　　　外搭接边　　　　　内、外搭接边

图 11-19 搭接边形状

飞机整体壁板蒙皮通常是在厚板坯的基础上,采用机加、化铣、轧制、挤压展平、模锻或铸造等方法加工而成的。由于其强度储备较大,通常情况下不易出现损伤。如果产生损伤,往往是采用更换或局部贴补的方法进行修理。因此,对整体壁板修理不做详细介绍,而主要介绍单板蒙皮的各种损伤修理。

2. 蒙皮变形的修理

蒙皮的变形,是指蒙皮某些部位产生轻微的鼓动、皱纹和压坑等。这些损伤虽然不会立即导致事故,但对蒙皮的空气动力性能和强度有不同程度的影响,如果任其发展,也会由量变到质变,使蒙皮严重损伤。因此,必须及时修理。

1) 蒙皮鼓动和皱纹的修理

蒙皮某处产生鼓动或皱纹,说明该处蒙皮的刚度不足,均应进行修理。一般的鼓动或皱纹,可采用整形加强的方法修理;如果鼓动或皱纹严重,用加强方法不能排除时,可采用挖补或更换蒙皮的方法修理。

加强修理通常是在蒙皮鼓动或皱纹处的内侧铆补加强型材。如果蒙皮鼓动或皱纹的面积较大,用加强型材不能满足要求时,可用等于或稍大于被加强蒙皮厚度的板材制作盒型材进行加强,盒型材的宽度根据鼓动区的面积确定。

加强修理时,加强型材(或盒型材)的方向应垂直或平行于桁条,并至少与相邻的构件搭接一端。同时,应根据蒙皮的形状和搭接形式将加强型材制成相应的下陷或弧度,使之与蒙皮紧密贴合(图11-20)。

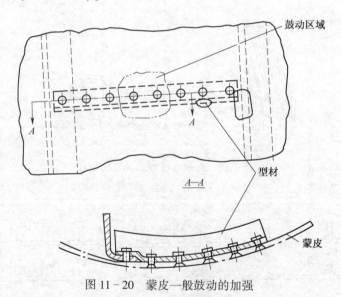

图11-20 蒙皮一般鼓动的加强

2) 蒙皮压坑的修理

蒙皮上的压坑,主要是破坏了蒙皮的光滑表面。如果压坑微小、分布分散且未破坏内部结构,则不必修理;如果压坑较浅、范围较大,应用无锐角而表面光滑的榔头和顶铁修整;如果压坑较深、范围又小,不易整平时,可在压坑处钻直径4~5mm的孔,用适当的钢条打成钩形,拉起修平,然后用空心铆钉堵孔;如果压坑较深、范围较大时,可在压坑处开直径为10~16mm的施工孔,用钩子钩着,锤击蒙皮的四周使其恢复平整(图11-21),然后按图11-22所示选装堵盖铆钉。

此外，有的突变小压坑，若不能钻孔整形，可将压坑处打磨光滑，用酒精和丙酮清洗后，用环氧树脂或黄腻子（Q07-5）填平压坑，等干燥后修平即可。

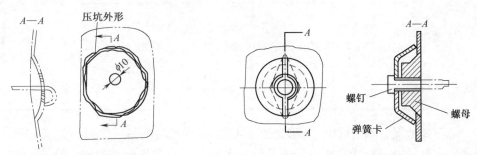

图 11-21　蒙皮压坑的修理　　　　　图 11-22　堵盖铆钉的安装

3. 蒙皮划伤和裂纹的修理

1）蒙皮划伤的修理

飞机蒙皮上出现划伤后，如果划伤深度较浅，未超过规定划伤深度时，则划伤允许存在，不做修理。各型飞机对蒙皮的允许划伤深度都做出了相应的规定。例如歼七飞机对蒙皮允许划伤深度的规定为：机身和尾翼蒙皮的划伤深度不超过划伤处蒙皮厚度的 20%；机翼和口盖的划伤深度不超过划伤处蒙皮厚度的 15%；另外 LC4 材料蒙皮的划伤深度不超过蒙皮厚度的 10%。如果蒙皮的划伤深度超过其规定值，此时，应用砂布将划伤部位打磨成圆滑过渡，避免应力集中。打磨后喷涂铝粉漆，填平损伤部位。如果划伤过深，除打磨喷漆外，还需要在其内部铆上一块加强片。加强片的材料、厚度与蒙皮相同。

2）蒙皮裂纹的修理

蒙皮上的裂纹，降低了蒙皮的强度，而且在受力过程中，裂纹还会因应力集中的缘故，继续扩展。修理时，应根据裂纹的长短、深浅程度和所在位置等情况采用不同的修理方法。

（1）裂纹尖端钻止裂孔。当蒙皮上的裂纹较短时（一般小于 5mm），可采用钻止裂孔的方法止裂。止裂孔的直径通常为 1.5~2mm。钻止裂孔时，止裂孔的位置非常重要。如果止裂孔没有钻在裂纹的尖端处，它就不能消除裂纹尖端应力场的奇异性，也就起不到止裂作用。止裂孔位置的几种可能情况分析如表 11-8 所列。

表 11-8　止裂孔位置的几种可能情况分析

可能情况	结果分析	可能情况	结果分析
	止裂孔在裂纹的中间，没有把裂纹前缘去掉，而且在钻孔过程中，又可能在裂纹尖端附近造成新的微裂纹，因而起不到止裂作用		止裂孔的位置太靠前，这时裂纹的扩展方向捉摸不定，裂纹的扩展有可能偏向止裂孔的一侧去，止裂孔起不到止裂作用

(续)

可能情况	结果分析	可能情况	结果分析
止裂孔	止裂孔位置不正,没有消除裂纹尖端处应力场的奇异性		止裂孔位置比较合理,这消除了裂纹尖端应力场的奇异性,可起到止裂作用

前三种情况,止裂孔的位置都是不正确的,第四种情况是正确的。为了准确地确定止裂孔的位置,钻止裂孔前,最好借助低倍放大镜确定裂纹尖端的位置。通常,止裂孔的位置应是止裂孔的圆心超过目视看到的裂纹尖端 2.0mm。

(2)在裂纹部位铆补加强片。当蒙皮上的裂纹较长时,如果只采用钻止裂孔的办法止裂,虽然钻止裂孔后,能够消除裂纹尖端应力场的奇异性,但止裂孔处有较高的应力集中。所以,止裂孔处在交变载荷作用下,原裂纹还会继续扩展。因此,对于较长尺寸的裂纹,除在裂纹尖端钻止裂孔外,还需在裂纹部位的内部铆补一块与蒙皮材料相同、厚度相等的加强片,如图 11-23 所示。加强片的形状和大小应根据裂纹部位蒙皮的形状和连接铆钉数量确定。

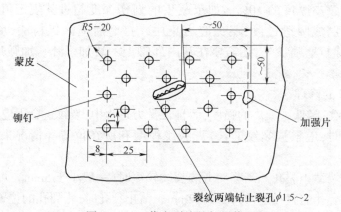

图 11-23 蒙皮裂纹的加强修理

4. 蒙皮破孔的修理

蒙皮上的破孔,有的发生在构架的中间,有的跨越构架,有的在不易施工的地方,有的双层蒙皮损坏,有的处在机翼(或尾翼)的前缘,修理时必须具体分析,区别对待。下面先研究蒙皮破孔的一般修理方法,在此基础上再研究不同情况的修理。

1)破孔的一般修理方法

蒙皮破孔的修理方法,通常采用托底平补法。此法首先是将损伤部位切割整齐,然后用补片填补切割孔,用衬片托底,通过衬片将补片和蒙皮连成一体,如图 11-24 所示。

托底平补法的施工步骤如下:

(1)确定切割范围。根据蒙皮的损坏情况确定切割范围,是修理蒙皮破孔的第一步,它关系到其他步骤的施工。因此要注意到:

① 切割线一般应超过损伤范围 5mm。

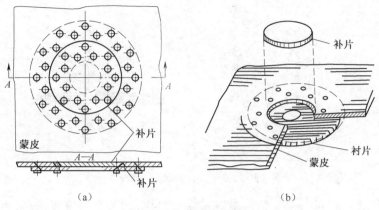

图 11-24 托底平补法

② 为了便于制作补片和衬片,需将蒙皮损伤处切割成规则的形状,如圆形、长圆形、矩形等。

③ 切割线的直线部分应与构架(梁、桁、肋、框)相平行,并与构架保持一定距离,以便铆接衬片。

④ 由于机翼蒙皮上的正应力比剪力大得多,在机翼蒙皮上开长圆孔或矩形孔时,应尽量使长轴或长边平行于桁条,以减小垂直于正应力方向的切口长度。

⑤ 切割线应尽可能避开铆钉。

(2) 切割损伤部位。根据确定的切割形状和损伤部位的结构情况,选择相应的切割工具切割损伤部位。切割工具主要有专用割刀、铣刀等;若没有切割工具,可采用连续钻孔法切割。切割时,既要保证切割孔的形状和尺寸,又要防止损伤内部构架和机件。

(3) 制作补片和衬片。补片是用与蒙皮材料相同、厚度相等的铝板制作的。补片的大小和形状与切割孔相同,二者对缝间隙应符合飞机修理质量要求。修理经验表明,制作补片时,务必注意做到三要,才能保证制作准确、迅速。一要以孔为基准锉修补片,禁止补片与孔同时锉修;二要做好记号,便于补片与孔对缝;三要有次序地由一个方向边锉边对,防止急躁,要少锉勤对。

衬片的材料与蒙皮相同,衬片的厚度等于或略大于蒙皮的厚度,衬片的大小决定于破孔的直径和衬片与蒙皮连接的铆钉排数。在受力较小的部位,衬片与蒙皮用两排铆钉连接;在受力较大的部位,衬片与蒙皮用三排铆钉连接。

(4) 钻孔铆接。铆接时,先铆衬片,后铆补片。铆接前,需根据切割孔的形状和大小,合理地布置铆钉。对于圆形孔或长圆形孔,按每排的圆周长均匀布置;对于矩形孔,首先在四周确定四个铆钉,然后在两个铆钉间均匀地排列铆钉。铆钉为两排时,应可能尽采用交错排列。

2) 跨构架蒙皮破孔的修理

当蒙皮上的破孔跨越构架时(或切割孔跨越构架),应根据构架的损坏情况,采用不同的修理方法。

如果构架没有损坏,可将衬片做成两块,其中一块衬片应搭接在构架的弯边上,如图11-25所示。

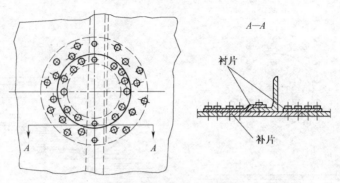

图 11-25 跨构架破孔修理

如果构架和蒙皮同时损坏,衬片最好做成一整块,先将它与蒙皮铆接,再接补损伤的构架,最后铆接补片,如图 11-26 所示。此外,也可以先接补损伤构架,然后按图 11-25 所示的方法进行修理。

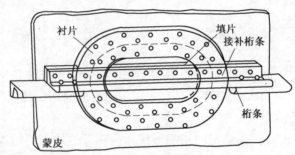

图 11-26 构架和蒙皮同时损伤的修理

3) 不易施工处蒙皮破孔的修理

用托底平补法修理蒙皮破孔,需要在蒙皮里面放置衬片,铆接衬片和补片。飞机上有的部位,如后机身,可以从蒙皮的内部接近损伤处,故放置衬片和进行铆接,都比较容易施工。飞机上也有些部位,如机翼、尾翼、进气道等处,不易从蒙皮的内部接近损伤处,故放置衬片和铆接存在困难。

不易施工处破孔的修理方法与前述的破孔一般修理方法基本相同,下面我们只着重研究克服施工困难的几种办法。

(1) 充分利用切割孔进行施工。利用切割孔施工时,衬片的中央需开一个与衬片形状相同的小施工孔,以便铆接衬片。长圆形衬片可以垂直放入;矩形衬片可以斜着放入(图 11-27);圆形衬片可将其切开后放入,但是衬片切开后,强度减弱,需在切口处铆上一块加强片,如图 11-28 所示。

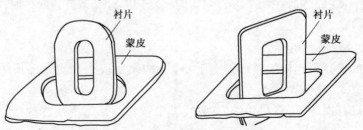

图 11-27 长圆形衬片和矩形衬片的放入

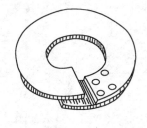

图 11-28　圆形衬片的放入和加强

铆接时,可从衬片中央的施工孔伸入弯形顶铁,将衬片与蒙皮铆接;然后,用螺纹空心铆钉或螺钉将补片与衬片连接。螺纹空心铆钉一般只适用于受力较小的部位;受力较大的部位,需要用螺钉固定衬片,在衬片放入之前,应在衬片上先铆好螺钉座。

(2) 利用舱口盖或施工孔进行施工。如果切割孔附近有舱口盖,应尽可能利用舱口盖放入衬片,进行铆接;若切割孔附近没有舱口盖或无法用舱口盖进行施工时,可以在切割孔附近开一施工孔,利用施工孔来放入衬片和伸入顶铁进行铆接。开施工孔时,必须注意以下几点:

① 施工孔不宜过大,以免过多地降低蒙皮的强度;

② 施工孔应开在对蒙皮强度和空气动力性能影响较小的部位;

③ 开施工孔时,既要考虑到对破孔的施工,又要充分考虑好施工孔的修补;

④ 施工孔应与破孔或其他的孔彼此错开,不要在结构的同一横截面上。

(3) 临时拆卸蒙皮进行施工。飞机上有的部位产生破孔后,可以拆卸附近的蒙皮进行施工。例如歼-6 飞机机头整流罩上的破孔。如果破孔在机头罩的左侧,铆接通路较好解决,因为有酒精箱舱盖和电台口盖,把它们拆下后,即可修理。如果破孔在机头罩的右侧,则不易施工。这时,可以拆机头罩内蒙皮,待破孔修好后,再由下而上地铆接内蒙皮,最后一块内蒙皮由照相枪处伸入顶铁,进行铆接。

4) 双层蒙皮破孔的修理

飞机上的双层蒙皮,其结构型式主要有三种:一是内外蒙皮之间铆有框架;二是内外蒙皮之间铆有较厚的垫条;三是内外蒙皮重叠和构架铆接在一起。因此,双层蒙皮产生破孔后,应根据双层蒙皮的结构型式,采用不同的修理方法。

(1) 内部有构架的双层蒙皮破孔的修理。这种双层蒙皮的特点,是内部有较大的空间。根据这个特点,可以采用先修外蒙皮后修内蒙皮的方法。具体方法如图 11-29 所示。先将内、外蒙皮的破孔切割整齐,利用内蒙皮的切割孔修理好外蒙皮上的破孔,然后利用内蒙皮孔铆接衬片。用螺纹空心铆钉将内蒙皮补片铆接在衬片上,或者用螺钉将补片和衬片连接在一起。

如果内蒙皮是进气道蒙皮,此时应先修内蒙皮,后修外蒙皮。进气道蒙皮修补时,应选择直径不小于 3mm 的精选埋头铆钉铆接衬片和补片,切忌用螺纹空心铆钉和螺钉连接。

(2) 内部有垫条的双层蒙皮破孔的修理。这种双层蒙皮的特点是内部空间很小,修理时无法放入顶铁。通常按图 11-30 所示的方法修理。用与垫条厚度相等的铝板制作四条衬片,衬片的宽度能铆 2 排铆钉,并将补片弯曲成适当的弧度,插入内、外蒙皮之间,用埋头铆钉将补片与内、外蒙皮铆接为一体,将两块补片分别安装在内、外蒙皮的切割口上,用埋头铆钉与衬片铆接。

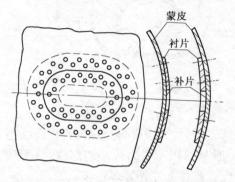

图 11-29　内部有构架的双层蒙皮破孔的修理

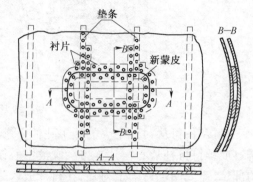

图 11-30　内部有垫条的双层蒙皮破孔的修理

（3）相互重叠的双层蒙皮破孔的修理。这类蒙皮上的破孔,如果直径较小,而且没有跨越构件,修理时,可以将内蒙皮上的孔开得小一些,外蒙皮上的孔开得大一些,把内蒙皮当作衬片,将补片直接铆在内蒙皮,如图 11-31 所示。切割外蒙皮时,为了防止划伤内蒙皮,可在两层蒙皮之间插入薄钢片。这种修理方法的特点是不需要另加衬片,对蒙皮的强度削弱较多。一般来说,翼面的上下蒙皮上只允许各有一个。

如果蒙皮上的破孔直径较大,跨过桁条或翼肋,或者破孔的数量较多,应用下述方法修理。先将内蒙皮上的孔开小一些,外蒙皮上的孔开大一些,按外蒙皮的切割孔制作补片和衬片。补片的材料、厚度与外蒙皮相同,补片的形状、大小与外蒙皮切割孔一致。衬片的材料、厚度与内蒙皮相同,尺寸比外蒙皮切割孔大,每边能铆 2~3 排铆钉。然后,用埋头铆钉先将衬片与内、外蒙皮铆接,再将补片与内蒙皮、衬片铆接在一起,如图 11-32 所示。

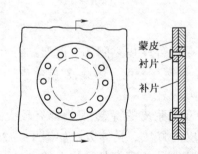

图 11-31　双层蒙皮小破孔的修理

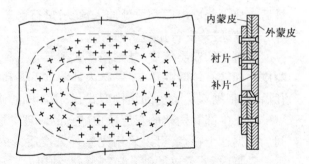

图 11-32　重叠双层蒙皮破孔的修理

5）前缘蒙皮破孔的修理

前缘蒙皮破孔的修理方法与破孔的一般修理方法基本相同,但由于前缘是气动力特别敏感区,对光滑性要求较高,因此修理时具有以下特点。

（1）前缘蒙皮出现破孔后,均要采用托底平补法修理。补片形状视蒙皮损伤形状和结构情况而定。一般采用圆形补片或矩形补片,如图 11-33 所示。其中矩形孔的切割线应平行于翼肋或桁条。

（2）补片和衬片与前缘蒙皮的弧度一致；补片与修理蒙皮同材料同厚度,衬片与修理

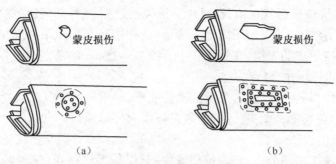

图 11-33 前缘蒙皮破孔修理

蒙皮同材料,但厚度一般加厚一级到两级;能进行双面铆接时,衬片可做成一块(图 11-34),衬片和补片均采用埋头铆钉铆接;不能双面铆接时,衬片做成两块,从切割孔放入,并用加强片铆成一整体(图 11-35);衬片和加强片与蒙皮用埋头铆钉连接,补片与衬片用螺钉连接。

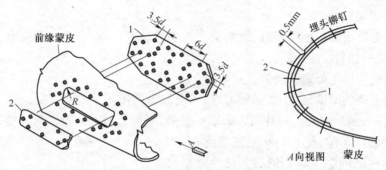

图 11-34 矩形孔双面铆接修补
1—衬片;2—补片。

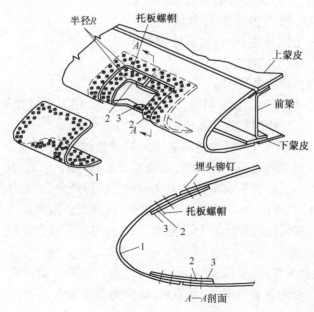

图 11-35 前缘蒙皮矩形破孔修理
1—补片;2—衬片;3—加强片。

(3) 为了保证前缘形状正确,在衬片上铆接(或螺接)补片时,应先使补片的前缘与机翼前缘在一条直线上,并用带子固定。铆接(或螺接)时,应上下两面交替进行。

(4) 为了保持前缘的光滑,在距前缘中心线 20~25mm 的范围内最好不铆铆钉。

5. 蒙皮大范围损伤的修理

蒙皮上密集的弹孔、裂纹或者严重的擦伤变形,对飞机的空气动力性能和强度影响很大。修理时,必须更换部分蒙皮,才能恢复其强度和外形。

1) 更换蒙皮的方法

更换蒙皮的施工步骤分为:切割损伤蒙皮;制作与铆接衬片;配制新蒙皮并安装定位与对缝;铆接新蒙皮。

(1) 切割损伤蒙皮。切割损伤蒙皮时,必须注意以下几点:

① 切割线与构架平行,在转角处要锉成圆角,防止应力集中。

② 由于蒙皮损伤的范围大,修好后新蒙皮承担的载荷也大。为了增加接缝处的稳定性,切割时,切割线要靠近构架。但切割线必须和构架保持一定距离(一般是 40~50mm),以便铆接衬片。

③ 为了避免增加过多的接缝,影响蒙皮的空气动力性能,当损伤蒙皮原有接缝时,应用原来接缝进行接补。

④ 切割线应尽可能避开铆钉。

⑤ 切割下来的旧蒙皮,不要随便剪开,以便作为制作新蒙皮的依据。

(2) 制作与铆接衬片。衬片可以做成一整条,也可以分成几段。衬片是一整条时,桁条、肋框需要制作下陷,使它们和蒙皮之间有一个间隙,以便衬片从间隙中顺利通过。衬片分段时,衬片应作下陷或弯边,以便和构架铆接为一整体(图11-36)。整条的衬片,蒙皮接缝处的稳定性较好,但施工比较困难,因而多用于受力较大的部位。分段的衬片,施工比较容易,但接缝处的稳定性较差。多用于受力较小的部位。

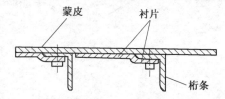

图 11-36 分段的衬片

衬片做好后,将衬片与蒙皮铆接,以便安装新蒙皮。

(3) 配制新蒙皮并安装定位与对缝。用与蒙皮材料相同、厚度相等的铝板,按切割下来的旧蒙皮进行划线,划线时每边应留出一定的加工余量。

将新蒙皮试装于损伤处,进行对缝与修边。对缝修边时,如果对缝位置经常改变,会使边缘锉修不准确,影响对缝质量。为此,先要对新蒙皮进行定位。定位的方法有两种:一种是划线法,这种方法是在新蒙皮和原蒙皮相对应的位置上划出定位线,每次对缝都以定位线为基准(图11-37)。另一种是钻制定位孔,这种方法是在新蒙皮和构架上钻出定位孔(图11-38)。定位孔的数量最少不能少于 2 个,每次对缝修边时,以定位孔为基准,确定新蒙皮的安装位置。

新蒙皮对缝质量的好坏,直接影响飞机的空气动力性能。新蒙皮的对缝工作是繁琐而细致的。对缝时,必须认真负责,一丝不苟,确保对缝质量。下面叙述新蒙皮对缝的几种方法。

第一种方法是用直尺划线对缝。这种方法如图 11-39 所示,首先用直尺在原蒙皮上划切割缝的平行线,并保持一定距离(l),然后将新蒙皮安装定位,以平行线为基准,在新蒙皮上划线,此线与平行线平行,并使其距离等于平行线至切割缝的距离(l)。于是新蒙皮上所划出的线即为切割线,按切割线剪去新蒙皮的多余材料,锉修边缘,进行对缝。

第二种方法是用特殊工具对缝。这种特殊工具如图 11-40(a)所示,它是由两块较薄的不锈钢片制成。划线时将工具的下端放在切割线上,工具的上端放在新蒙皮上,使下端沿切割缝移动,上端也随之在新蒙皮上划出切割线,如图 11-40(b)所示。根据切割线,剪去余料,锉修边缘,进行对缝。

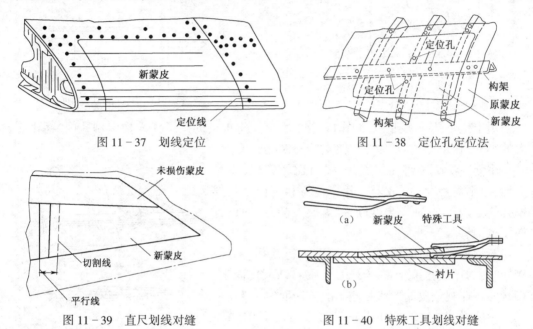

图 11-37 划线定位

图 11-38 定位孔定位法

图 11-39 直尺划线对缝

图 11-40 特殊工具划线对缝

(4) 铆接新蒙皮。新蒙皮一方面要和衬片铆接,一方面要和构架铆接,新蒙皮和衬片铆接时,由于衬片上没有铆孔,新蒙皮和衬片上的铆孔可以同时钻出,铆孔位置容易确定。新蒙皮和构架铆接时,由于构架已有铆孔,新蒙皮上的铆孔必须和构架上的铆孔相一致,否则彼此错开无法铆接。为此,在铆接新蒙皮的过程中,还存在一个确定新蒙皮铆孔位置的问题。

确定新蒙皮铆孔位置时,根据蒙皮损伤部位,采用不同的方法。

如果蒙皮的损伤部位在飞机容易施工的地方,如歼—强飞机的后机身。此时,可将蒙皮固定于损伤处,用直径稍小的钻头,根据构架铆孔从内向外钻出,确定新蒙皮铆孔的位置。

如果蒙皮的损伤部位在飞机较难施工的地方。此时,根据蒙皮损坏的程度,采用不同方法。

当旧蒙皮损坏不很严重,经整形后,旧蒙皮的铆孔位置没有变化,此时可将旧蒙皮放在新蒙皮上,按旧蒙皮的铆孔,确定新蒙皮铆孔的位置。

当旧蒙皮损坏严重,无法用旧蒙皮的铆孔来确定新蒙皮的铆孔位置时,可以用下述的两种方法来确定铆孔的位置。

① 用划线的方法确定铆孔位置。这种方法如图 11-41 所示。首先根据构架铆孔中

心,用直尺在未损伤蒙皮上任意划两根直线。这两根直线相交于构架铆孔的中心;然后装上新蒙皮,按两根直线在新蒙皮上划线,两线交点即为铆孔的中心。

② 用定位钉或定位工具确定铆孔位置。用定位钉找铆孔时(图11-42),将定位钉置于构架铆孔中,装上新蒙皮,并锤击,使定位钉在新蒙皮上冲出铆孔位置。

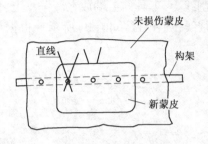

图11-41　用划线的方法找铆孔

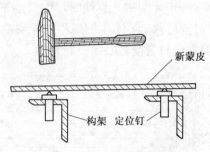

图11-42　用定位钉找铆孔

用定位工具找铆孔时,如图11-43所示。将工具的销子插入构架铆孔内,锤击工具上的小冲,在蒙皮上冲出冲点,该点即为铆孔的位置。

用划线法确定铆孔位置,划线时比较繁琐,不易准确,但不需要专门的工具。用定位钉和定位工具找铆孔的方法,比较简单与准确,但需要专门的工具,且使用范围有限。

新蒙皮铆孔位置确定之后,即可进行钻孔、铆接。铆接时,需用固孔销、小螺栓或G形夹将新蒙皮固定。铆接的顺序视蒙皮的形状和施工的方便而定。

一般说来,对于单曲度的蒙皮(如机翼前缘蒙皮),应先铆弯曲中心线附近的一列铆钉,再依次铆向

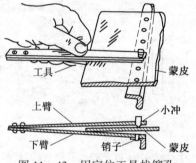

图11-43　用定位工具找铆孔

蒙皮的一端,如图11-44所示Ⅰ,Ⅱ,Ⅲ…列的顺序;然后再从中心线开始依次铆向另一端,如图11-44中所示Ⅱ′,Ⅲ′…列的顺序。究竟是先铆上面的还是先铆下面,需根据施工的方便来确定。

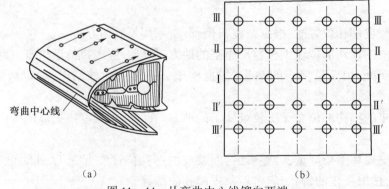

图11-44　从弯曲中心线铆向两端

对于双曲度蒙皮,铆接时,应从蒙皮的中央开始,逐渐铆向蒙皮的四周,如图11-45所示。在铆接每一区域时,应按对称顺序进行。

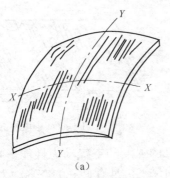 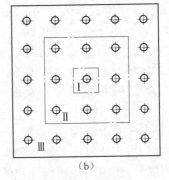

图 11-45 从蒙皮中央铆向四周

2) 蒙皮更换时的强度校核

更换蒙皮时,新蒙皮和衬片的材料、厚度虽与原蒙皮相同,但在接缝处钻制铆孔后,它们的强度是否足够,还是一个问题。而且接缝处的铆钉,通常是根据经验布置的,铆钉强度是否足够,也是一个问题,为了对接缝处的蒙皮强度和铆钉强度做到胸中有数,更换蒙皮时,必须对它们进行校核。

蒙皮上的接缝有两种:一种是平行于框肋的方向,这种接缝通常称为横向接缝;另一种是平行于桁条的方向,这种接缝通常称为纵向接缝。蒙皮的横向接缝既承担机翼(或机身)弯曲时的正应力,又承担机翼(或机身)扭转时的剪应力。蒙皮的纵向接缝只承受剪应力。由此可知,在结构的同一部位,蒙皮横向接缝所承担的载荷往往比纵向接缝大得多。因此,强度校核只需对蒙皮的横向接缝进行。

(1) 蒙皮横向接缝强度校核的内容。更换蒙皮后,原蒙皮在横向接缝处所受到的载荷,经铆钉群Ⅰ传给衬片,再经铆钉群Ⅱ传给新蒙皮,如图 11-46 所示。

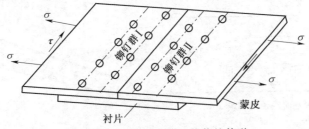

图 11-46 蒙皮接缝处载荷的传递

传递载荷时,铆钉受到剪切和挤压作用,蒙皮及衬片上的铆孔受到挤压作用;蒙皮及衬片的各个横截面受到拉伸(或压缩)和剪切作用。其中以钻有铆孔的截面上的应力最大,这个截面称为危险截面。因此,蒙皮接缝强度校核的内容,应该包括:铆钉抗剪强度的校核,铆钉或铆孔抗挤压强度的校核(通常只校核铆钉的抗挤压强度),以及蒙皮或衬片危险截面强度的校核。

在同一段接缝上,所用的铆钉以及铆钉的布置情况相同。因此,只需要取出宽度等于一个铆距(t)的一小段接缝(图 11-47)进行强度校核,就可以知道整段接缝的强度。在一小段接缝中,由于接缝两边对称,只需校核一边的铆钉强度(即铆钉的抗剪和抗挤压强度);又由于蒙皮、衬片的材料、厚度相同,只需校核蒙皮危险截面的强度。从上述分析中可以看出,蒙皮接缝强度校核的内容可以简化为:校核小段接缝一边的铆钉强度和蒙皮危险截面的强度。

（2）蒙皮接缝强度校核的方法。蒙皮接缝强度的校核方法是：以蒙皮接缝处所允许承受的破坏载荷为一方，而以蒙皮的设计载荷为另一方，将双方的数值进行对比，得出安全系数，从安全系数的大小，就可判断蒙皮接缝的强度是否合乎要求。

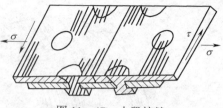

图 11-47 小段接缝

3) 更换蒙皮后的质量检验

蒙皮更换后，由于新蒙皮的面积较大，对飞机的强度和空气动力性能影响较大，除需校核接缝的强度外，还需检验所修部位的质量，确保飞机具有良好的空气动力性能。下面研究蒙皮修理的质量要求和检验的方法。

（1）蒙皮外形的质量要求。为了使飞机具有良好的空气动力性能，修理蒙皮时，就必须保持机体外形光滑流线，度量外形准确度的指标有：

① 气动外缘型值公差：指实际切面外形相对理论切面外形允许的偏差。

② 气动外缘波纹度公差：它是用来控制飞机各部件纵横气动外缘流线光滑程度的公差，用实际外缘波深与波长之比来度量。

③ 蒙皮对接公差：指部件对合处蒙皮对缝间隙及阶差。

④ 除以上三个指标外，度量外形准确度的指标还有操纵面吻合公差、部件对合公差、钉头突出量公差等。

（2）蒙皮气动外形的检验方法。蒙皮的气动外缘型值公差和波纹度可用检验样板（或卡板）检查。检验样板的内缘与理论切面外形之间均匀保持着一定的间隙（图 11-48），此间隙一般为 3~5mm。检查时，将样板安放在被检查截面上，在样板和蒙皮之间插入楔形塞尺，如图 11-48b 所示，测量样板与蒙皮之间的实有间隙。

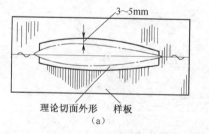

图 11-48 检验样板与塞尺

如果整个截面上的实有间隙与规定的间隙相等，说明蒙皮外形符合理论外形；反之，如果某处实有间隙小于或超过规定间隙，则说明该处已有变形。实有间隙与规定间隙的最大差值为波深 H，然后用直尺测量变形长度（即波长）L，即可求该处的波纹度 $\Delta\lambda$。

蒙皮的对缝间隙通常采用塞尺检查，对缝阶差用百分表检查，如图 11-49 所示。

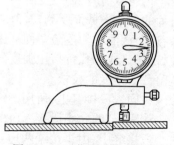

图 11-49 蒙皮阶差的检查

11.2.3 梁和长桁的修理

飞机上的梁有翼梁和机身大梁。翼梁通常由缘条和腹板组成。翼梁缘条和机身大梁、桁条大多是用型材制成的,它们主要承受拉力或压力;翼梁腹板则由薄板制成,主要承受剪力。两类构件的构造不同,承受载荷的性质不同,修理的要求和方法也不相同。下面以机身大梁、翼梁缘条和桁条为一类,以翼梁腹板为另一类,分别研究它们损伤后的修理。

1. 梁缘条和长桁的修理

梁缘条和长桁的损伤类型主要有缺口、裂纹和断裂等。修理时,应根据损伤的实际情况,采用不同的修理方法。

1) 缺口的修理

梁缘条和长桁边缘产生缺口时,需根据缺口宽度的大小(沿构件的截面测量),采用不同的修理方法。宽度较窄的缺口(一般小于5mm),只需将缺口锉修成光滑的弧形,用砂布打光后涂上底漆即可。当缺口宽度较宽时,需把缺口切割整齐,用填片填上缺口,并铆上加强片(图11-50)。加强片的材料和厚度与构件相同,宽度则比缺口的宽度稍大。

2) 裂纹的修理

梁缘条和长桁在使用过程中出现裂纹,说明构件在该处承担的载荷过大,需根据裂纹的长短(沿构件截面的方向)采用不同的修理方法。当构件边缘出现长度不大于2mm的裂纹时,采用锉修法修理;当裂纹长度大于2mm,但小于构件一边宽度的2/3时,可在裂纹末端钻$\phi 1.5 \sim 2$的止裂孔后,用加强片加强,如图11-51所示;当裂纹的长度超过构件一边宽度的2/3时,在裂纹末端钻止裂孔后,用与构件相同的型材加强,如图11-52所示。

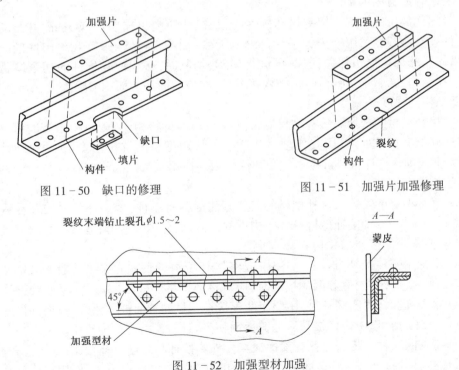

图11-50 缺口的修理　　图11-51 加强片加强修理

图11-52 加强型材加强

3) 断裂的修理

梁缘条或长桁断裂后,如果断裂的构件较短,又便于整根取下,可采用更换的方法进行修理。即取下断裂构件,用材料相同、规格相等的型材,制作新构件,按原孔铆接。

如果断裂的构件较长,不便于整根取下,修理时,首先将构件的断裂部分切割整齐,用与切割部位相适应的填补型材填平切割处,然后铆接一条接补型材,将断裂的构件重新连接成一体,如图 11-53 所示。这样,在断裂处作用于构件一端的载荷,即可通过接补型材,传至构件的另一端,使断裂构件的强度得到恢复。这种修理方法,通常称为接补修理。

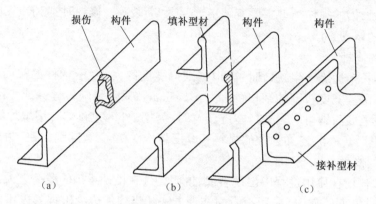

图 11-53　断裂构件的接补
(a)损伤构件;(b)切割后安装填补型材;(c)铆接接补型材。

接补修理的要求是:在恢复构件抗拉和抗压强度的前提下,尽可能减轻构件的质量,并力求施工方便。下面就围绕着这个要求,研究构件损伤部位的切割,接补型材的选择和安装以及接补型材的铆接。

(1) 损伤部位的切割。切割损伤构件时,切割线应超出损伤范围 5mm,并且切割线应与构件垂直;切割后,用锉刀锉平切割缝,并涂刷油漆;若结构中有几根构件同时断裂时,需事先用托架将损伤部件托住,再进行切割;切割时,必须使各构件的切割缝彼此错开,不要在结构的同一截面上;防止结构接补后,在该截面处的面积突然增大,引起应力集中,降低结构的强度。

(2) 接补型材的选择。接补型材通常选择与构件材料相同、截面积相等的型材。如果没有那样的型材,也可以用其他型材代替。但代用型材的抗拉强度(σ_b)和弹性系数(E)要大于或等于构件材料抗拉强度和弹性系数。代用型材的截面形状应与损伤构件的截面形状相同。

(3) 接补型材的安装。接补型材的安装方法通常有三种:①接补型材安装在构件的外侧,简称外侧接补;②接补型材安装在构件的内侧,简称内侧接补;③接补型材安装在构件的两侧,简称两侧接补,如图 11-54 所示。

构件不论用哪种接补方法,施工时,应将接补型材的两端削斜(一般为 45°),如图 11-55(a)所示。采用内侧和两侧接补时,应将接补型材外棱角倒角,以保证接补型材与构件贴合紧密;同时,两侧接补时,还要使两根接补型材的端面彼此错开,不要在同一截面上(图 11-55(b)),以防构件接补后的截面面积突然增大,引起应力集中。

接补型材的三种安装方法各有其优缺点。外侧接补和内侧接补相比,施工比较简单。但是,外侧接补其接补型材的截面重心和构件的截面重心的距离较大,作用在构件和接补型材上的载荷不在一条直线上,因而出现一个偏弯矩。这个偏弯矩。对受拉的构件来说,影响不大;对受压的构件来说,容易使构件失去稳定,产生纵向弯曲。由此可见,施工比较简单,但使构件受压的稳定性变差,是外侧接补的特点。

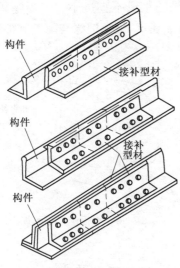

图 11-54 接补型材的安装

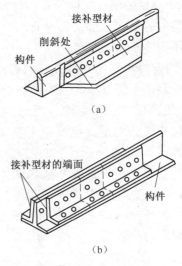

图 11-55 接补型材

内侧接补和两侧接补,施工虽然比外侧接补复杂,但接补型材的截面重心和构件的截面重心之间的距离较小,构件受力时产生的偏弯矩也较小。因此,受压构件接补后不易失去稳定。这就是内侧接补和两侧接补的特点。因此,修理时,应根据损伤构件的受力特点、截面型式、安装位置等特点合理地选择接补方法。

（4）接补型材铆接。为了保证梁缘条和长桁修理后具有应有的强度,一般规定,由于钻孔使构件强度削弱的程度,不得超过构件原来强度的 8%~10%。但是,梁缘条和长桁的宽度较窄,截面面积较小,即使在截面上多增加一个铆孔,也容易超过规定。因此,修理时,应尽量利用构件原来的铆孔,如果需要钻制新孔,新孔的位置必须与原孔错开,不要在构件的同一截面上。钻好孔后,将填补型材安装在损伤部位,先把接补型材铆在构件上,再将填补型材铆在接补型材上。

2. 梁腹板的修理

腹板由薄板制成,通常用螺栓或铆钉与缘条连接,承受剪力。飞机在飞行训练中,腹板可能产生破孔、裂纹等损伤。修理时,必须根据腹板损伤的轻重程度、损伤的具体部位,采用不同的修理方法。

1）腹板裂纹的修理

裂纹通常出现的工艺孔或紧固件孔边。修理时,在裂纹端头钻止裂孔,用与腹板同材料同厚度的板材加强。加强片的尺寸根据铆钉的数量和布置确定。当加强片与缘条连接时,紧固件要加大一级;当修理结构油箱处的翼梁腹板时,加强片与腹板贴合面要涂胶,紧固件也要浸密封胶安装,并且还要在加强片周围涂密封胶。另外,加强片安装前表面要喷漆。

2）腹板破孔的修理

（1）锉修法。锉修法就是将腹板上的破孔锉修成光滑的圆孔或椭圆孔。锉修后,在孔的四周涂上油漆,以防腐蚀。锉修法不能恢复腹板损失的强度,因此,锉修法的使用有以下限制。

① 只适用于修理直径较小的破孔。一般规定,破孔的直径应小于 40mm。

② 锉修后的圆孔或椭圆孔,其边缘与其他孔边缘的距离不宜过小。因为距离过小,腹板受剪时容易在该部位失稳而产生变形。为此,通常规定,破孔边缘与附近其他孔的边缘距离不得少于40mm。

③ 用锉修法修出的圆孔或椭圆孔,其边缘与缘条的距离不宜过小。因为缘条受拉或受压时,容易使腹板失稳而变形。因此,通常规定,破孔边缘与缘条的距离也不得少于40mm。以上限制如图11-56所示。

(2) 盖板补法。盖板补法如图11-57所示,将腹板上破孔切割、锉修成规则形状后,铆上一块与腹板材料相同、厚度相等的盖板,以弥补腹板损伤处的强度。

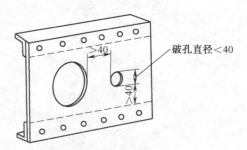

图 11-56 腹板锉修孔的规定

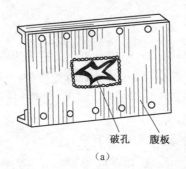
(a)

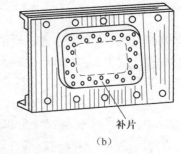
(b)

图 11-57 盖补板法

当破孔靠近一根缘条时,应钻去腹板损伤处与缘条连接的铆钉,将盖板、腹板和缘条三者铆在一起(图11-58)。当破孔直径较大,上下两端都靠近缘条时,将盖板做成X形,盖板上下两端与缘条连接,中部与腹板铆接,以增加修理部位的稳定性(图11-59)。

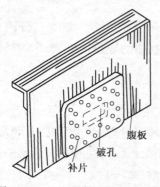

图 11-58 破孔靠近缘条的修理

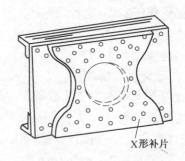

图 11-59 破孔直径较大时的修理

3) 腹板切割修理

腹板上有密集破孔或裂纹时,则需更换一段新腹板。首先全部切除腹板的损伤部分;再用与腹板材料相同、厚度相等的板材制作一段新腹板,将新腹板填入切割口,代替已切除的腹板;然后在接缝处铆接X形连接片,使新腹板与原来腹板连接成一体,如图11-60所示。

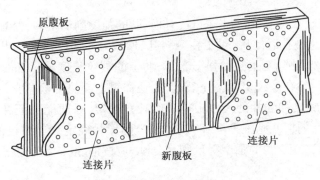

图 11-60 腹板切割修理

腹板损伤修理时,裂纹一边的铆钉数、盖板中心线一侧的铆钉数以及切割缝一边连接片上的铆钉数可按实际需要确定,必要时可通过计算确定。

11.2.4 隔框和翼肋的修理

隔框和翼肋(简称框、肋)主要用来维持机身、机翼和尾翼的截面形状,承受和传递局部空气动力载荷。现代飞机上的框肋大都是由铝合金或钛合金板材弯制而成,包括腹板和弯边两部分。飞机在日常训练过程中,框、肋可能产生范围较小的变形、裂纹或破孔等,也可能产生范围较大的损伤。修理的要求是恢复损伤框肋的外形和强度。下面主要讲述铝合金框、肋损伤范围较小时的修理方法和损伤范围较大时的更换方法。

1. 框、肋损伤范围较小时的修理

1) 变形的修理

框、肋的变形多出现在框、肋的腹板上,可采用整形的方法恢复平整。如果整形后仍有鼓动,可在变形部位铆接加强片或型材,以提高框、肋的稳定性。

加强片的材料、厚度与框、肋相同,尺寸则稍大于变形部位,每排能铆2排以上的铆钉。型材的安装方向,必须根据框、肋的受力情况确定。我们知道,飞机在飞行中,作用于隔框上的压力通常沿着隔框的径向,作用于翼肋腹板上的剪力通常沿着它的高度方向。因此,加强型材应安装在隔框的径向(图 11-61),或者翼肋高度的方向,以便有效地提高框、肋受压或受剪时的稳定性。

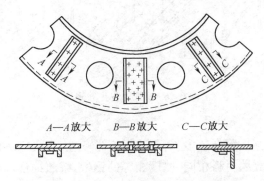

图 11-61 型材在隔框上的安装

2)裂纹的修理

框、肋上的裂纹,长度在 5mm 以内时,对框、肋的强度削弱不多,修理时可在裂纹端头钻直径 1.5~2mm 止裂孔后使用;对于在减轻孔、槽口等原切口边缘处出现的不大于 5mm 的裂纹,可将裂纹锉修圆滑,不必加强。当框、肋上的裂纹长度超过 5mm,但未超过框、肋截面高度的 1/3 时,除在裂纹末端钻止裂孔外,还需铆上一块与框、肋材料相同、厚度相等的加强片(图 11-62),加强片的尺寸根据裂纹长短确定,一般能保证在裂纹每边铆 1~3 排铆钉即可;加强片的形状则根据框、肋裂纹部位的形状确定。当裂纹的长度超过框、肋截面高度的 1/3 时,使框、肋的强度降低很多,此时应按框、肋的断裂方法修理。

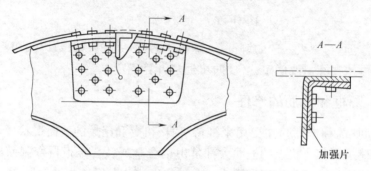

图 11-62 隔框裂纹的修理

3)破孔的修理

框、肋上产生破孔后,必须根据破孔在框、肋的不同位置,采用不同的方法。破孔在框、肋腹板的中部,只需将损伤部位锉修整齐,沿破孔四周用两排铆钉铆上补片。补片的材料和厚度与框、肋相同。

当破孔损伤扩大到弯边或靠近弯边时,将损伤区切割整齐,并制圆角,如图 11-63 所示。根据切割部分的形状和大小,用与框、肋同材料、同厚度的板材制作一块带弯边的补片和一块连接片,与损伤框、肋铆成一体。

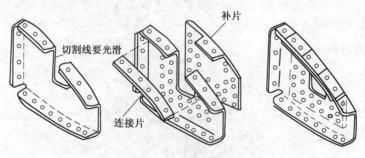

图 11-63 翼肋破孔的修理

4)断裂的修理

隔框、翼肋断裂后,强度降低较多,需要进行接补修理。图 11-64 是飞机翼肋中段断裂接补修理的情形。用与翼肋材料相同、厚度相等的铝板,按照损伤部位的形状制作补片,用铆钉铆接。由于翼肋中段承受的载荷比翼肋前段和后段大,接补时需要的铆钉数较多。通常规定:铆接普通翼肋,中段接缝一边的铆钉数为 7~9 个;后段为 5~6 个;前段为 3~4 个。

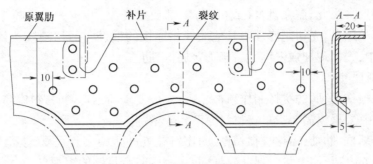

图 11-64 翼肋中段的接补修理

隔框断裂时,可按图 11-65 所示的方法进行接补。补片的材料和厚度与原隔框相同;补片的形状为 X 形;补片的长视隔框的厚度而定。对于厚度在 1.2mm 以下的隔框,补片的长度不少于 100mm,并用直径 3.5mm 的铆钉铆接;对于厚度等于或大于 1.2mm 的隔框,补片的长度不少于 160mm,用直径为 4mm 的铆钉铆接。铆钉通常是交错排列,边距(c)等于 10mm;铆距(t)等于 30~35mm;排距(a)等于 15mm。

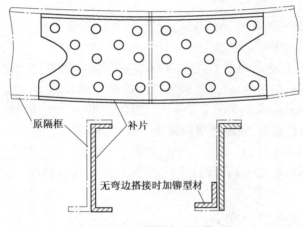

图 11-65 隔框断裂的修理

2. 框、肋损伤范围较大时的修理

框、肋损伤范围较大时,需要更换损伤部分,以恢复框、肋的外形和强度。更换时通常分以下四个施工阶段,即切割与拆卸框、肋的损伤部分,配制一段新的框、肋,确定新框、肋的安装位置和进行铆接。

1) 切割与拆卸损伤部分

切割与拆卸框、肋的损伤部分,需要注意以下三点。

(1) 要尽可能地缩小切割与拆卸的范围。为此,切割前需要对框、肋的损伤部位进行整形,使轻微变形的部位得到恢复,切去不能整形的部位;拆卸时,不可乱拆乱卸,对那些可拆可不拆的零件或构件,一般不要拆除,这样,可以节约人力物力。

(2) 要便于安装。在拆卸中,对于那些能确定新框、肋安装位置的零件或构件,以及那些重新安装较困难的零件一般不要拆除。在拆卸过程中,必须根据损伤框、肋的具体情况,分析研究,区分拆与不拆的界限,以利于新框、肋的安装。

(3) 防止结构变形。当飞机上的框、肋损坏较多,切割与拆卸时,还需要注意的问题是防止结构变形。为此,需在机身(或机翼)下部放置托架,并按一定的顺序采用边拆边修的方法。其顺序是:先切割修理与其他部件相连接的框、肋,后切割修理其他的框、肋;在其他框、肋中,先修理加强框、肋,后修理普通框、肋。

2) 配制新框、肋

(1) 按照损伤框、肋的实样制作新框、肋。一般要求新制框、肋材料应与损伤框、肋材料相同、厚度相等,根据需要也可将材料厚度相应增加。

(2) 制作新框、肋前,需检查损伤框、肋铆钉孔处的边距是否足够,边距不够的地方,在制作新框、肋时应放出余量。保证新框、肋在铆接时有足够的边距。

(3) 制作新框、肋,要求外形准确。应以模胎制作,样板检验。如果框、肋外形不标准,机身或机翼外形难以保证,特别是双曲度外形蒙皮一道损坏,若新制件也不标准时,就会造成积累误差,将使框、肋在安装定位时外缘弧度间隙过大,形成厚垫或强迫装配,影响铆接质量。

3) 确定新框、肋的安装位置

新框、肋的安装位置,包括框板(或翼肋)本身的安装位置和接头的安装位置,这一工作,对修理工作来说,通常称为定位。

(1) 新框、肋的定位。新框、肋的安装位置不准确,将改变整个框、肋的外形,因此,新框、肋的定位是更换框、肋中的重要一环。

新框、肋在安装前,它可以沿 OX、OY 和 OZ 三个轴移动以及绕这三个轴转动,如图 11-66 所示。新框、肋的定位,就是正确地清除这些移动和转动,使新框、肋处于正确的位置。定位时,使新框、肋同处于一个平面内,这样,新框、肋就不能沿 OY 轴移动,也不绕 OX 轴与 OZ 轴转动;使新框、肋的外形轮廓线一致,这样,新框、肋就不能沿 OX 轴、OZ 轴移动,也不绕 OY 轴转动(图 11-67)。因此,新框、肋的定位可以归结为两个方面:①使新框、肋同处于一个平面内;②使两者的外形轮廓线一致。这就是框、肋定位中需要完成的任务。

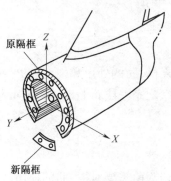

图 11-66 新隔框的自由度

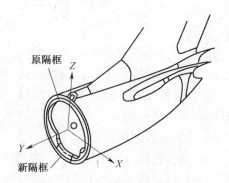

图 11-67 新隔框的复位

(2) 新框、肋定位的几种方法。

① 用未损伤的构件来定位。这种方法在修理工作中应用较多,由于未损伤构件是新框、肋定位的依据,因此,要求未损伤构件没有变形和移位;要求未损伤构件具有一定的刚度,以免在定位工作中产生变形;要求未损伤构件能够准确地确定新框、肋的

位置。

②用测量的方法来定位。飞机上各个隔框(或翼肋)间的距离是有规定数据的。修理工作中,常常用这些数据来确定新隔框(翼肋)的前后(左右)位置,使新隔框(翼肋)与原隔框(翼肋)同处于一个平面内。

用测量的方法来定位需要注意两个问题:①基准的选择;②基准的数目。定位基准是确定新框、肋位置的依据。定位基准选择得正确与否,直接影响新框、肋的安装位置。因此定位时,应选用强度和刚度大的加强框、肋,作为定位基准,不可用容易变形的普通框、肋作为定位基准。

定位时,基准的数目不宜过多。基准数目过多,容易产生相互矛盾,难以保证定位的准确。一般情况下,在一段结构中(如前机身、后机身、机翼、尾翼)沿一个坐标轴的方向以取一个基准为宜。以免由于改变基准而产生较大的积累误差,造成装配的困难。

③用横向样板来定位。横向样板是按机身(或机翼、尾翼)横向截面外形制作的反切面外形样板。定位时,先将样板卡在机身(或翼面)蒙皮上,使其外形轮廓线和样板轮廓线均匀地保持规定的间隙(其大小等于蒙皮厚度)。这样,新框、肋与原框、肋就同在一个平面内,而且轮廓线一致,构成了整个框、肋的正确外形。图11-68是用横向样板确定新隔框位置的情形。

④用纵向样板来定位。纵向样板是根据机身(或机翼、尾翼)纵向截面形状制作的样板。样板跨越好几个隔框或肋,样板上有表明各隔框、肋截面位置的标记线。利用纵向样板和邻近完好的隔框、肋,来确定新隔框、肋的位置的方法,称为纵向样板定位法。

用纵向样板安装新隔框时,将2~3块纵向样板分别置于机身下部的不同位置,样板与梁、长桁平行,样板上的标记线与邻近完好的隔框对准。这样,样板左端的点(图11-69中的A、B、C)所组成的平面与原隔板的平面一致,三点所组成的弧线就是机身的正确外形。然后,将新隔框安装于A、B、C三点所组成的平面内,并使其外形轮廓线与三点之间保持一定间隙(该间隙等于蒙皮的厚度),这样,新隔框与原隔框同在一个平面内,两者的外形轮廓线相一致,新隔框的位置就被准确的确定下来。

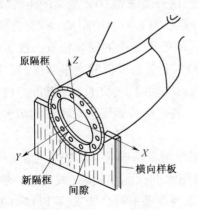

图11-68 用横向样板确定新隔框的位置

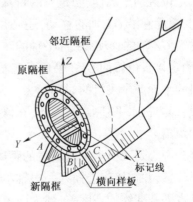

图11-69 用纵向样板确定新隔框的位置

用纵向样板安装新翼肋时，如果飞机机翼各翼肋在翼弦上的等百分点连线为一直线时，就可以根据这个特点，用直尺纵向样板来安装翼肋。具体方法是：将配制好的新翼肋置于损伤部位，用直尺测量新翼肋与邻近完好翼肋之间的距离，使其保持规定的数值，这样，新翼肋与原翼肋同处于一个平面内。将直尺分别置于与梁、长桁平行的三个不同位置（图11-70），梁和长桁都安装在各翼肋翼弦的同一百分点处。检查新翼肋的外形轮廓线与直尺之间的间隙是否等于蒙皮的厚度，如果间隙不符合要求时，可以移动新翼肋，直至达到要求为止，这样新翼肋的外形轮廓线就与原翼肋的外形轮廓线相一致，新翼肋的位置也就被正确地定了下来。

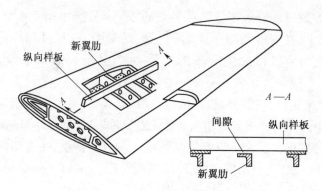

图 11-70　用直尺确定新翼肋的位置

在定位工作中，往往是几种方法混合使用。因为仅用一种方法定位时，有时还不能将新框、肋的位置准确地确定下来。例如，用测量法定位，只可以确定新隔框（翼肋）的前后（左右）位置，而框、肋的上下位置还需用其他方法确定。

（3）接头在隔框上的定位。机身某些加强框往往装有用于其他部件的接头（即接耳）。在更换新隔框时，如果接头在隔框上的位置不正确，就会改变部件的安装位置，影响它们的正常工作。

在隔框上安装接头的步骤是，先用 G 形夹子将接头临时固定在隔框上，再确定接头的安装位置（即接头的定位），最后用螺栓或螺钉将接头固定在隔框上。

图 11-71 所示的接头，在隔框平面上只可能沿 OX 轴、OZ 轴移动和绕 OY 轴转动，这是接头定位区别于隔框、肋定位的特殊定位时，必须使接头边缘到 OYZ 平面的距离（L）符合规定，消除它沿 OX 轴的移动；还必须使接头中心线到 OXY 平面的距离（h）符合规定，消除它沿 OZ 轴的移动和绕 OY 轴的转动，这样，接头就处于正确的安装位置。在飞机结构中，确定接头位置的 OYZ 平面是飞机的对称面，OXY 平面为飞机的水平基准面。在修理资料的平面图中飞机的对称面为一条直线，即飞机对称轴线；飞机的水平基准面也为一条直线，即飞机水平基准线，因此，在修理资料中，通常规定接头到飞机对称轴线和水平基准线的距离。

接头中心到飞机水平基准线的距离，可用水平视线测量法确定。首先将飞机调到纵横水平位置，并在接头上插入一根轴（或螺栓），然后用水准仪测量出轴（或螺栓）的中心与飞机水平基准线的高度差，即为两者垂直距离，如果高度差不符合要求，可以移动接头，使其达到规定数据。

接头边缘与对称轴线的距离,通常采用投影测量法来确定,首先将飞机调到水平位置,再用挂铅锤线的方法,找出飞机对称面在地面上的投影线,在隔框上悬挂铅锤线,并使其铅锤落到地面的投影线上,此时,隔框上的铅锤线即为飞机的对称轴线,然后用直尺测量接头边缘到飞机对称轴线的水平距离(图11-72),移动接头,使其符合规定。

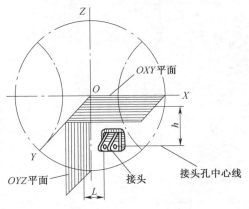

图11-71 接头定位图

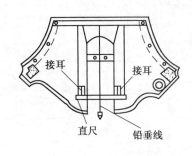

图11-72 在隔框上挂铅垂线

（4）新隔框、肋的铆接。新隔框、肋铆接前必须试安装修理部位有关机件(该机件应为经修理后的合格品或新品),以校正定位工序的准确性。铆接新隔框、肋时有两个要求:①保证铆接强度;②防止铆接变形。

为了保证铆接强度,铆接时应按原来隔框、肋的铆接情况,根据图纸规定和一般铆接工艺的要求,正确地选用铆钉和合理布置铆钉。

为了防止铆接变形,铆接前需用施工螺钉或定位销将隔框、肋临时固定;铆接时应正确选用铆接工具,尽量采用直接铆接法,并按对称的顺序进行铆接。

作业：

（1）试述飞机结构修理的基本原则和一般准则。
（2）简述按抗疲劳修理准则进行修理时,避免和减缓应力集中的措施。
（3）简述蒙皮破孔的一般修理方法。
（4）简述更换蒙皮的步骤。
（5）简述蒙皮修理的质量要求和检验的方法。
（6）框、肋损伤范围较大时切割与拆卸框、肋的损伤部分,需要注意什么？
（7）简述蒙皮鼓动及其检查。
（8）新隔框、肋的铆接时如何保证强度、防止变形？

训练项目 11-1 护板接头更换

1. 实训目的

（1）通过护板接头的更换,了解一般更换接头的工艺方法。

(2）了解与更换接头相关的铆接知识。

(3）掌握更换接头的实际操作技能。

2. 工具清单

序号	工具名称	型　号	数　量
1	气　钻	φ8	1
2	铆　枪	5KM	1
3	顶　铁		2
4	钻　头	φ3.1,φ3.6,φ4.1	各1
5	扩孔钻	φ7	1
6	铰　刀	φ8H9	1套
7	锉　刀	8″	1
8	塞　规	φ8H9	1
9	锪　钻	φ3.5×120°	各1
10	千分表		1
11	钢板尺		1
12	倒角锉	φ8×45°	1
13	型　架		2
14	卡　尺	0~150	1
15	铅　笔		1

3. 耗材名称

序号	名　称	图　号	材　料	数　量	备　注
1	护板接头	MQ3-11-1	30CrMnSiA	1	L8-4832-4-1
2	护　板	MQ3-11-2	装配件	1	L8-4832-4-1
3	垫　圈	HB1-521-3×8×1		13	
4	铆　钉	H3×7GB954.MLC15		3	
5	铆　钉	H3×9GB867.MLC15		4	
6	铆　钉	H3×8GB867.MLC15		6	
7	铆　钉	H3.5×8GB954.LY10		10	

4. 图纸与技术要求

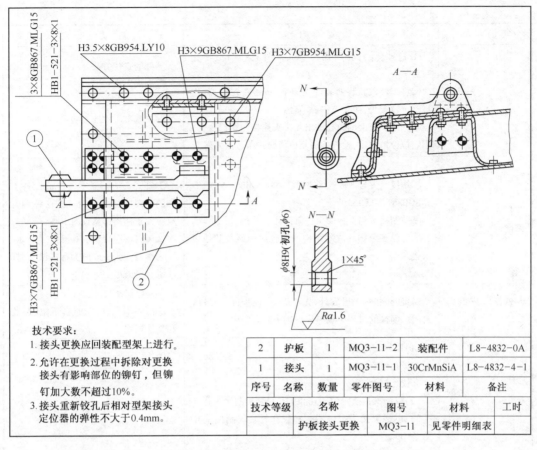

5. 注意事项

（1）操作者开工前必须穿戴好劳动保护用品。

（2）对容易造成零件损伤的工具压紧件的工作表面进行保护。

（3）工作所需物品，工具、量具应摆放整齐有序。

（4）严格按照图纸和工艺规范操作。

6. 工作内容（实施）

实训步骤	实训内容	能力要求
学习图纸	①了解护板接头的装配关系。 ②明确考核的技术要求。 ③熟悉完成该项目所使用的工量具	根据图纸，能分析并掌握零件的组成及装配关系
分解铆钉并检查孔的质量	①分解半圆头铆钉时在铆钉头中心打冲点，避免钻头打滑损伤零件。 ②用与铆钉直径相同的钻头钻掉铆钉头，钻孔深度不应超过铆钉头的高度。 ③尽可能用顶把将铆接件顶住，用与铆钉相同直径铆钉冲冲掉铆钉杆。 ④检查铆钉孔，铆钉窝的质量，铆钉孔铆钉窝的实际偏差超过规定时。应改用直径大一号的铆钉铆接。 分解铆钉后的铆钉孔一般不超过铆钉直径0.2mm	熟练风钻的使用

(续)

实训步骤	实训内容	能 力 要 求
重新定位接头	①制衬套:衬套内孔径 $\phi 6mm$,外孔径与型架孔一致。 ②将工件重新装回装配型架上,按接头定位器,用衬套定位接头,接头与护板贴合。 ③利用护板上的原孔钻出与接头连接的铆钉孔,并用定位位销固定,检查接头复位情况并作适当调整	零件的定位方法: ①划线定位; ②按装配孔定位; ③按基准零件或工装零件; ④按装配夹具定位
接头与护板的铆接	①铆接接头与护板连接的铆钉 H3×9GB867.MLC15、3×8GB867.MLC15。 ②钻制接头与护板的沉头铆钉孔。 ③清除多余物。清除结构内的金属切屑及其他多余物	铆接的技术要求: ①铆钉头应贴紧零件表面允许不合的单向间隙为 0.05mm,这种铆钉数应大于铆接排整数的 10%; ②铆钉不应有切痕等损伤; ③铆钉镦头一般应为标准镦头,标准镦头呈鼓形
恢复蒙皮的铆接	铆接的顺序:先里后外,先难后易,逐步推进,最后封闭。铆接的过程中随时注意接头应力变化	①铆钉镦头尺寸公式。 ②镦头不允许有切痕、下陷、裂纹和其他损伤
铰制接头上的孔	(1)制衬套两套: ①扩孔衬套; ②铰孔衬套 (2)以型架接头定位器孔和扩孔衬套扩制接头孔。 (3)以型架接头定位器孔和铰孔衬套铰制接头孔至 $\phi 8H9$。 (4)检查接头孔的同轴度	
检查评分	按检查项目检查评分	

7. 质量评定(评估)

序号	项目	容差	工、量具	配分	评分标准与得分			扣分
					$S \leqslant T$ $C < 5\%$	$T < S \leqslant 1.5T$ $5\% < C < 60\%$	$S \geqslant 2T$ $C > 90\%$	
1	分解接头质量		目 测	10				
2	按型架重新定位接头的质量		目 测	8				
3	按原孔导引接头孔的质量 $\phi 3.1$	±0.1mm	孔量规	6				
4	重新铆接的铆钉头变形、损伤		目 测	8				
5	铆钉镦头变形及损伤		目 测	6				
6	铆钉镦头铆接质量		铆钉卡规	10				
7	补充其他地方拆除的铆钉铆接质量		目 测 铆钉卡规	10				

（续）

序号	项目	容差	工、量具	配分	评分标准与得分			扣分
					$S \leq T$ $C<5\%$	$T<S\leq 1.5T$ $5\%<C<60\%$	$S\geq 2T$ $C>90\%$	
8	接头初孔 $\phi 6$ 进行扩到 $\phi 7H9$		扩孔刀	8				
9	接头铰到 $\phi 8H9$		铰刀	8				
10	孔内粗糙度		标准块量	6				
11	按型架检查护板的外形及接头弹性	<0.8mm, 0.4mm	塞尺	12				
12	外观：划伤、毛刺、铆痕		目测	8				
13	未列尺寸或项目				每处不合格扣1分			
14	安全文明生产				按轻重程度，酌扣2~10分			
	总分				100分			

8. 工卡

工 卡

序号	工作内容和技术要求	工作结果	操作者	检验者
学习图纸				
分解铆钉并检查孔的质量				
1	分解半圆头铆钉时在铆钉头中心打冲点，避免钻头打滑损伤零件			
2	用与铆钉直径相同的钻头钻掉铆钉头，钻孔深度不应超过铆钉头的高度			
3	尽可能用顶把将铆接件顶住，用与铆钉相同直径铆钉冲冲掉铆钉杆			
4	检查铆钉孔、铆钉窝的质量，铆钉孔、铆钉窝的实际偏差超过规定时，应该用直径大一号的铆钉铆接。分解铆钉后的铆钉孔一般不超过铆钉直径0.2mm			
重新定位接头				
1	制衬套：衬套内孔径 $\phi 6mm$，外孔径与型架孔一支			
2	将工件重新装回装配型架上，按接头定位器，用衬套定位接头，接头与护板贴合			
3	利用护板上的原孔钻出与接头连接的铆钉孔，并用定位位销固定，检查接头复位情况并作适当调整			
接头与护板的铆接				
1	铆接接头与护板连接的铆钉 H3×9GB867. MLC15、3×8GB867. MLC15			

(续)

序号	工作内容和技术要求	工作结果	操作者	检验者
2	钻制接头与护板的沉头铆钉孔			
3	清除多余物。清除结构内的金属切屑及其他多余物			
恢复蒙皮的铆接				
1	铆接的顺序:先里后外,先难后易,逐步推进,最后封闭			
铰制接头上的孔				
1	制衬套两套			
2	以型架接头定位器孔和扩孔衬套扩制接头孔			
3	以型架接头定位器孔和铰孔衬套铰制接头孔至 $\phi 8H9$			
4	检查接头孔的同轴度			
检查评分				

训练项目 11-2 蒙皮破孔修理

1. 实训目的

(1) 通过飞机蒙皮破孔的修理,了解飞机蒙皮损伤修理的工艺过程及方法、技术要求。

(2) 并能掌握飞机蒙皮损伤修理的实际操作技能。

2. 工具清单

序号	工具名称	型号	数量
1	气钻		1
2	铆枪	2KM	1
3	顶铁		1
4	钻头	$\phi 3.1$	1
5	铆卡		1
6	角度尺		1
7	R 规	8″	1
8	塞尺		1
9	锪钻		1
10	千分表		1
11	钢板尺	150	1
12	标准钉	$\phi 3\times 120°$	1

(续)

序号	工具名称	型号	数量
13	孔量规	φ3.1	1
14	卡尺	0~150	1
15	铅笔	2B	1
16	铣平器		1
17	抽钉枪		1
18	夹层厚度		1
19	测量尺		1

3. 耗材名称

序号	名称	图号	材料	数量
1	补片		LY12CZ	1
2	口框		LY12CZ	1
3	抽芯铆钉			
4	铆钉			

4. 图纸与技术要求

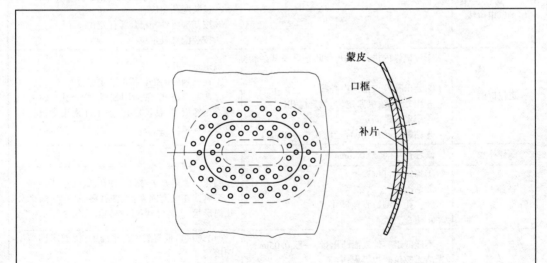

技术要求：
1. 外形公差±1mm。
2. 直线平直，R与直线相切平滑过渡。
3. 去毛刺，制倒角C=0.2mm。

2	口框	1		LY12CZ	
1	补片	1		LY12CZ	
序号	名称	数量	零件图号	材料	备注
技术等级	名称		图号	材料	工时
	蒙皮破孔修理		MQ8-15	见零件明细表	

5. 注意事项

(1) 操作者开工前必须穿戴好劳动保护用品。

(2) 对容易造成零件损伤的工具压紧件的工作表面进行保护。

(3) 工作所需物品、工具、量具应摆放整齐有序。

(4) 严格按照图纸和工艺规范操作。

6. 工作内容(实施)

实训步骤	实训内容	能力要求
按图划线制补片	①划线。 ②制补片	根据图纸,能分析并掌握零件的组成及装配关系
依外形在机体上开孔	①划线。 ②开孔	
按图划线制口框	①划线。 ②修外形。 ③清理机体内的钻屑	零件的定位方法: ①划线定位; ②按装配孔定位; ③按基准零件或工装零件; ④按装配夹具定位。 夹紧方法: ①工艺螺栓定位; ②工艺铆钉定位; ③用夹具夹紧定位; ④用橡皮绳定位
在蒙皮上划出铆钉定位线		定位方法: ①按划线定位; ②按装配孔定位; ③按基准零件和已装零件定位; ④按装配夹具定位
定位口框	①对机体内进行保护,预防钻屑及其杂物进入。 ②划出孔及口框的中心线。 ③用方形夹,夹紧定位,钻定位孔。 ④用定位销固定。 ⑤钻铆钉孔初孔(直径约0.6~0.8mm)	确定定位孔的方法: ①在已划好的铆钉排上选定定位孔; ②选取定位孔,常采用划线、按余孔、按冲点、按专用样板、按钻模取孔,该工件采用划出铆钉位置直接钻孔
修合补片	修合补片间隙±0.5mm	
钻制口盖铆钉孔	①确定铆钉位置; ②钻出孔; ③扩孔至铆钉直径尺寸; ④检查质量	制孔的工艺方法:钻孔、冲孔、铰孔; 影响钻孔主要因素:工件材料、钻头切削部分几何形状、刃的锋利程度、转速、进给量等
制埋头窝	不能低于零件表面凸出量,一般0.05mm,光洁无棱角破边等损伤: ①蒙皮与口框的埋头窝; ②口盖与口框连接的埋头窝。 分解零件去毛刺: ①用专业去刺锪钻去毛刺; ②锉修部位进行表面保护,将机体内的多余物清洗干净,重新安装铆接	(1)铆接口框与蒙皮连接的铆钉(要求同类型铆接)。 (2)连接口盖与口框的抽钉; ①检查夹层厚度; ②选用合适的抽钉; ③抽钉; ④铣平将抽杆高于埋头面约0.2mm部分铣平; ⑤涂保护层
质量检查		
清理现场		
检查评分	按检查项目检查评分	

7. 质量评定（评估）

序号	项目	容差/mm	工、量具	配分	评分标准与得分			扣分
					$S \leq T$ $C<5\%$	$T<S\leq 1.5T$ $5\%<C<60\%$	$S\geq 2T$ $C>90\%$	
1	铆钉间距	±1	钢板尺	4				
2	铆钉边距	±1	钢板尺	4				
3	四角圆弧	±0.2	R 规	4				
4	铆钉孔径	±0.1	孔量规	12				
5	孔径锪窝质量		标准钉	12				
6	口盖的尺寸	±1	钢板尺	5				
7	蒙皮与补片的配合间隙	0.1~0.6	塞尺	6				
8	沉头铆钉头的损伤变形		目测	10				
9	沉头铆钉高出蒙皮	小于0.5	千分表	6				
10	沉头铆钉头与表面间隙	小于0.05	塞尺	4				
11	沉头头铆钉头变形及损伤		目测	4				
12	铆钉镦头铆接质量		铆钉卡规	16				
13	零件平面度	±0.4	直尺	5				
14	未列尺寸或项目				每处不合格扣1分			
15	安全文明生产				按轻重程度，酌扣2~10分			
	总分				100分			

8. 工卡

工　卡

序号	工作内容和技术要求	工作结果	操作者	检验者
学习图纸				
按图划线制补片				
1	划线			
2	制补片			
依外形在机体上开孔				
1	划线			
2	开孔			
按图划线制口框				
1	划线			
2	修外形			

(续)

序号	工作内容和技术要求	工作结果	操作者	检验者
3	清理机体内的钻屑			
在蒙皮上划出铆钉定位线				
定位口框				
1	对机体内进行保护,预防钻屑及其杂物进入			
2	划出孔及口框的中心线			
3	用方形夹,夹紧定位,钻定位孔			
4	用定位销固定			
5	钻铆钉孔初孔(直径约 0.6~0.8mm)			
修合补片(间隙±0.5mm)				
钻制口盖铆钉孔				
1	确定铆钉位置			
2	钻出孔			
3	扩孔至铆钉直径尺寸			
4	检查质量			
制埋头窝				
1	蒙皮与口框的埋头窝			
2	口盖与口框连接的埋头窝			
分解零件去毛刺				
1	用专业去刺锪钻去毛刺			
2	锉修部位进行表面保护,将机体内的多余物清洗干净重新安装铆接			
质量检查				
清理现场				
检查评分				

 阅读材料

过程控制不够严,蒙皮掉漆出难堪

[故障概况]

2001 年 5 月,某型号两架飞机气象雷达罩迎风面漆层脱落。另一型号两架飞机左、右机翼下表面掉漆。

2001 年 9 月,某型号两架飞机右机翼下部又出现大面积掉漆。

掉漆问题在每年的用户质量反馈信息中都有所反映,常常影响到飞机的正常飞行。

[原因分析]

从生产过程看,首先是喷漆工段管理制度不具体,对喷漆工序使用辅助用品清洁度要求不明确,致使工人在搬运氧化后蒙皮零件时,弄脏了零件。且托架不清洁,造成喷漆前表面被污染。其次是工人的责任心不强,未严格执行工艺文件规定,对零件局部表面清洗

不干净,污物遗留在零件表面上。再次是检验人员没有认真履行职责,对喷漆前零件表面清洁状况检查不仔细,导致被污染的零件进入喷漆工序。

从技术角度分析,底漆、面漆选择不配套,喷漆时间间隔长,无法保证底面漆之间的清洁及结合力,是造成掉漆的主要原因。

[经验教训]

飞机及零件表面的漆层,有着防污、防护、防腐及美观装饰等方面功能。要保证漆层牢固、可靠,除了油漆本身性能质量外,还必须在施工中严格按照操作规范,抓好对各环节的控制。坚决按文件、按规章制度办,一丝不苟,来不得丝毫的马虎和放松,这一环节抓好了,问题就解决了大半。

掉漆问题的长期存在,还应引起工艺部门的高度重视,应加强科研攻关,力争使掉漆问题尽快得到彻底解决。

训练项目 11-3 M8 直升机大部件对接

1. 实训目的

通过 M8 直升机大部件对接的实际训练,了解飞机大部件对接的工艺过程及其相关知识。

了解直升飞机的主要构造,简要了解主要构件的功用。

掌握飞机大部件对接的实际操作技能。

2. M8 直升机简介

M8 直升机是由苏联米里莫科直升机公司研制,喀山飞机制造厂生产。主要用于运输物资、要员接送、电子战和执行侦查任务。M8 运输型直升机采用不可收放的前三点起落架、五叶主旋翼。M8 直升机主要由机身、机身尾部、旋翼、尾桨、起落架等组成。

3. 工作内容

实训步骤	实训内容
起落架的安装	首先用千斤顶将机身支撑放置平稳。 (1)后起落架安装: ①安装鳍撑杆和斜撑杆,撑杆一端与机身连接,另一端与机轮连接; ②安装机轮 (2)前起落架安装: 将已安装的后起落架机身吊在固定台上,利用千斤顶支撑放置平稳。 ①机身与撑杆连接; ②撑杆与机轮连接
机身尾部组合安装	①在机身尾部上安装水平尾翼; ②垂直尾翼,主要保证飞机纵向稳定
尾部与机身对接	
发动机的安装	①起吊发动机; ②安装
安装旋翼	旋翼是直升机的主要关键部件,它是由桨叶和桨毂组成,M8 旋翼是由五根细长铝合金桨叶组成,主要功能是产生升力,改变飞行方向

4. 注意事项

(1) 工艺方案必须行之有效,保证飞机对接质量和产品安全。

(2) 确保各种部件对接使用的设备、设施、工具合格、安全。

(3) 起吊产品必须有专人指挥,专人操作,操作证件有效,以保证产品及操作人员安全。

(4) 检查吊挂、吊挂钢索完好无损坏。

(5) 对接表面符合表面质量要求,紧固连接符合技术要求。

参 考 文 献

[1] 侯祖飞. 铆装钳工技能[M]. 北京:航空工业出版社,1999.
[2] 《航空制造工程手册》总编委员会. 航空制造工程手册(飞机装配)[M]. 北京:航空工业出版社,1993.
[3] 中国航空工业职业技能鉴定指导中心组. 职业技能鉴定试题精选——铆装钳工[M]. 北京:航空工业出版社,2000.
[4] 王云勃. 飞机装配工艺学[M]. 北京:国防工业出版社,1984.